총알도 막는 날개의 비밀

바이오미메틱스

B I O M I M E T I C S

총알도 막는 날개의 비밀

바이오미메틱스

B I O M I M E T I C S

로버트 앨런 외 5인 지음 | 공민희 옮김

시그마북스
Sigma Books

총알도 막는 날개의 비밀

바이오미메틱스Biomimetics

발행일 2011년 07월 15일 초판 1쇄 발행
지은이 로버트 앨런 외 5인
옮긴이 공민희
발행인 강학경
발행처 시그마북스
마케팅 정제용, 김효정
에디터 권경자, 김진주, 김경림
디자인 designBbook
등록번호 제10-965호
주소 서울특별시 마포구 성산동 210-13 한성빌딩 5층
전자우편 sigma@spress.co.kr | **홈페이지** http://www.sigmabooks.co.kr
전화 (02) 323-4845~7(영업부), (02) 323-0658~9(편집부) | **팩시밀리** (02) 323-4197

가격 25,000원
ISBN 978-89-8445-436-1(03400)

BULLETPROOF FEATHERS
by Robert Allen

* 시그마북스는 (주) 시그마프레스의 자매회사로 일반 단행본 전문 출판사입니다.

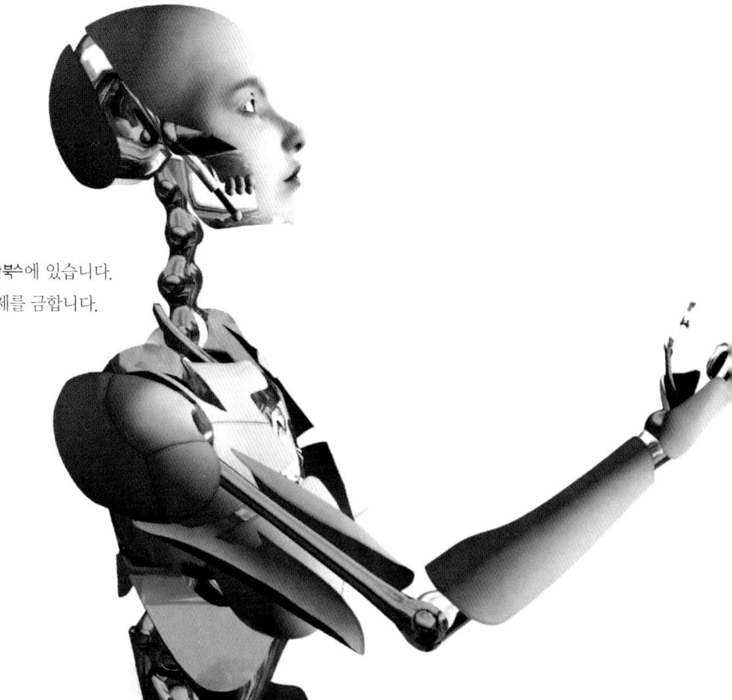

CONTENTS

머리말

총알도 막는 날개라고? 참 특이한 발상이라고 생각할 것이다. 가볍고 편안하고 신축성이 있으면서도, 공격받았을 때 단단해져서 몸을 보호해 주는 방탄복을 개발했다고 가정해 보자. 불가능하다고 생각하는가? 해양 생물학자들은 수천 년 동안 진화해 온 자연에서 영감을 얻어 이러한 종류의 소재를 개발했다고 알려준다. 깃털과 지느러미에서 근육과 홍합에 이르기까지 생물들은 인류의 공학과 기술 발전에 중요한 교훈을 준다. 외양간올빼미는 어떻게 소리를 내지 않고 날 수 있을까? 돌고래는 깊은 바닷속에서 어떻게 소통할까? 인간의 근육 움직임의 원리를 연구하여 더 조작하기 쉬운 로봇을 개발하는 데 적용할 수 없을까? 꿀벌 떼를 관찰해서 새로운 협동 작업 방식을 찾을 수 없을까?

재료와 설계에서 의사소통과 협력에 이르기까지 다양한 주제를 다루는 이 책에는 이 같은 멋진 질문들에 대한 해답이 제시되어 있다. 자연법칙에 따라 진화한 생물을 연구하면서 공학적 문제를 완전히 새로운 방식으로 해결하는 법을 배울 수 있다.

▶ 외양간올빼미는 조용히 비행하는 능력으로 유명해졌다. 그러한 올빼미의 특성과 구조를 이해하면 공기역학에 활용할 수 있고, 새로운 비행기 날개를 설계하는 혁신을 주도할 것이다.

자연과 과학기술의 대결

자연은 에너지 비용과 재료에서 가장 경제적인 방식으로 목표를 달성한다. 생물은 주로 특정한 형태로 배열된 몇 안 되는 단순한 재료를 사용하고, 단순한 방식으로 감지하고 통제한다. 반면에 과학기술은 더 많은 에너지를 사용하지만 덜 효과적인 결과를 얻는다. 이러한 사실이 그다지 놀랍지는 않다. 자연에서는 수백만 년에 걸쳐 가장 적합한 종만 살아남는 진화 과정이 진행되었다. 반면에 과학기술은 물리적 원칙과 수학적 분석 같은 공식에서 예술적, 기능적 설계에 이르기까지 자연과 비교했을 때 상대적으로 현대적인 접근법을 사용한다. 또 인류는 항상 문제에 대한 기술적 해결책을 찾았지만 자연은 그렇지 않다. 현 인류는 측정과 이미징imaging(나노 이하의 수준까지)이 가능한 도구를 개발해 내어 자연이 당면한 문제에 대한 해결책을 어떻게 개선해 왔는지 살펴볼 수 있다. 그 체계를 살펴서 인간의 과학기술 발전에 영감을 주는 정보를 얻을 수 있다. 전통적인 학술 범위를 넘어선 연구가 급속도로 증가하는 추세이며, 건축과 신호 체계와 같은 설계의 모든 영역까지 확대되고 있다.

▼ 이 수컷 떡갈잎풍뎅이의 부채꼴 더듬이는 매우 섬세해서 새로운 로봇 지도 시스템을 구축하는 데 영감을 줄 수 있다.

용어 정의

공학 체계의 운영 범위는 특정한 과제 한 가지를 처리하도록 진화한 자연보다 매우 광범위하다. 예를 들어, 곤충은 촉각을 활용하는 범위가 수컷 또는 암컷의 부름을 감지하거나 포식자의 움직임을 파악하는 정도면 충분하지만, 로봇 지도 시스템은 더 광범위한 영역의 주파수를 감지하여 작동해야 한다. 생물과 공학 간에 관련이 있다는 것을 설명할 때 사용하는 용어가 두 가지 있다. 하나는 '생체 모사bioinspiration'로, 우리가 공학적 해결책을 찾기 위해 자연에서 영감을 얻는 것을 뜻한다. 우선 그 운영 범위에서 자연의 체계와 구조적 한계를 이해하는 것이 필요하다. 다른 하나는 '바이오미메틱스biomimetics'로, 일정한 방식으로 자연을 모방하는 것을 뜻한다. 이 두 용어는 자주 같은 의미로 사용할 수 있어서 처음 접하는 독자는 혼동할 수도 있을 것이다. 방금 설명한 용어들은 이 책에서 가장 많이 쓰인다. 그래서 이와 함께 영감을 얻는다는 표현도 많이 보게 될 것이다.

◀ 흰배윗수염박쥐가 산림 지대의 웅덩이에서 물을 마시고 있다. 과학자들은 박쥐가 어둠 속을 '보기' 위해 사용하는 놀라운 음파 탐지 능력을 연구하고 있다.

시각과 청각

음파 탐지는 전통적인 공학 문제를 해결할 훌륭한 방법을 개발하기 위해 자연에서 영감을 얻는 분야이다. 특정 동물은 청각 수준을 매우 높은 단계로 진화시켰다. 한 예로, 박쥐와 돌고래는 음파 탐지를 이용하여 어두운 밤이나 깊은 물속에서도 먹잇감과 길을 찾는다. 그러나 과학기술의 성과는 이러한 동물들의 놀라운 특성과는 거리가 멀다. 박쥐는 어둠 속에서도 목표물의 위치를 매우 정확하게 파악할 수 있으며, 돌고래는 소리를 통해서 각기 다른 물질의 특성을 판별할 수 있다. 우리가 이들의 음파 탐지 원칙을 이해할 수 있다면 음파 탐지와 이미징 시스템, 지질 광물 탐지 도구 혹은 더 향상된 의료용 초음파 이미지 시스템을 개발할 수 있을 것이다. 결함을 찾을 목적으로 개발된 로봇인 원자력 반응기처럼 시각 판별이 불가능하거나 제약된 상황에서는 청각 시스템의 이점을 요긴하게 활용할 수 있다. 그러나 현재의 기술 수준은 아직 매우 제한적이며 동물들의 세밀한 음파 탐지 기능에서 배울 것이 많다. 이런 배움이 과학기술의 능력을 크게 향상시킬 수 있게 해줄 것이다.

▲ 박쥐가 청각을 활용해 어떻게 길을 찾고 목표물을 탐지하는지를 이해하면 시각 장애인이 사물의 위치를 파악하고 찾을 수 있도록 도움을 주는 로봇 지팡이를 개발할 수 있다.

당신만의 방법을 찾아라

음향을 활용해 길을 찾는 것은 시력이 없거나 시력이 아주 좋지 않은 사람에게 큰 도움이 될 수 있다. 그 예가 바로 로봇 지팡이Robocane로, 시각 장애인들이 전통적으로 이용해 온 흰 지팡이를 대신한다. 이 지팡이는 끝에 초음파 트랜스듀서transducer가 달려서 사람의 가청 범위 주파수를 발산해 소리를 내므로 이용자가 신호를 잘 들을 수 있다. 또 반향을 감지하는 수신기가 사용자의 손으로 신호를 전달한다. 이러한 촉감 피드백 시스템을 이용하므로 누군가가 말로 설명해 주는 지시와 같은 중요한 단서를 획득할 때 차량 소음이나 다른 음성 신호에 방해받을 가능성을 크게 줄인다. 이런 장치는 비록 박쥐의 능력을 그대로 모사한 것은 아니지만 초음파의 원칙을 변형시켜 다양한 운영 분야에 적용하여 얻은 성과다. 앞으로도 초음파의 작용을 이해하는 데 기본적인 음향학, 신호 체계, 트랜스듀서 설계 분야의 전문성을 갖춘 공학자와 물리학자를 비롯하여 박쥐 생태학자 같은 특별한 전문가들의 지속적인 노력이 필요하다.

▲ 현대 비행기의 '지느러미' 달린 날개는 맹금류의 날개 끝에 있는 '손가락'을 연구하여 개발한 것이다. 이 지느러미가 날개 주변의 기류를 개선하고 마찰력을 줄여준다.

도전하기

비행은 자연에서 영감을 받아 인간이 도전하는 또 다른 분야이다. 초기의 비행 시도는 새와 박쥐의 날갯짓을 모방하는 정도였다. 많은 뛰어난 날개들이 설계되었지만 안타깝게도 그 노력은 성공하지 못했다. 마찰과 들어 올리는 힘에 대한 이해가 점차 더 깊어지고 에어포일airfoil 날개가 개발되면서 날개의 위아래 표면이 받는 공기의 속도 차를 활용하여 양력을 얻을 수 있게 되었으며 날갯짓을 하는 방식의 비행기는 줄어들었다. 조류는 부력과 마찰력을 자유롭게 활용하는 전문가로, 우리는 그들을 통해 현대 비행기 날개의 설계를 더욱 섬세하게 다듬는 방법을 꾸준히 배우고 있다. 외양간올빼미는 무음 비행 전문가로, 다른 새들과 마찬가지로 공기 흐름을 변화시키기 위해 날개 표면에 경계층을 확장할 수 있는 '엄지손가락'이 있다. 많은 현대 비행기의 날개에 수직으로 달린 작은 지느러미는 날거나 활강할 때 유연하게 펼쳐지는 맹금류 날개 끝부분의 '손가락' 효과를 관찰하여 개발한 것이다.

비행기는 초기에 날개를 펄럭여 추진력을 얻던 수준에서 매우 빠르게 진보하여 현재

◀ 과학자들은 제어가 더 편리한 소형 로봇에 접목하고자 서던 호커southern hawker(왕잠자리과에 속하는 녹색 혹은 노란색을 띠는 잠자리로 유럽에 서식함-옮긴이) 잠자리처럼 날개가 얇은 곤충의 퍼덕이는 비행을 연구하고 있지만 날갯짓하는 비행은 이제 비행기 용도로는 크게 사용되지 않는다.

는 감시와 방어용으로 사용할 수 있는, 자율적으로 날갯짓하는 작은 비행기를 개발하는 데 초점을 두고 있다. 예를 들어, 잠자리의 놀라운 곡예비행은 스스로 특정 지역을 탐사하고 돌아오는 능력이 있는 비행기를 개발하도록 무인 비행기 설계자들을 자극했다. 물론 이런 비행기를 띄우려면 복잡한 설계와 전력 공급이 핵심이다. 그렇지만 이 분야는 급속도로 성장하고 있다. 앞서 소개한 생체 모사 개발품처럼 날개를 퍼덕이는 비행기의 개발이 성공하려면 곤충의 날개와 비행 방식에 대한 좀 더 심도 있는 이해가 선행되어야 할 것이다. 조류 날개의 우수한 구조 또한 설계자들이 날개 표면의 특성을 살펴보고 비행기의 연료 효율을 높이고 소음을 줄이도록 개선하는 데 밑받침이 되어줄 것이다. 전문 유체역학 이미징, 재료과학, 신호 체계를 비롯한 다른 공학 기술에서도 이런 노력들이 효율적으로 진행되고 있지만 기본적인 생물학적 전문성이 필요하며, 이 두 갈래의 이해와 개발 과정이 병행되어야 한다.

수중 탐구

조류, 어류, 해양 포유류는 몸을 띄우고 마찰력을 활용하는 능력이 뛰어나 수중 잠수정의 몸체와 훌륭한 추진 시스템을 설계하는 데 많은 영감을 주는 잠재적 요소이다. 돌고래의 피부는 마찰이 적은 선체의 개발에 영감을 주었다. 장착한 에너지원을 높은 효율로 이용할 수 있다면 그 원리를 자율 무인 잠수정에 광범위하게 활용할 수 있다. 배나 잠수함이 추진력을 얻는 일반적인 방식은 프로펠러인데 거북이와 물고기들은 추진력을 얻기 위해 수많은 대안을 활용한다. 수중 로봇 설계자들은 거북이의 헤엄치는 모습에서 착안하여 물갈퀴 모양의 추진 장치를 개발해 수중 잠수정이 비좁은 장소에서도 문제없이 움직이고 거꾸로 항해할 수 있도록 했다. 수중 추진 구조 설계자들은 일부 실고기의 긴 등지느러미로부터 영감을 얻어 앞뒤로 움직이고 회전하는 능력을 갖춘 기관을 개발했다. 이 기능은 프로펠러로는 불가능한 것이었으며 자율 무인 잠수정에 꼭 필요한 기능이었다. 그러나 보이지 않는 장애물이 있는 곳에서는 회전하지 않는 추진 장치로 된 프로펠러가 더 유용하다. 예를 들면, 해조류가 많은 곳을 탐사하면서 해양 생물체를 조사하고 추적할 때 더 효과적이다.

원격으로 조정되는 수중 잠수정에는 '자세 제어 분사기thruster'라고 알려진 일련의 프로펠러 장치가 있어서 항해 능력이 뛰어나다. 그러나 수면에 떠 있는 배 또는 정박지와 탯줄처럼 연결되어 전력을 공급받아야 하며 비용이 만만치 않다. 독자적으로 전력을 공급할 수 있는 장치를 개발하려면 우수한 추진 능력을 유지하면서도 전력을 크게 소모하지 않도록 개선하는 작업이 선행되어야 한다.

육지 탐사

걸어 다니는 로봇이 증가하는 추세이다. 로봇의 걸음걸이는 복잡한 과정으로 통제된다. 동물의 세계에서는 종종 두 다리보다 많은 다리를 사용하며 매우 복잡하게 협력이 이루어진다. 예를 들어, 곤충은 아주 뛰어난 전략으로 수족을 통제한다. 게와 다른 갑각류는 비록 옆으로 걷기는 하지만 여러 방향으로 움직이도록 진화해 이동성을 크게 높였다. 아마도 이런 동물들로부터 걸어 다니는 기계 장치를 개선할 방법을 얻을 수 있을지도 모른

다. 척수 부상을 당한 사람의 보행을 돕는 장치를 설계하는 데 있어 가장 필요한 것은 등에 메는 운영 시스템과 전력 공급 장치, 그리고 컴퓨터 장비일 것이다. 곤충은 매우 적은 뉴런으로 어떻게 정확하고 협력적으로 그 많은 개별 다리를 제어할 수 있을까? 우리가 이 점을 배워서 아날로그와 디지털 신호를 조합하여 활용하는 제어 시스템을 개발할 수 없을까? 신경 구조는 아날로그 신호를 광범위하게 받아서 많은 감각 기관과 피드백 고리를 통해 통합한 다음 디지털 신호로 전송하는데, 종종 주변 신경의 데이터 체증으로 주변에 큰 혼잡이 일어나기도 한다. 공학에서는 소프트웨어를 이용하는 제어 시스템이 흔히 쓰인다. 아날로그 신호는 그 원천의 부근에서 디지털화되고 통합, 처리되어 디지털 체계로 전송된다. 곤충의 수족 제어를 관찰하면 제어 시스템을 단순화할 수 있다. 메뚜기는 많

▲ 펭귄이 수중을 '비행'하는 방식은 카약에 바이오미메틱스 추진력을 장착하는 데 영감을 주었다. 카약은 발의 힘을 이용해 추진하며, 이 덕분에 손으로는 자유롭게 조정하거나 낚시를 할 수 있다.

은 신경 연결고리가 잘 구획되어 있어서 감각 기관을 운동 신경 세포로 연결하는 중간 뉴런이 발달된 것으로 잘 알려져 있다. 따라서 발의 위치를 지정하는 메뚜기의 시스템을 살펴봄으로써 신호가 보행에 어떤 영향을 미치는지 알 수 있다. 이와 동시에 여기에 적용된 기술을 연구하여 생물의 제어 체계에 대한 이해를 높일 수 있다.

자연은 어떻게 할까?

자연에는 공학자들이 과학기술에 적용하고 싶어 할 흥미롭고 신기한 생물학적 과정과 기술이 매우 많다. 최근 도마뱀붙이의 발이 큰 주목을 받고 있다. 도마뱀붙이는 천장이나 램프 갓 가장자리에 거꾸로 매달려 걷는 모습이 자주 목격되곤 한다. 이 생물체가 어떻게 미끄러운 수직 표면에 몸을 붙이고 있는지 이해하는 것이 우리의 과제다. 그 원리를 이

▼ (아래) 다양한 색상으로 빛나는 나비의 날개는 뛰어난 광학 디스플레이 방식을 설계하는 데 영감을 주었다.

▼ (오른쪽) 지붕처럼 겹쳐진 공작나비의 비늘이다. 이 비늘은 열과 빛을 투과시키며 나비를 보호하는 역할을 한다.

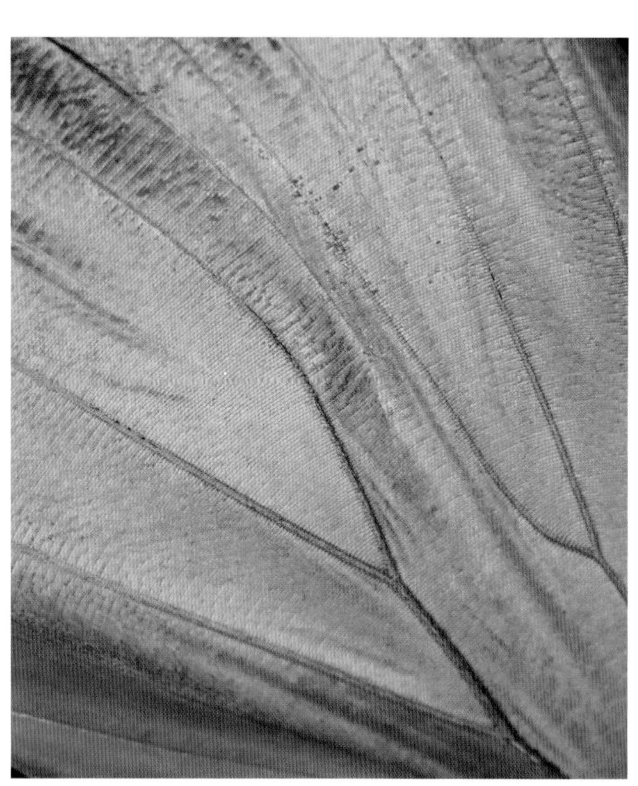

해한다면 등반 로봇 발의 접착성을 높일 수 있다. 그리고 원자로 내부 표면의 물질을 조사하거나 관찰 및 감시하기 위해 내부 벽에 붙어 걸어 다니는 로봇을 개발할 수 있다. 한편, 조류나 다른 해양 생물이 해양 구조물에 달라붙어 선체를 더럽히는 문제를 해결하기 위한 오손汚損 방지 코팅 기술도 잎이나 줄기 표면을 깨끗하게 유지하는 해양 식물을 연구함으로써 개발할 수 있다. 물방울을 활용한 연꽃잎의 표면 오염 제거 능력은 또한 자체 정화 코팅제 개발에 영감을 주었다. 식물의 뿌리 힘이 토양에 미치는 힘은 매우 놀랍다. 로봇 설계자들은 재빠르게 이 점을 연구하여 굴을 파는 로봇의 단말 작동기end-effector(로봇의 손목 관절에 연결해 대상을 잡는 장치–옮긴이)를 개발하는 데 이용했다. 이 같은 사례는 계속해서 이어지고 있다.

바이오미메틱스에 대한 설명

이 책은 전 세계 최고 전문가들의 경험과 지식을 토대로 바이오미메틱스와 생체 모사에 관한 내용을 주로 다룬다. 바이오미메틱스는 새로운 주제로, 이 책의 저자들은 이 분야의 영역을 구축하고 장래의 개발 방향을 제시한다.

간단히 살펴보면 해양 생물학, 인간 모사 로봇, 수중 음파 탐지, 협력, 열과 유체유동, 신소재와 자연주의적 설계 등으로 구성된다. 다양한 분야에 적용되지만 모두 자연의 재료와 구조라는 공통점이 있다. 이들은 생물학과 과학이 서로 상호 작용하여 어떤 훌륭한 효과를 내는지 뛰어난 예시를 제공한다.

심해의 비밀

배터리의 수명은 한정적이므로 수중 추진 시스템은 에너지 사용을 최소화하도록 끊임없이 기술을 개발해야 한다. 과학자들은 생물학에서 다시금 개선점을 알려줄 단서를 찾는다. 지넷 옌Jeannette Yen은 일부 해양 동물과 생물이 헤엄치는 동안 생성되는 소용돌이에서 에너지를 얻는 훌륭한 방법을 어떻게 진화시켜 왔는지 설명한다. 물고기는 빈도를 조절하며 꼬리를 쳐서 에너지 효율을 극대화한다. 해파리도 빈도에 맞춰 움직이며 추진력을 얻고 최대의 에너지 효과를 낸다. 이 원칙은 현재 수중 로봇 장치에 추진력을 생성하는 소용돌이를 일으키려는 목적으로 연구 중이다.

동물은 몸이 유연하면 좁은 틈 사이를 지나갈 수 있지만 포식자를 방어하기에는 불리하다. 해삼은 뻣뻣한 몸을 움직이는 정도를 조절해서 이 제약을 극복하는 방법을 개발했고, 우리는 이 점에 착안해 기술 시스템을 개발할 수 있다. 의학공학 분야에서는 이미 적응성 문제를 해결할 방안을 개발하고 있다. 뇌에 미소 전극을 이식하여 환자의 상태에 따라 조절하는 것이 그 예이다. 전극은 원래 삽입하기에는 뻣뻣한 소재이지만 체내의 유액과 접촉하면 주변 조직의 움직임에 순응할 수 있을 만큼 부드러워진다. 뇌졸중이나 척수 환자의 재활 치료에 전기 충격으로 근육을 자극해서 환자가 독자적으로 움직일 수 있도록 하는 전기 자극 방식의 사용이 증가하는 추세다. 표면 전극도 자주 사용되지만 이 방식은 정기적으로 기존의 것을 제거하고 새것으로 교환해야 한다. 반면에 삽입된 전극은 그러한 단점이 없고 근육의 움직임에 따라 수축하거나 이완된다.

반향 확보

현재 대부분의 배는 음파 탐지기를 장치해 항해하는 동안 해저의 깊이를 파악할 수 있다. 현재의 시스템은 원음을 사용하므로 반향에 포함된 정보가 제한적이어서 목표물을 식별하는 데는 크게 유용하지 않다. 높은 반향 강도는 큰 물고기 떼를 의미하고 약한 반향은 작은 무리를 나타낸다. 그러나 개별 물고기의 크기나 종류는 분간할 수 없다. 해저 작업에서도 마찬가지로 정보가 한정되는 단점이 있다. 돌고래는 박쥐처럼 높은 강도의 짧은 신호를 사용한다. 이 신호가 많은 주파수와 함께 메아리를 일으켜 목표물의 구성 물질, 두께, 형상 등에 대한 정보를 제공한다. 이와 유사한 방식으로 공학적 시스템을 개발할 수 있다면 해저 탐사와 지리적 조사, 의학의 초음파 분야에서 큰 도약을 이룰 수 있을 것이다. 도모나리 아카마츠Tomonary Akamatsu는 돌고래의 바이오소나biosonar(일부 동물이 스스로 낸 음파의 반사를 통해 방향이나 거리를 감지하는 음파 탐지 장치-옮긴이)가 물고기 떼를 감지하는 데 사용하는 차세대 음파 탐지기 개발에 단서를 제공한다고 설명한다. 음파 탐지기가 물고기를 분류하고 무리의 규모와 개별 물고기의 크기에 대한 정보를 제공한다면 더욱 효과적이고

◀ 앞으로 나아가려고 하는 규칙적인 움직임으로 생성되는 소용돌이에서 해파리가 에너지를 얻는 방식은 공학자들이 효율 높은 수중 장치를 작동시키는 시스템을 개발하는 데 도움을 준다.

지속적인 어휘 활동이 가능할 것이다.

로봇 공학

아마도 궁극적인 '바이오미메틱스 기기'는 인간형 로봇일 것이다. 공상과학 소설에나 나오는 이야기 같지만 요셉 바코헨Yoseph Bar-Cohen이 저술한 제2장을 대강 훑어보면 그런 생각은 금세 사라질 것이다. 인간형 로봇은 이미 출시되었고 요셉은 발명가를 모방한 복제 로봇과 사람을 구별하기 어려운 예를 제시한다. 인간형 로봇이 현재의 인간과 같은 외형에 더불어 인지, 추론, 학습 능력(인공 지능)까지 갖춘다면 정말로 사람과 구분하기가 쉽지 않아질 것이다. 인간형 로봇은 우주, 해저 혹은 위험한 지역(독가스나 방사능)에서 사람 대신 수리 작업과 같은 복잡한 업무를 수행한다. 로봇의 수족을 인간과 같은 수준으로 개발하는 작업은 기민함을 향상시키는 데 꼭 필요하다. 팔다리가 절단된 환자의 재활 치료에 이미 로봇 손과 팔이 사용되고 있으며, 이 로봇 손과 팔은 근육을 통한 전기 신호로 제어된다.

협동 작업

요즘 작은 로봇들을 하나의 팀으로 조직해 비싼 개별 로봇의 실패 비용을 절감하려는 노력이 늘어나는 추세다. 다만, 문제는 여러 로봇이 협동해서 임무를 수행하도록 하는 공학적 제어 시스템을 개발하는 것이다. 로버트 앨런Robert Allen은 물고기와 새들이 무리를 짓는 방법에서 규칙을 토대로 한 협동 제어 장치를 개발하는 데 영감을 얻을 수 있다고 말한다. 예를 들어, 강이나 하구에서 오염 물질을 포착하는 일은 개별 로봇 한 대만으로는 해결하기 어려운 문제이다. 이 작업을 위해서는 둥지를 짓고 사는 사회적 곤충이 해결책이 될 수 있다. 꿀벌 집단의 분화된 감각 작용과 의사결정에서의 합의 도출 능력은 로봇들의 협동 제어에 좋은 방법을 제시한다. 곤충의 전략은 또한 인터넷 서버의 로드 밸런싱 load balancing(한 개의 서버나 방화벽에 트래픽이 집중되는 것을 분산시키기 위한 스위칭 기술－옮긴이)이나 제조 공장의 기기에서 발생할 수 있는 문제를 해결하는 새로운 방법이 될 수 있다.

◀ 새들이 모이고 물고기가 떼를 짓는 협동은 충돌이 발생하지 않는 항공 조작, 컴퓨터 애니메이션과 게임의 규칙을 만드는 데 도움을 준다.

주변 환경 이용

물고기의 측선(옆줄)은 뛰어난 기계적 수용기(기계적 자극에 반응하는 감각 기관–옮긴이)로, 주변 물의 움직임과 진동에 대한 정보를 포착해 포식자나 먹이를 감지할 수 있게 해준다. 측선에 배열된 감각 기관이 근처 사물의 유동과 정지를 감지하고 주변 동료들의 움직임에 대한 정보를 제공해 무리를 형성한다. 일부 물고기는 머리에서 비슷한 기계적 수용기가 발견된다. 예를 들어, 장님 동굴어blind cavefish는 감각 기관을 활용해 어둠 속에서 길을 찾고 장애물에 부딪히는 것을 피한다. 이미 자율 무인 잠수정과 다른 로봇 차량에 적용하기 위한 미소 기계 시스템 연구가 진행 중이다. 이러한 생물체에서 얻는 정보는 로봇 팀 운영 장치를 개발하는 데 핵심 자료로 활용되고 있다.

자원 보존

자원은 한정적인데 소비량은 지속적으로 늘어나면서 인간의 에너지 소비가 환경에 미치는 영향은 이제 전 세계적으로 중요한 문제가 되었다. 우리는 집안 온도를 항상 쾌적하게 유지하고 난방하고 환기하는 데 에너지를 많이 사용한다. 반면에 자연은 난방, 단열, 환기 문제를 훌륭하고 혁신적인 방식으로 해결한다. 스티브 보겔Steve Vogel은 우리에게 그중 일부에 대해 설명한다. 예를 들면, 다리는 차갑게, 몸통은 따뜻하게 유지하는 두루미는 아주 차가운 물에 발을 담그고도 몸의 체온을 잃지 않고 먹이를 찾을 수 있다. 이것은 우리에게 어떤 영감을 주는가?

▼ 가위개미leaf cutter처럼 독특한 채집 방식을 발달시킨 곤충을 연구하고 분석하면 기획과 최적 경로를 찾는 시스템에 새로운 기술을 적용할 수 있다.

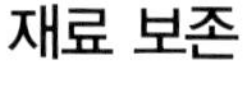

재료 보존

생물학은 구조를 이룬 재료를 사용하는 놀랍도록 효과적인 방식으로 진화해 왔다. 줄리안 빈센트Julian Vincent는 우리를 자극하고 이끄는 다양한 범위의 예시를 통해 재료과학에 접목할 수 있는 생물학적 시스템을 설명한다. 공학자들은 물에 의해 발생되는 문제를 피하고 중요한 설계적 통찰과 에너지를 찾으려고 노력하는 반면에 줄리안은 생물체를 이루는 물의 중요성을 시연하며 생물이 순응적 구조를 생성해 진화하면서 아주 순응적인 것에서 아주 단단한 것으로 바뀔 수 있다는 놀라운 방식을 보여준다. 사람의 피부는 이 주

◀ 두루미는 아주 차가운 물속에서도 오래도록 먹이 사냥을 계속할 수 있다. 다리로 냉기가 전달되어도 몸의 따뜻한 체온을 뺏기지 않기 때문이다.

제에서 가장 놀라운 구조이다. 피부에는 기술적인 특성 외에 자체 치료 능력이 있다. 게다가 상처를 입었을 때 섬유의 위치를 바꿔 상처가 깊어지는 것을 막는 내장 손실 방지 기능도 있다! 이 밖에 생물은 재활용에 대해서도 가르쳐준다. 생물학적 소재는 자연적으로 재활용할 수 있게끔 진화한 한편, 인공 소재는 만들 때 많은 에너지를 소비할 뿐만 아니라 재활용하는 데도 엄청난 에너지를 소모한다.

자연은 명백하게 과학자들에게 많은 교훈과 해결할 과제를 주고 있다. 이 책은 생물학자와 공학자들이 합심해서 연구를 진행할 때 얻게 되는 보상에 대해 설명하고, 그 교훈이 두 분야를 모두 빛나게 해줄 것이라는 점을 입증한다.

1 | 해양 생물학

들어가는 말

우리는 종종 미지의 세계에 대한 동경 어린 눈빛으로 바다를 응시한다. 바닷속에는 육지에 기반을 둔 인간 사회에 유용하게 적용할 수 있는 다양한 요소가 많이 내재되어 있다. 하지만 바다에서 교훈을 얻으려면 우선 이 미지의 세계를 탐험하는 방법부터 찾아야 한다.

공기를 호흡하는 인간의 신체 구조상 해양을 탐험하기는 어렵다. 한 가지 대안은 바닷속으로 로봇을 보내 우리의 눈과 귀를 대신하며 보물 사냥꾼의 역할을 하게 하는 것이다. 이런 로봇을 설계하고 움직이게 하는 기술은 해양 생명체로부터 영감을 얻는 경우가 많다. 해양 생물을 연구한 결과, 해양 로봇의 효용을 높이는 데 적용할 중요한 원리 두 가지를 발견할 수 있었다. 바로 소용돌이에서 에너지를 포착하는 것과 CPGcentral pattern generator(중추유형발생기-옮긴이)를 통해 움직임을 조정하는 것이다.

로봇 물고기는 어떻게 작동할까?

생체 모사 해양 로봇을 활용해 생물학적 원리를 실험해 본 결과, 해양 생물체에 대한 의문 세 가지를 풀 수 있었다. 첫 번째 의문은 관찰된 헤엄 속도를 낼 정도로 참치가 충분한 근육을 가지지 못했다는 '그레이의 패러독스Gray's paradox'이다. 이와 같은 맥락의 두 번째 의문은 표피가 얇은 해파리가 어떻게 제트 추진 속도를 견디는가 하는 것이다. 세 번째 의문은 공중과 수면의 경계에서 움직일 추진력을 제공하는 표면장력파를 일으킬 만큼 새끼 소금쟁이가 발을 빠르게 움직일 수 없다는 '대니의 패러독스Danny's paradox'이다. 개별 조사를 통해 과학자들은 이 같은 의문에 대해 비슷한 결론에 도달했다. 참치는 정확한 빈도로 꼬리지느러미를 움직여 이전의 움직임에서 발생한 에너지를 극대화해서 포착한다. 해파리는 새로 생성된 소용돌이가 이전의 것과 충돌할 때 둥근 머리 근육을 써서 쉽게 앞으로 헤엄친다. 소금쟁이는 다리를 움직일 때 수면 아

◀ 바닷속에는 과학자들이 인간 생태계에 적용할 수 있는 많은 귀중한 정보가 내재되어 있다.

▶ 물고기의 지느러미는 반류 속으로 소용돌이 고리를 발산해 움직임에 필요한 힘을 생성한다. 개복치(A)와 가슴지느러미가 낼 수 있는 최대 속도의 50%만 사용해 헤엄치는 검은 망상어black surfperch(B)이다. 구부러진 화살표는 불연속적인 소용돌이 고리의 중추 고속 제트 유속(큰 검은 화살표)을 나타낸다. 꼬리지느러미로 헤엄치는 개복치의 측면과 등지느러미의 모습(C). 꼬리지느러미는 반류 속으로 연결된 하나의 소용돌이 고리를 생성한다(구부러진 화살이 중추 제트 유속을 나타냄).
로더Lauder와 드러커Drucker 2002 변형.

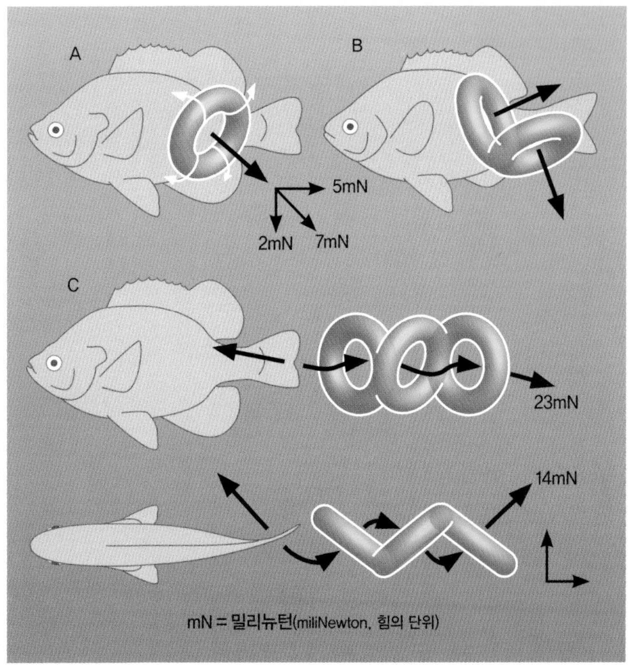

래로 소용돌이의 추진력이 발생하는데 발이 노처럼 작용하고 반월판menisci(섬유연골판–옮긴이)이 노의 날개 역할을 담당한다. 이 소용돌이의 힘이 유동적인 움직임으로 변환되어 소금쟁이가 수면에서 미끄러지게 해준다.

이 모든 해양 생물이 소용돌이로부터 에너지를 얻는데, 이것은 인간이 고안한 장치에서는 보기 드문 혁신적인 작용이다. 소용돌이는 주로 물체가 공기나 물과 같은 유체를 통과하며 움직일 때 발생한다. 참치의 헤엄 원리를 적용한 로봇 참치는 이전 움직임이 남긴 에너지와 결합해 약화시키는 역회전 소용돌이꼴whorl을 형성하기 위해 때맞춰 꼬리지느러미를 움직인다. 이렇게 하면 헤엄 효과가 증대되어 그레이의 패러독스가 제시한 의문을 풀 수 있다. 프로펠러보다는 플래핑 포일Flapping foil이 더 효과적인데, 이는 포일의 힘이 움직이는 방향을 향해서 물고기의 몸을 따라 공간 이동 파장처럼 작용하기 때문이다. 에너지는 대부분 힘이 움직이는 방향을 향해 수직으로 전달되는 프로펠러에서 소비된다. 생체 모사 해양 로봇이 보여주는 것처럼 플래핑 포일의 추진력은 높은 기동성을 제공한다. 꼬리지느러미를 움직여 앞으로 나아가되 머리는 움직이지 않아서 해양 탐사 장치로 유용하다.

단순화의 비밀

가장 흥미로운 사실은 로봇을 진짜 물고기처럼 헤엄치게 하려면 복잡한 제어 장치나 많은 기술적 요소 없이 앞뒤로 움직이는 지느러미 하나면 충분하다는 것이다. 이런 단순한 펄럭임으로 실제와 동일한 움직임을 만드는 '비결'은 꼬리지느러미의 소재 선택에 있다. 선택된 소재는 앞으로 나아가거나 움직이는 동안 몸체로 유체역학 에너지를 최적화해 배분할 수 있다. 또 불안정한 소용돌이의 흐름으로부터 최적의 운동 에너지를 얻고 회수하도록 진동 빈도를 조정해 주는 조화 전동 장치harmonic drive(기존 변속기보다 응용 범위가 넓은 기계식 변속 장치–옮긴이)도 필수적이다. 먼저 꼬리지느러미가 움직여 하나의 소용돌이를 생성한다. 그리고 나서 꼬리지느러미의 움직임이 조정된다. 지느러미를 움직이는 타이밍을 설정해 반류 속으로 발생하는 소용돌이가 반대로 회전하는 소용돌이와 만난다. 마지막으로 포일이 소용돌이의 에너지를 포착한다. 이와 같은 분명한 주기가 플래핑 포일의 효율을 극대화해 앞으로 나아가게 해준다는 것이 실험을 통해 밝혀졌다.

소용돌이의 결합

추진력, 에너지, 물리적 안정감에서 바다는 인류에게 유용한 아이디어와 영감을 준다. 해파리에서 소금쟁이에 이르기까지 해양 생물들은 엄청난 에너지를 사용하거나 특별한 소재 없이도 자연적이고 저렴한 방법인 소용돌이를 활용한다.

해양 생물에서 영감을 받은 소용돌이 포착 기술 덕분에 여러 생체 모사 해양 로봇들이 훌륭한 성과를 올릴 수 있었다. 로봇 해파리는 머리 부분인 둥근 중합체 밴드가 약하게 수축하며 앞으로 나아가는데, 이전에 발생한 소용돌이와 새 소용돌이가 결합하는 시점에 수축 작용이 일어나 새 수용돌이가 추진력을 생성한다. 로봇 소금쟁이는 다리를 펴고 회전할 때 생기는 소용돌이에서 얻은 힘으로 표면장력과 균형을 이루어 물 위를 걷는다.

거북복boxfish이 기류의 저항을 받지 않고 헤엄치는 것 역시 신체 유도 흐름body-induced flow으로 발생하는 소용돌이 반류의 상호 작용 덕분이다. 이 원리는 메르세데스 벤츠Mercedes-Benz사가 설계한 생체 모사 콘셉트카의 안정화 장치 개발에 토대가 되었다. 그러나 자동차는 빨리 달리더라도 안정적으로 주행하여 전복되지 않아야 한다. 유체역학자들은 거북복이 만들어내는 신체 유도 흐름을 분석한 결과 소용돌이 생성이 이 해양 생물의 안정적인 자체 보정 트리밍 제어self-corrective trimming control를 가능하게 하는 핵심이라는 사실을 다시금 알게 되었다.

바다에서 얻는 에너지

인류는 해양 생물체를 주의 깊게 연구하여 얻은 이동의 법칙을 활용해 바다와 강의 운동 에너지를 이용하는 장치를 고안해 냈다. 장어의 움직임에서 영감을 받은 압전 중합체 트랜스듀서piezoelectric polymeric transducer는 중합체가 변형될 때 뭉뚝한 본체 뒤에 생성되는 소용돌이에서 에너지를 포착하는 기기다. 이는 풍력 발전용 터빈이 바람의 흐름을 전기 에너지로 변환하는 것과 같은 이치이다. 트랜스듀서를 통해 수중 소용돌이에서 지속적으로 얻는 에너지는 수중 펌프나 LED(발광다이오드, 순방향으로 전류가 흐르게 했을 때 발광하는 반도체 소자-옮긴이)를 작동시킬 만큼 전력이 충분히 모일 때까지 배터리에 저장된다. 이런 수동 제어 장치와 반대로 에너지를 수확하는 로봇 장어는 변하는 유속에 따라 움직임의 빈도를 조절하도록 설계되어 기동력이 뛰어나고 유체 에너지를 최대한 전기로 변환한다. 평온한 반류와 동일한 빈도로 움직이거나 멈추고 혹은 진동하도록 트랜스듀서를 구성하는 막의 소재는 신중하게 선택해야 한다. 어류도 막과 비슷한 에너지 추출 원리(소용돌이에서 에너지를 얻는 것)를 이용하여 바위 뒤로 헤엄치거나 무리 지어 이동할 때 근육의 에너지 사용량을 줄인다. 여기서 알게 된 중요한 법칙은 어류가 안정적인 흐름이 아니라 불안정한 흐름(소용돌이)을 이용한다는 점이다. 이 법칙을 적용한다면 풍차 터빈처럼 안정적인 순환 체계를 갖추고 유체역학 효율을 최대 59.3%까지 높일 수 있다.

트랜스듀서보다 규모가 큰 펠라미스 웨이브 컨버터Pelamis wave converter는 파도에서 에너지를 얻는 장치다. 펠라미스는 그리스어로 '바다뱀'이라는 뜻이다. 그러나 옆으로 굽이치는 움직임을 활용해 헤엄치는 뱀과 달리 펠라미스 웨이브 컨버터는 파도가 칠 때 원통형의 관절 부분이 위아래로 움직이도록 고안되었다. 각 관절의 접합부에는 수압 펌프가 있어서 파도의 유동을 활용해서 발전기를 돌려 전기를 생산한다.

◀ 거북복은 안정적인 유영 능력 덕분에 벤츠사의 자동차 모델로 발탁되었다(163쪽 참조).

▼ 포르투갈의 아구카도라 파력 발전소의 모습이다. 이곳은 펠라미스 웨이브 컨버터 세 대를 사용해 지구 온난화의 주범인 이산화탄소가 발생할 염려가 없는 재생 에너지를 생산한다.

통합 제어 시스템

복잡하고 까다로운 지형을 탐사하는 일은 물속에서 특히 더 어려운 과제이다. 과학자들은 이 문제를 해결하고자 다시금 해양 생물을 살펴보고 있다. 그 덕분에 진짜 해양 생물과 같은 놀라운 능력을 갖춘 로봇 가재와 로봇 달팽이가 탄생했다.

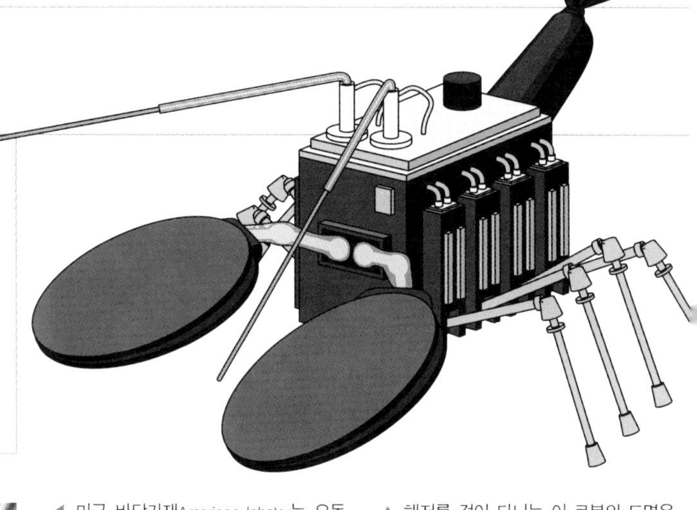

◀ 미국 바닷가재American lobster는 요동치는 물속에서 길을 찾고 적응하는 문제를 해결하는 데 영감을 주었다.

▲ 해저를 걸어 다니는 이 로봇의 도면은 바닷가재를 본떠 설계한 것으로 수심이 얕은 곳에서 원격으로 작동한다.

생체 모사 설계에 자연 생물체의 특징을 반영하는 것이 타당한지 살펴보는 핵심 단계는 해당 생물을 모형으로 사용해 단순하게 접근하는 것이다. 로봇 가재와 로봇 달팽이는 형태학적으로 영리한 설계와 기능적인 소재를 바탕으로 다양한 형태의 움직임을 단순하게 제어할 수 있다는 것을 보여주는 예이다. 뻣뻣하지만 단단한 키틴질로 이루어진 방수성 외골격은 내부의 부속 기관을 보호한다. 유체역학적인 형태의 몸통은 아래 방향 힘downforce(바닥으로 밀착하려는 힘-옮긴이)을 발생시켜 수중에서 중력이 줄어드는 것을 보완해 준다. 문제는 부속 기관과 집게발이다. 내부 장기와 집게발이 가재가 해저에서 안정적으로 머물 수 있게 도와주는데, 이 부분은 로봇에

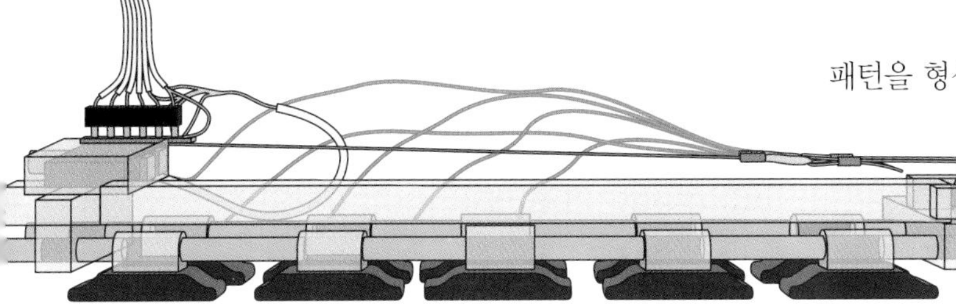

▲ 바다 밑바닥에 붙어서 이동하는 고둥의 모습에서 영감을 받은 로봇 달팽이다. 이 로봇에는 새롭게 개발된 소프트 액추에이터soft actuator가 장착되어 있다.

▼ 바다 고둥은 복잡한 지형에서도 문제없이 이동하고 거꾸로 서서도 이동할 수 있는 새로운 기종의 로봇을 발명하는 데 영감을 주었다.

서 구현하기가 어렵다. 한 가지 계획은 로봇 가재와 같은 자율 보행 수중 로봇ALUV에 전자공학적으로 제어되는 크기별 모터를 장착하는 것이다. 이렇게 하면 작은 부분부터 연속으로 작동하고 큰 부분으로 옮겨가므로 움직임이 훨씬 부드럽다.

로봇의 움직임

모듈러 로봇modular robots(수많은 작은 로봇을 이어 붙여 하나의 큰 로봇을 만드는 로봇 제작 방식–옮긴이)은 올바른 방향으로 움직이도록 CPG의 원리를 활용한다. 단순한 회로 안에서 한 요소가 다른 요소에 영향을 주는 강도와 시기를 변경해 다양한 순환 패턴을 형성한다. 이런 생체 모사 제어 시스템은 로봇 달팽이가 후퇴할 수 있게 하고 로봇 장어가 헤엄치게 하며 근육압muscular hydrostat(뼈나 외골격 없이 거의 전부가 근육으로 이루어짐–옮긴이)의 수축 작용으로 로봇 문어의 빨판이 제 기능을 하게 도와준다. 어떻게 달팽이가 훌륭한 로봇의 모델이 되었을까? 달팽이는 유속이 바뀔 때의 압력으로 몸에 변화가 일어나 분비되는 점액을 이용해서 움직인다. 바다 고둥을 본뜬 로봇 달팽이 1호는 해양 생물처럼 몸의 움직임과 반대쪽으로 출렁이는 파도를 활용해 이동한다. 물살의 흐름으로 압력을 받을 때 그 압력 수치가 크게 높지 않으면 점액이 굳어져 파도 사이에서 버티게 해주고, 압력이 높아지면 점액이 흘러나와 달팽이가 앞으로 나아가게 한다. 이 독특한 비非뉴턴형 유체(뉴턴의 법칙을 거부하는 움직임–옮긴이)가 바로 점액을 굳혀 몸통의 뒷부분을 고정하고 앞쪽을 밀어서 전진하게 하는 원리다.

로봇 장어 역시 2차원으로 움직이는 지느러미의 최적 빈도를 알아내 최대 추진력을 얻고 정확한 반류 체계를 생성하려면 자연의 도움이 필요하다. 로봇 장어의 많은 부분이 서로 결합하여 부드럽게 연결되는 하나의 움직임이 되어야 한다. 그래서 각 부분의 움직임을 모두 통제하는 복잡한 프로그래밍 대신 다른 부분의 움직임을 막도록 한 부분이 자동으로 움직이는 단순한 시스템을 적용했다.

모든 로봇은 특정 업무에 적합한 각기 다른 특징을 갖추었다. 유영은 몸체가 둥근 로봇 해파리가 잘한다. 속도는 로봇 참치가 빠르다. 틈새를 기어가는 것은 유연한 빨판이 장착된 로봇 달팽이나 로봇 장어가 뛰어나다. 바이오미메틱스 분야를 이끄는 이런 다기능 생체 모사 로봇을 바다로 보내 우리는 인간 생활에 유용한 자연의 신비를 풀 수 있다.

생체 모사 설계의 적용

모래에 보트를 어떻게 고정할 수 있을까? 물과 잘 흐트러지는 모래를 조합하는 것 말고는 방법이 없다. 게다가 해저 밑바닥까지 도달해서 바닥에 단단히 고정하는 데는 힘이 많이 든다. 석유 굴착 장치라면 가능하겠지만 자재와 제작비가 비싸다. 그렇다면 자연은 이 문제를 어떻게 해결할까?

생체 모사 설계를 시작할 때는 해양 생물체가 이와 비슷한 혹은 반대 기능을 어떻게 수행하는지 생각해 보는 것이 중요하다. 문제를 기능별로 세분화하고 나서 이 문제를 생물이라면 어떻게 해결할지 반문해 본다. 더 구체적으로는 '해양 생물체는 어떻게 해저에 굴을 파거나 조류 속에서 스스로 몸을 고정할까?' 하고 묻는 것이다. 이것을 '유비추론analogical reasoning'이라고 부른다.

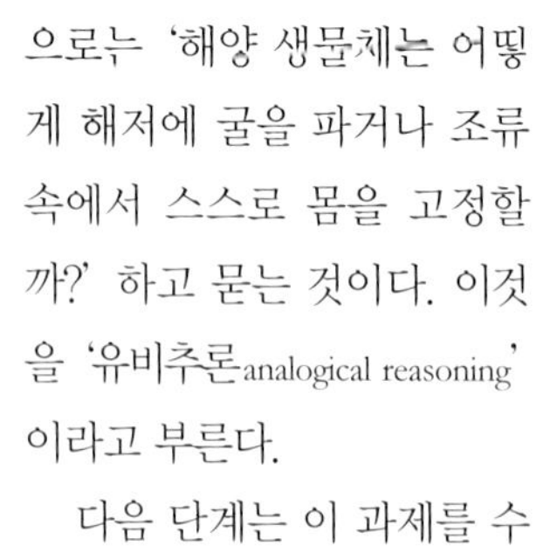

다음 단계는 이 과제를 수천 년 동안 해온 생물을 찾아 자연 선택에서 실패를 배제하는 것이다. 맛조개와 보잘것없는 다모류 동물이 인류가 생각지 못한 기발한 사실을 알려줄까? 이것이 생체 모사 설계의 장점 중 하나다. 기본 장비와 엔지니어들을 활용하는 대신, 이런 기능을 갖춘 생물들이 그 방식과 정보를 후손에게 DNA로 전달하고 재생산하는 방식을 이해하면 실현 가능한 설계 영역을 넓힐 수 있다.

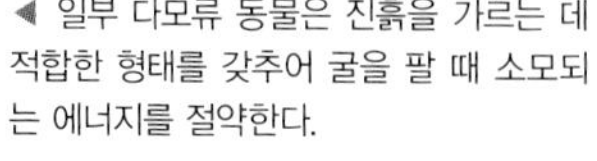

◀ 일부 다모류 동물은 진흙을 가르는 데 적합한 형태를 갖추어 굴을 팔 때 소모되는 에너지를 절약한다.

현 인류는 전기와 공기역학의 힘을 활용해 젖은 모래 해변처럼 불안정한 달의 표면을 뚫는다. 여기에 사용된 드릴은 매우 강한 소재(다이아몬드 매트릭스)로 만든 움푹 팬 관 모양으로, 표면을 뚫을 때 발생하는 잔해가 중앙의 관 속으로 빨려 들어간다. 마치 지렁이가 땅을 파는 것과 비슷하지 않은가? 이와 대조적으로 다모류 동물은 진흙의 특성을 활용해서 힘을 절약한다. 다모류가 굴을 팔 때 생성되는 응력 패턴stress pattern을 분석한 결과, 다모류는 균열 전파crack propagation라는 예상치 못한 힘을 사용하는 것으로 파악되었다. 처음에 틈을 만들려고 진흙을 밀면 응집된 진흙이 탄성을 받아 직선으로 균열이 전파된다. 다모류는 갈라진 틈으로 더 깊이 파고들고, 이 과정이 반복된다. 이것은 드릴의 힘을 사용하는 것과는 매우 다르며, 주변 환경에 수동적으로 의존해 에너지를 절약하는 좋은 방법이다.

◀ 맛조개에서 영감을 얻은 잭나이프 크기의 로봇 조개의 모습이다. 발을 먼저 내디디고 몸체를 당기는 방식으로 땅 파기 운동을 한다. 이러한 원리를 적용한 로봇 조개는 일방적으로 껍데기로 부딪치는 방식보다 에너지를 절약할 수 있다는 점이 입증되었다.

바닥에 고정하기

맛조개는 70센티미터 깊이로 모래 속으로 파고들 수 있고 가장 성능 좋은 닻보다도 고정하는 힘이 좋다. 하지만 조개 자체의 힘은 그리 강하지 않다. 그렇다면 맛조개는 어떻게 이런 작용을 할 수 있을까? 맛조개 껍데기가 닫힐 때의 힘과 몸통의 수직적인 움직임이 결합하여 물과 모래를 하나의 유체로 만든다. 조개는 유연한 발 혹은 외투막의 끝을 확장해 유사流砂로 내디디고 파고든다. 이 방법은 토양에 무작정 껍데기를 부딪치면서 에너지를 소비하는 것과 비교하면 에너지를 열 배에서 백 배까지 절약할 수 있다. 그렇다면 맛조개의 고정 방식에서 어떤 측면이 어떤 식으로 공학 설계에 적용되었을까? 바로 로봇 조개다! 로봇 조개는 잭나이프만 한 크기로 작고 가벼우며, 에너지를 적게 소비하고, 몸통을 뒤집을 수 있어서 역동적으로 해저에 구멍을 파고 몸체를 고정하는 해양 장비다. 맛조개를 연구해서 얻은 원리를 토대로 로봇 조개의 구조를 설계했으며, 기존 로봇의 장점은 살리면서 에너지 소모량은 줄였다.

◀ 석유 굴착 장치를 이용하면 해저를 파고 정박하는 데 엄청나게 비싼 비용이 들어간다. 그러나 다모류 동물과 맛조개 같은 해양 생물체들은 자연을 활용하여 적은 에너지로 해저에 몸을 고정한다.

주변에서 방법을 찾아라

스노클러snorkeler나 스쿠버다이버라면 심해로 내려갈수록 빛의 세기와 색의 채도가 낮아진다는 사실을 잘 알 것이다. 해양 생물들은 시각적으로 발생하는 이런 문제를 해결하기 위해 특이한 인지 시스템을 개발하고, 아울러 다른 포식자가 감지하지 못하게끔 하는 전술도 고안해 냈다.

거미불가사리는 광결정 방해석을 빛으로 활용하고, 감각세포에 초점을 둔 완벽한 홑눈으로 어둠 속에서 잠재적인 포식자가 다가오는지 확인한 다음 유연한 팔로 몸을 움직여서 안전한 장소로 숨는다. 불가사리의 눈은 광자 기술용 나노틀nanotemplate에 영감을 주었다. 바닷가재의 자루 눈은 작은 사각형 모양의 관으로 이루어져 있고 거울과 같은 관의 표면

◀ 바닷가재의 눈은 주변의 모든 것을 파노라마처럼 볼 수 있어서 과학자들은 이 점에 착안하여 새로운 영상 감지기image detector를 개발했다.

▲ 국제우주정거장에 장착된 Lobster-ISS는 감지 모듈이 여섯 개 있고 각기 다른 방향을 주시한다.

◀ 자유자재로 색을 바꾸는 갑오징어의 놀라운 능력은 더욱 밝은 디스플레이 기술의 개발에 새로운 혁신을 이끌었다.

이 눈으로 반사되는 빛을 집약, 확대해서 컴컴한 해저에서도 더 많은 빛을 얻도록 해준다. 이 복합적인 눈 조직이 제공하는 파노라마 비전은 어두운 밤 천계의 작은 움직임까지 기록할 수 있는 전천全天 망원경을 개발하는 데 영감을 주었다. 포유류처럼 큰 홑눈이 달린 일부 해양 생물체의 안구는 물속의 구면수차를 보정하는 효과가 있다.

물속에서의 시야 확보

바다의 약자들은 시야가 넓은 포식자를 속이려고 위장 전술을 펼친다. 갑오징어는 모양과 색을 바꿔 순식간에 눈앞에서 사라지는 능력이 있다. 여러 겹의 색상층을 활용하여 자유자재로 변신한다. 갑오징어는 표피에 색소 세포가 있어서 피부의 두께에 따라 색이 달라진다. 표면은 노랗고, 점점 붉어지다가 피부 속으로 갈수록 갈색을 띤다. 서로 다른 색상을 나타내는 각 색소 세포가 있으며, 뉴런이 이 색소 세포의 크기와 형태를 제어한다. 세포가 확장되면 색상이 진해지고, 수축하면 색이 옅어진다. 진피층 아래의 백색세포에는 굴절률이 높은 반투명의 반사성 단백 과립이 들어 있어서 모든 파장을 반사하며 광대역 반사경처럼 작용한다. 흰색은 흰색으로, 초록색은 초록색으로 반사하므로 갑오징어가 주변 색으로 자연스럽게 동화될 수 있다.

두족류(갑오징어, 문어 등)의 핵심 자산은 단백질 층 사이에 간격이 있다는 점이다. 이 나노미터 간격의 다양한 공간으로 빛의 파장이 투과, 굴절되어 색상이 변한다. 광감지기phototonic sensor는 두족류의 나노 단백질 층 공간 구조에서 영감을 받아 설계했다. 인간이 설계한 광학 가스 감지기는 나노미터 간격을 채우는 증기를 감지해 내어 화학 용제나 가스와 결합하며 색을 바꾼다. 빛은 층을 통과하면서 반사, 투과되어 다양한 색상으로 바뀐다. 갑오징어의 색 변화는 적용된 전력에 따라 빛의 공간이 조절되는 더욱 밝은 디스플레이 기술을 개발하는 데 영감을 주었다.

해양 생물학

흐름을 느껴라

심해로 갈수록 활용할 수 있는 빛의 양이 줄어들기 때문에 깊은 바닷속에서 이동할 때 빛을 토대로 한 인지는 가장 좋은 감각 형태가 아니다. 그래서 심해에 서식하는 생물들은 주변 상황을 관찰하는 다른 방법을 개발했다.

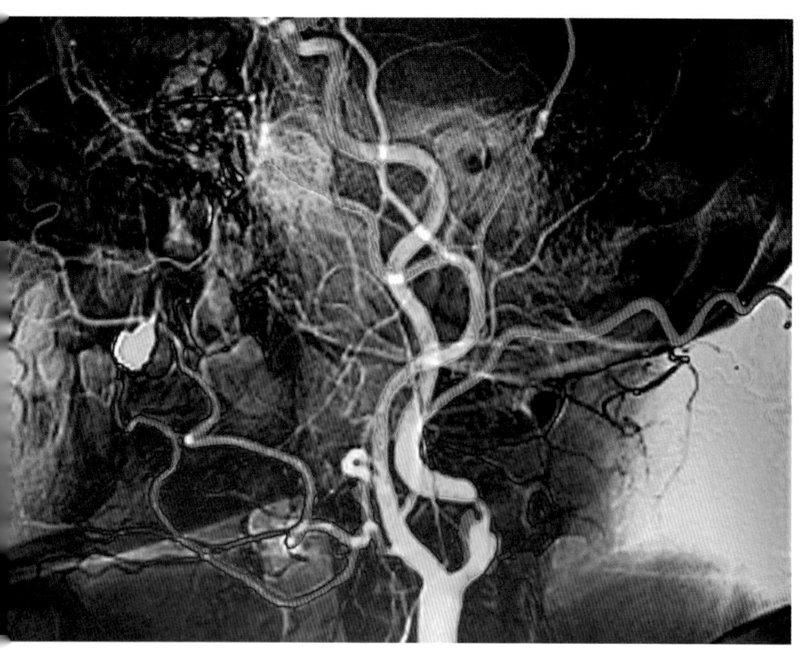

미세갑각류에 속하는 요각류는 몸 앞쪽의 기다란 더듬이를 따라 10마이크로미터 간격으로 섬세한 키틴질 강모가 나 있다. 이런 조밀한 배치 덕분에 매우 미세한 변화도 감지할 수 있다. 이 생체 기술을 적용하면 혈관 내 미세한 변화를 마이크로로봇이 감지해 혈관종과 혈관 누수를 파악하고 플라그를 용해하는 약물을 투여할 수 있게 된다. 물고기의 정교한 측선이나 신경소구(어류나 양서류의 피부에 있는 흐름을 감지하는 기관-옮긴이)도 주변의 상황 변화에 민감해 인간의 기술 개발에 도움을 준다.

요각류는 점성이 있어서 주변의 방해물에 부딪히지 않으면서 유연하게 빠져나갈 수 있다. 그리고 요각류보다 더 크고 빨리 움직이는 어류는 이와 다른 해결책을 찾았다. 즉, 측선의 유액이 가득 찬 관에 요각류의 강모와 크기·규모가 비슷한 섬모가 삽입되어 있다. 신경소구의 섬모가 젤 같은 구조인 쿠풀라cupula를 이루어 먹잇감, 포식자, 짝짓기 상대가 일으키는 흐름을 제외한 큰 흐름을 걸러낸다. 자가 경로 감지 로봇에 삽입할 인공 유동 감지기는 물고기의 쿠풀라와 비슷한 원료에 당단백질 히드로겔glycoprotein hydrogel을 넣어 만든다. 이렇

◀ 경동맥에 자리 잡은 플라그를 요각류의 강모와 같은 감지기를 토대로 한 의료 장비를 이용하여 감지하게 될 것이다.

▲ 과학자들이 많이 연구하는 미세갑각류인 요각류는 앞쪽 촉수에 난 섬세한 섬모가 물속 흐름의 미세한 변화를 감지한다.

▼ 푸른 꽃게는 발과 촉각에 감각 기관이 있으며 이곳에 난 섬모로 냄새를 맡는다.

▶ 빠르게 헤엄치는 물고기들은 측선의 관 속에 신경소구가 삽입되어 있다.

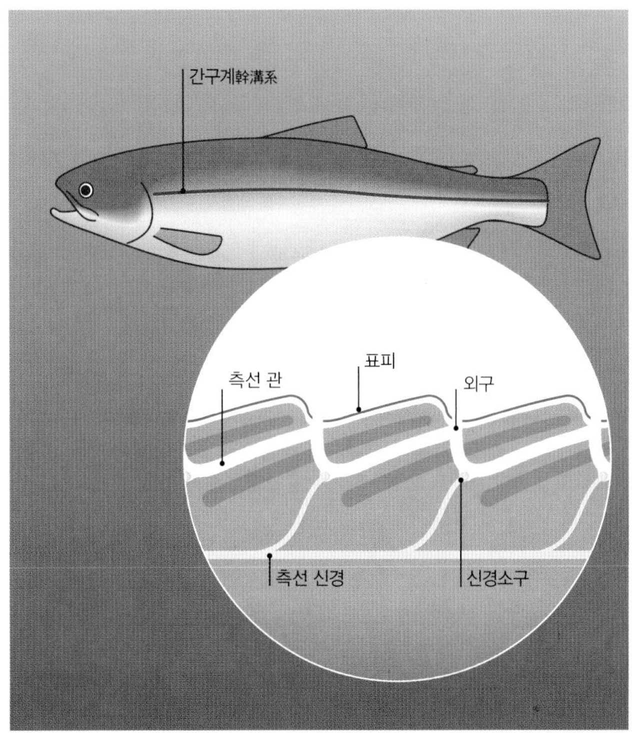

게 하면 인공 쿠풀라의 감지 능력이 향상되어 더 미세한 흐름에도 반응하고, 신호를 확장해서 멀리 있는 목표물도 잘 감지할 수 있다.

냄새 추적

수중 생물의 또 다른 핵심 감각 기관은 냄새를 감지하는 것이다. 푸른 꽃게는 냄새를 감지하는 정교한 섬모odor plume tracking가 있다. 꽃게는 촉수와 다리에 감각 기관이 있어서 지각 범위가 넓다. 이렇게 감각 기관이 비교적 넓은 면적에 분포하는 덕분에 촉수 경계층에 난 섬모가 강한 신호를 감지하고 다리 끝에 난 섬모는 아래쪽 신호를 감지해 지각 범위에서 종합적인 판단을 할 수 있다.

과학자들은 로봇에 인공 알고리즘 프로그램 체계를 구성하는 용도로 냄새 섬모를 활용한다. 예를 들어, 해양 로봇의 화학 섬모가 냄새를 추적하게 해주는 컴퓨터 프로그램은 로봇이 냄새를 찾아 작동할 때 앞뒤로 움직이면서 일정 시간 냄새를 감지하지 못할 때도 계속해서 돌아간다. 오랫동안 신호가 잡히지 않는 것은 연구자와 로봇 간에 교신이 끊어졌다는 것을 의미하므로 연구자는 로봇이 되돌아오도록 시스템을 변경해 다시 신호를 잡도록 조정한다. 동물이 눈앞에 닥친 상황에 어떻게 대처하는지 알면 이런 예측할 수 없는 상황에서도 적용할 수 있는 알고리즘을 얻을 수 있다.

달라붙는 생물체들

수백만 년 전에 육지에서 포식자들이 약자를 먹잇감으로 삼아 위협을 가하자 일부 생물은 육지를 떠나 새로운 곳에 둥지를 틀었다. 그런 동물로는 도마뱀붙이, 파리, 거미, 딱정벌레가 있다. 이들 종은 다양한 표면에 달라붙는 특별한 능력을 개발해 생존했다.

도마뱀붙이는 점성이 없는 발로 매끄러운 바위에 달라붙거나 나뭇가지에 계속 매달릴 수 있다. 어떻게 그럴 수 있을까?

도마뱀과 곤충들의 나노 체계nano structure를 분석해 보니 단순하면서도 특별한 해결책을 알 수 있었다. 2차적 유사類似 진화를 통해 주걱과 같은 구조의 나노 체계가 형성되어 표면에 붙을 수 있게 해준 것이다. 작은 털과 같은 강모를 세분화하는 간단한 방법으로 표면의 밀도를 극대화했다. 달라붙는 강모로 진화시킨 설계의 중심 원칙은 바로 기하학이었다. 이때 접착력은 표면적에 비례한다. 도마뱀과 곤충은 특별한 표면 화합물로 표피 구조를 코팅해 합성하는 대신 모두 반데르발스의

◀ 도마뱀붙이의 매끈한 발은 조밀한 털과 같은 강모를 사용하여 어떤 표면에도 쉽게 달라붙는다.

◀ 수염홍합bearded mussel은 접착성 단백질을 활용해 바닷속에서 미끄러운 바위에 달라붙는다.

힘van der Waals forces(중성원자 간의 비교적 약한 인력-옮긴이)이라고 불리는 소립자 에너지에 의존하여 도마뱀은 케라틴 강모를, 곤충은 키틴질 강모를 생성한다.

물기 있는 곳에 달라붙기

바다에서도 이와 비슷한 진화를 찾아볼 수 있다. 수염홍합은 미끄러운 바위에도 달라붙는다. 홍합은 문어와 같은 빨판도 없고 게와 같은 집게발도 없다. 그 대신 이 무척추동물은 엘도파L-DOPA(파킨슨병 치료제-옮긴이)와 히드록시프롤린hydroxyproline으로 구성된 단백질을 뛰어난 접착제로 활용한다. 이 점성 단백질은 발의 기관에서 족사足絲(연체동물이 바위에 달라붙을 때 쓰는 수염-옮긴이)로 분비되어 실타래를 형성해 홍합이 파도가 치는 해안 바위에 들러붙게 해준다.

족사와 플라그 형태의 이 모형은 DOPA의 산화 반응 형태인 퀴논quinone(염료의 원료-옮긴이)으로, 홍합이 물속에서도 바위에 잘 달라붙는 능력에 착안해서 개발되었다. 바위에 부착된 실타래는 척추동물의 힘줄만큼 질기고 3~5배 더 길게 연장할 수 있다.

게켈: 건조하고 습한 곳 어디든 부착할 수 있는 물질

인간이 수백만 년 동안 진화한 도마뱀붙이와 홍합의 이러한 독창적인 능력을 배울 수 있을까? 2002년에 생물공학자 필립 메서스미스Phillip Messersmith가 이 두 가지를 하나로 결합시켰다. 네 발 동물과 쌍각류는 자연이 해결할 수 없는 통합 해결책을 이끌어내는 데 토대를 제공했다. 자연은 서로 관련이 없는 동물군의 흔적을 쉽게 통합하지 못한다. 하지만 인간은 자연의 원리를 이해하여 그 작업을 해낼 수 있다. 건조한 곳에 잘 달라붙는 도마뱀의 능력과 습한 곳에 잘 달라붙는 홍합의 능력을 결합해 '게켈Geckel'을 만들어냈다. 게켈은 건조한 곳

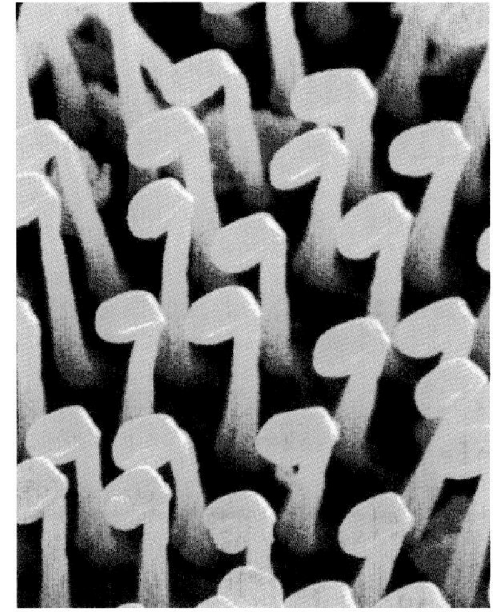

▲ 푸른 갈고리 모양의 구조는 파리의 발끝에 난 접착성 강모(털)다. 이 경이로운 접착 구조는 접착력이 강한 씨앗의 단면과 구조가 비슷해 과학자 조지 드 메스트럴 Gerge de Mestral이 오른쪽 사진에 보이는 '벨크로Velcro'라고 알려진 소재를 개발하는 데 영감을 주었다.

이나 습한 곳에서 모두 사용할 수 있는 강한 점성으로, 지금까지 개발된 다른 어떤 소재도 따라오지 못한다. 중합체 발 부분에 약간의 나노패터닝nano patterning과 끝 부분에 이중 접착층을 만들기 위한 화학 기술이 사용되었다. 그 결과 생체 모사 디자인이 탄생했고, 외과의들은 잘라낸 조직의 젖은 두 부분을 부착하는 데 성공했다.

유동적으로 거친 표면에도 잘 달라붙는 도마뱀붙이의 강모를 모방하고자 미세 조립한 기둥식 배열에 폴리 엘라스토머poly elastomer를 사용했다. 이 나노 구조면은 게켈의 접착력을 만드는 데 반드시 필요하다. 기둥에는 홍합의 접착 단백질을 흉내 낸 중합체를 입히고, 위에는 홍합 부착력의 핵심인 접착 단백질 카테콜catechols층을 올렸다. 이렇게 하면 접착력이 거의 15배 가까이 증가하고, 습하거나 건조한 환경에서 1,000회 이상 접착할 수 있다.

해양 생물의 청결함

더러운 돌고래나 불결한 산호를 본 적이 있는가? 돌고래는 모래에 몸을 비벼서 더러움을 씻을 수 있지만 산호는 그러지 못한다. 그럼 이 해양 생물체가 물속 잔해로부터 표면 또는 피부를 말끔하게 유지하는 비결은 무엇일까? 몸을 깨끗이 유지하는 수중 생물체에서 우리가 배울 점은 무엇인가?

일부 갑각류는 탈피 시기가 되면 기존의 외피를 벗고 새로운 외피를 만든다. 이렇게 함으로써 몸집을 키우고 외피에 붙어 있던 착생 생물이나 기생충을 제거한다. 산호는 점액을 대량 방출해 기생하는 미생물을 제거하고 다시 자리잡지 못하게 한다. 그러나 인간의 의학 발전에 실제로 영감을 준 것은 바로 켈프kelp(다시마와 같은 갈조-옮긴이)다. 켈프는 화합물을 분비함으로써 자신의 몸에 생체막을 형성하는 세균의 집단 서식을 막는다.

수적 우세

생체막 형성은 세균이 다른 세균의 존재를 감지하는 능력에 따라 진행된다. 이런 세균들은 정족수 인식을 통해 서로 '대화'하고, 이웃하는 세균들이 화학 물질을 연속으로 방출해 균세포에서 생체막을 형성한다. 주변의 세균 수가 적당할 때 이러한 일이 일어난다. 다만, 세균의 먹이가 풍족한 바다에서(바다가 박테리아로 완전히 덮인 적도 있다) 홍조류인 나도꿩꼬리Delisea pulchra에는 기생하며 생체막을 형성하는 세균이 없다. 나도꿩꼬리는 부차적인 대사산물을 생산해 세균들의 신호에 개입해서 결합을 억제하기 때문이다. 이러한 화합물은 세균을 죽이는 대신 군생세균들이 전달하는 필수 메시지를 방해한다. 그리고 생체막의 신호 체계를 모방하지만 반응하지는 않는다. 나도꿩꼬리의 이 방

◀ 나도찜꼬리는 세균들(녹색으로 표시된 부분) 사이의 메시지를 왜곡해 오염을 막는다.

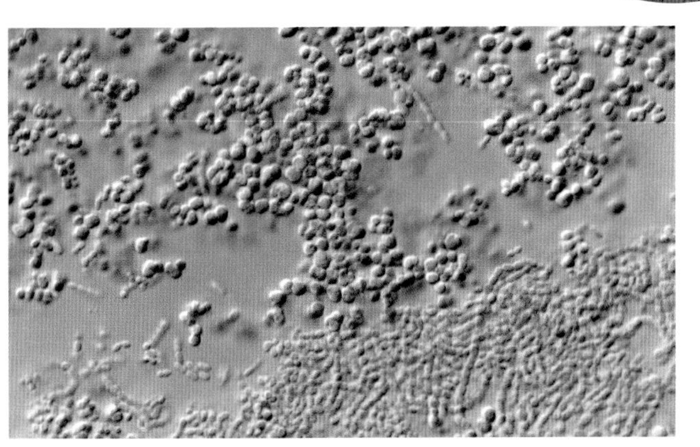

◀ 켈프가 청결함을 유지하는 비결은 기생충이나 박테리아가 막을 형성하는 것을 차단하는 화합물을 분비하는 것이다.

▲ 나도찜꼬리는 생체막 신호를 모방해 박테리아를 속이고 막는다.

식은 위장과 마찬가지로 신호를 속이는 또 다른 진화의 예이다. 또 켈프는 세균의 신호 체계를 엿듣고, 정족수 인식을 위한 행위를 모방한다. 세균은 그들이 집단을 형성하는 메시지와 동일한 이 신호를 무시할 수 없다. 그래서 이 신호를 사용해 숙주의 표면에 군락을 형성하지만 켈프 위로 생체막을 형성하는 데는 실패한다. 인간은 자연의 이런 방식을 바탕으로 박테리아를 없애는 새로운 방법을 얻었다. 저항성 세균으로 진화하는 것을 촉진하지 않고 그들의 생체막 형성을 억압하는 한편 우리가 개발한 항균 보호막을 입히는 것이다.

끈끈한 상황

자연에서 영감을 얻기 위해 지속적으로 조사하면서 우리는 매끈함이 아닌 끈끈함도 고려해 보았다. 먼저 홍합의 접착 체계를 다시 검토하면서 젖은 표면에 달라붙는 놀라운 능력이 아닌 나도찜꼬리의 자체 청결 기능을 살폈다. 이것을 이용한 새로운 오손 방지 코팅 방식은 생체막을 형성하는 규조류Navicula perminuta와 갈조류Ulva linza가 달라붙는 것을 방지한다. 이 코팅 기술은 연구실에서 실험한 우리의 표준 실리콘 코팅보다 훨씬 효과가 뛰어났다. 문제는 생물학적 원리를 인간이 사용하는 기계 설계로 옮기는 것이다. 이 방법이 과연 갈조류의 잎을 깨끗하게 유지하는 것에서 어선의 거대한 표면을 깨끗이 유지하는 과제로까지 확대 적용될 수 있을까? 이 질문에 대한 연구는 지금도 계속되고 있다.

▶ 해양 생물의 자체 청소 방식은 보트와 배를 청결하게 유지하는 방법에 영감을 주었다.

바다의 힘을 조절하라

절대 바다에 등을 돌리지 마라. 바닷가 사람들이 얼마나 자주 이런 경고를 해주는가? 그들이 매우 잘 알고 있듯이 많은 해양 생물체도 파도와 그 힘을 견디며 살아가는 방법을 찾았다.

해수에서 추출한 미네랄에서 정확한 조직 배열을 이루는 많은 해양 생체 적합 물질이 검출되었다. 이중 유사한 물질을 다른 기능에, 이종 물질을 비슷한 기능에 적용하여 물리적 특성을 두드러지게 한다. 이렇게 개별적으로 선택된 설계 기술을 토대로 견고한 조직 체계가 구성된다. 인간이 이 과정을 모방할 수 있을까?

바닷속 화학자

전복과 산호의 바이오미네랄인 $CaCO_3$를 살펴보자. 산호는 해수에서 $CaCO_3$를 얻기 위해 해수로 차 있던 작은 석회질 공간으로 양자를 끌어올려 해수의 농도를 높인다. 그러면 석회질 공간에 있는 용존무기탄소가 탄산염이온으로 변환되어 포화 상태가 높아진다(Ca x CO_3 이온이 생성된다). 충분한 포화 상태에 이르면 아라고나이트aragonite가 침전된다. 전복은 탄산칼슘이

▶ 이 해면의 바이오실리카 돌기는 빛을 투과시키며 광학 섬유 통신기에도 동일하게 설계되었다.

95%인 충격 저항성 껍데기 '타일tiles'을 생성한다. 나머지 5%는 점성 단백질이다. 외부로부터의 충격은 표면으로 흩어지고, 갈라짐의 전파는 타일에 의해 차단되며, 갈라짐은 틈이 채워지면서 치유된다. (재료 과학자들은 이 원리를 연구하여 가벼운 갑옷을 개발했다.)

작은 기적

거미불가사리는 방해석方解石을 사용해 광학적으로 완벽한 홑눈을 만든다. 불가사리는 유연한 몸체 위에 홑눈 두 개가 나란히 배열되어 구면수차와 복굴절(빛이 두 갈래로 갈라져 보이는 것) 현상이 발생하지 않는다. 이런 생체 결정화biocrystrallization는 현재 마이크로패터닝에 사용되고 있다. 또 해면의 바이오실리카biosilica 침골이나 돌기로 광도체를 만든다. 돌기는 내부의 핵을 피복이 감싸는 광학 섬유 통신에 사용되는 것과 동일한 구조이다.

규조류는 바이오실리카를 광물화하여 축복받은 나노 기술자로 여겨진다. 규조류는 작은 단세포 생물로, 광합성을 통해서 지구상 생물 탄소의 약 20%를 생산한다. 규조류의 유리 같은 세포벽은 강하고 가벼운 기술 구조물로, 비결정질 실리카로 이루어졌다. 유전공학적으로 나노 구조인 무생물 소재를 통합해 뛰어난 실리카 구조를 갖춘 규조류를 만들려는 노력이 이루어지고 있다. 다른 연구자들은 규산을 함유한 규조류를 석판술 모형으로 활용해 복잡한 나노 패턴 연구에 활용한다. 실리카가 마그네슘과 같은 다른 재료로 교체되었을 때 보이는 원형 보존 반응은 나노 체계를 변형시켜 탐지기, 필터, 광학 회절격자에 사용되는 나노 장비를 대량 생산할 수 있게 해준다. 이 모든 아이디어는 충격 보호, 나노 패턴 구성, 빛 포착 방법에 대해 바다가 알려준 것이다.

◀ 산호의 바이오미네랄은 아라고나이트 $CaCO_3$다. 과학자들은 이 단단하지만 가벼운 미네랄의 효과 저항성 자질을 모방하기 위해 연구하고 있다.

▶ 광학 섬유는 광학적으로 순수한 유리로 만들어지고, 사람의 머리카락만큼 얇게 만들 수 있다. 이것은 빛의 파장을 아주 먼 거리까지 전송한다.

단단하거나 부드럽거나

단단한 표피는 외부로부터 몸을 보호하는 데 유용하지만 유연성이 없어서 움직임이 불편하다. 간혹 부드러운 소재가 편리할 때도 있다. 하지만 경우에 따라 피부 상태를 변화시키는 편이 가장 좋다. 그 방법을 찾은 해양 생물체가 바로 해삼과 먹장어이다.

해삼은 표피가 부드러울 때 좁은 공간 사이를 기어 다닌다. 하지만 포식자에게 위협을 느끼면 체내로 물을 흡수시켜 변화를 준다. 해삼의 표피는 매우 섬세한 콜라겐 섬유 혹은 섬모 조직으로 구성되어 있다. 적으로부터 몸을 보호할 때에는 주변 세포가 분자를 방출해 섬모들이 서로 결합해 단단한 방패를 형성한다.

◀ 해삼은 좁은 공간으로 기어들어갈 정도로 유연한 몸체를 가지고 있지만 위험이 다가오면 표피가 딱딱해져 방어 태세를 갖춘다.

▲ 해삼에 대한 연구를 통해 입을 때 부드럽지만 전투 중에는 단단해지는 방탄조끼를 개발할 수 있었다.

▶ 먹장어는 포식자의 공격을 받거나 화가 났을 때 혹은 스트레스를 받을 때 점액 샘에서 실처럼 가는 많은 양의 점액을 분비한다.

이런 생물을 모사한 인간의 발명품에는 파킨슨병이나 뇌졸중, 척수 부상 시 뇌에 삽입하는 미세전극장치가 있다. 이 장치는 삽입 당시에는 뻣뻣하지만 뇌 분비물과 접촉하면 부드러워진다. 과학자들은 해삼의 피부를 모방해 화학감응성chemoresponsive이 좋은 중합체 물질을 개발했다. 셀룰로오스 나노섬유에 탄성 중합체 산화에틸렌을 결합해 탄생한 에피클로로하이드린epichlorohydrin은 단단한 조직을 구성한다. 그런데 체내로 삽입하면 중합체와 나노섬유가 결합하는 성질이 있어 대뇌피질 조직에 함유된 수분이 그 사이로 흘러들어 섬유의 응집력을 약화시킨다. 그래서 단단한 성질이 부드러워지면서 스스로 형태를 잡을 수 있기 때문에 뇌 조직의 손상을 최소화시키는 것이다.

끈적거리는 사냥감

더 부드러운 물질로는 먹장어의 점액이 있다. 먹장어의 점액은 피부, 털, 모피, 손톱, 발톱, 발굽, 뿔과 마찬가지로 세포 골격을 구성하는 구조 단백질이자 중요 물질인 중간섬유intermediate filament(IFs)로 가득 차 있다. 고 흡수성 물질인 먹장어의 점액은 체중의 26만 배까지 수분을 흡수할 수 있다. 그 비결은 다양한 공간에 차 있는 섬유(실)에 있다. 분비샘 안에 들어 있는 섬유는 조밀한 가닥으로, 잡아 당겨 손상을 입으면 쉽게 풀린다.

먹장어의 점액은 다른 생물이 분비하는 점액과는 다르다. 점액소와 같은 분자뿐 아니라 섬유질의 구성 물질이 탄성도가 매우 낮은 분자 상태로 중간섬유에서 생성된다. 먹장어의 중간섬유는 나노 크기의 탄성 고리처럼 장력이 작용해 최대 35%까지 가해지는 응력에서 완전히 회복될 수 있다. 그 다음 나선형 고리가 확장되어 이웃한 단백질 섬유와 결합해 안정적인 결정막을 형성한다. 이 막은 200%의 응력에서만 파괴되기 때문에 응력이 낮은 일반적인 상황에서 높은 강도를 보인다. 강도는 점액이 흡수하는 수분의 양에 따라 달라진다. 중간섬유는 부드러운 세포질의 젤, 장력이 강한 성분, 단단한 섬유질의 알파케라틴alpha-keratin과 같은 다양한 바이오 소재를 만드는 데 널리 사용된다.

협력의 장점

당면한 문제를 기능적으로 분석하고 비슷한 문제를 해결한 자연의 생물과 비교하는 것은 생체 모사 설계 분야의 발전에 중요한 부분이다. 생물학자와 공학자들은 오랫동안 풀지 못했던 혹은 새롭게 발견한 문제를 다양한 분야에서 협력하여 풀려고 노력하는 것이 중요하다. 좋은 발상은 전혀 다른 분야에 있는 사람과의 교류를 통해 얻어지는 것이다. 이런 만남을 통해 배우고 그 교훈을 적용, 실험해 보면 자연이 발견한 귀중한 지식을 얻는 날이 올 것이다.

들어가는 말

자연은 수억 년 동안 진화를 거치면서 물리, 화학, 재료과학, 기계의 법칙에 시행착오라는 시험을 내주었다. 이 시험을 극복하는 것은 인류를 포함해 지구상에 존재하는 다양하고 뛰어난 생물들이 풀어야 할 과제이다.

컴퓨터 기술의 진화로 합성 소재, 인공 지능, 리얼타임 이미징real-time imaging, 음성 인식이 가능해지면서 인간과 흡사한 로봇을 창조할 가능성이 커졌다. 말과 표정으로 감정을 드러내고 반응하는 로봇의 능력은 오늘날 놀라울 만큼 정교하게 발달했다. 인공 근육으로 알려진 전기 반응성 고분자EAP는 공상과학 소설에서나 가능할 것으로 여겼던 생체 모사 기기의 개발 가능성을 보여준다.

이 장에서는 사람과 비슷한 로봇 개발의 초창기를 돌아보면서 그들이 어디서 영감을 얻었고, 현재는 어느 경지에 이르렀으며, 로봇의 독창적인 스타일과 앞으로의 과제, 우리 사회에 인간 모사 로봇이 끼칠 잠재적 영향은 무엇이고, 인간과 비슷한 로봇을 개발하고 활용하는 데 어떤 윤리적 문제가 따르는지 등을 살펴보고자 한다. 이를 설명하고자 로봇 연구의 두 분야인 '인간 모사 로봇humanlike robot'과 '인간형 로봇humanoid'으로 나누어 이야기하기로 하겠다.

▲ 어느 쪽이 로봇일까? 왼쪽은 중국 로봇 연구가인 저우런티Zou Renti이고 오른쪽이 그의 모습을 복제한 로봇이다. 이 인간 모사 로봇은 인간의 외형을 복제한 것 중에서는 최고 수준이나 현재 개발된 가장 정교한 로봇과 비교하면 기능은 한참 뒤떨어진다.

인간 모사 로봇

이 로봇들은 인간과 가장 비슷해 보이도록 설계되었다. 인간의 모습과 행동을 정교하게 복제하는 데 엄청난 노력이 들어

갔다. 이런 로봇을 만든 로봇 연구가들은 대부분 일본, 한국, 중국 출신이며 미국인도 일부 있다.

인간형 로봇

인간형 로봇은 머리, 팔, 다리, 눈이 있는 일반적인 인간의 생김새와 비슷하다. 그러나 이 로봇은 단순한 기계로, 머리 부분은 대개 특징이 없거나 헬멧 같은 형상이다.

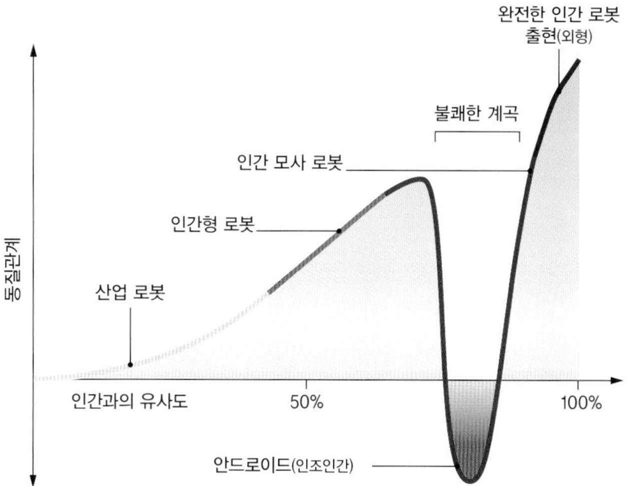

▲ 로봇 연구가 마사히로 모리의 말에 따르면, 인간 모사 로봇에 대한 대중의 반응은 로봇이 인간의 모습을 닮기 시작하면서 일정한 시간이 지나면 반감을 나타낸다. 그러나 유사성이 매우 밀접한 수준에 이르면 긍정적으로 바뀐다고 한다.

두려움과 혐오

일본 로봇 연구가 마사히로 모리Masahiro Mori는 사람들이 로봇과 사람의 유사성이 높아질수록 처음에는 열광적인 반응을 보이지만 그 정도가 매우 높아지면 강한 거부감과 혐오감을 느낄 것이라고 예상한다. 그리고 로봇과 사람의 유사성이 거의 동일한 수준에 이를 때면 여론이 다시 한 번 긍정적으로 바뀔 것이다. 위의 그래프는 인간 모사 로봇에 대한 반응을 측정한 것으로 부정적인 반응은 뿌리 깊은 반감을 보여주어 '불쾌한 계곡Uncanny Valley'이라 불린다. '불쾌한 계곡' 이론을 반박하는 사람들은 이 이론이 설득력 있는 실험을 통해 입증되지 않았다고 주장한다.

◀ 인간형 로봇의 모습이다. 머리, 몸통, 팔, 다리 등 전체적으로 인간과 비슷한 구조이지만 특색은 기계에 더 가깝다. 이 로봇의 이름은 림 에이REEM_A로, 스페인의 팔 로보틱스Pal Robotics사에서 만들었다.

로봇의 역사적 변천 과정

『메리엄 웹스터Merriam Webster 사전』에서는 로봇을 '걷기, 말하기와 같은 인간의 다양하고 복잡한 행동을 실행하는 인간처럼 생긴 기계'라고 정의한다. 그렇다면 로봇은 어떻게 탄생하게 되었으며 누구에 의해 로봇이라 불리게 되었을까?

'로봇'이라는 단어는 1921년 카렐 차페크Karel Capek의 희곡 「로섬의 만능 로봇Rossum's Universal Robots」에서 처음 사용되었으며 '강제 노동', '힘든 일'이라는 의미의 체코어인 '로보타robota'에서 유래했다.

▲ 이 대리석 조각은 그리스의 대장장이 신 헤파이스토스와 그가 만든 일꾼들이 아킬레스의 갑옷을 만들고 있는 모습을 묘사한 것이다. 이 작품은 고된 노동과 로봇의 연관성을 강화시켰다.

인간을 모방한 기계 발명

인간을 모사한 기계는 튼튼하고 말을 할 수 있으며 지능을 가진 일꾼을 창조한 대장장이의 신 헤파이스토스Hephaestus를 숭배하는 고대 그리스인들에 의해 처음 고안되었다. 거기서 발전한 단계가 16세기 유대인 설화에 등장하는 점토로 만든 하인인 골렘golem과 메리 셸리Mary Shelly의 1818년 작 『프랑켄슈타인』 속 괴물이다. 이 괴물은 과학자 프랑켄슈타인이 인간의 신체 부위를 이어 붙이고 생명을 불어 넣어 만든 것이다. 골렘과 프랑켄슈타인 이야기의 공통점은 살아 있는 인간을 모방한 생물체를 구상했지만 그로 인해 폭력과 재앙이라는 결과를 부른다는 것이다.

다빈치의 로봇 설계

역사에 따르면 1495년에 레오나르도 다 빈치Leonardo Da Vinci가 처음으로 인간과 비슷한 기계를 생산하는 구상도 혹은 설계도를 그렸다고 기록되어 있다. 그는 오늘날 '레오나르도의 로봇Leonardo's robot'이라고 알려진 기사 로봇을 설계했다. 다빈치의 로봇은 앉고 팔을 흔들고 다리를 구부리며 고개를 좌우

▲ 메리 셸리(1797~1851)는 21세 때 자신의 소설 『프랑켄슈타인(혹은 현대판 프로메테우스The Modern Prometheus)』를 출간했다. 이 소설은 한 젊은 과학자가 인간을 창조하지만 후에 괴물이라고 내버리는 이야기이다.

▲ 영국 텔레비전에서 방영한 <로섬의 만능 로봇>의 한 장면이다. 이 공상과학 희곡을 통해 많은 나라에 '로봇'이 소개되었다.

로 움직이고 입을 벌리고 다물 수 있다. 또한 가슴에 들어 있는 장치가 팔의 움직임을 조절하고 외부의 크랭크crank가 다리를 조종한다.

초창기 로봇

프랑스 공학자이자 발명가인 자크 드 보카슨Jacques de Vaucason은 1737년 '플룻 연주자Flute Player'라 불리는 실물 크기의 음악 로봇을 만들었다. 이 로봇은 인간처럼 보이고 행동하는 최초의 기계였다.

1772년 스위스 시계공인 피에르 자케 드로즈Pierre Jaquet-Droze가 발명한 '작가The Writer'도 있다. 이 인간 모사 기기는 어린 소년의 모습을 하고 있으며 책상에서 앉아 40자 분량의 특정한 글을 쓸 수 있었다.

당시 개발자들은 오늘날 우리가 사용하는 액추에이터를 가지고 있지 않았기 때문에 대신 스프링을 장착해 사용했다. 그들이 현재 우리가 마음대로 사용하는 모터와 제어장치를 가지고 있었다면 인간 모사 로봇을 창조할 수 있었을 것이다.

현대의 인간 모사 기기

현대 바이오미메틱스 분야에서 로봇이라는 용어는 움직이는 특성, 사물을 다루는 능력, 환경을 감지하는 능력이 있는 바이오미메틱스 부품으로 만들어진 전자기기를 뜻한다. 또 반드시 일정 수준의 지능을 갖추어야 하므로 인공 지능 분야의 발전을 촉진했다.

로봇의 핵심 기능은 '두뇌' 역할로, 인공 지능을 활용하는 것이다. 인공 지능은 '똑똑한 로봇'을 개발하고 강한 소형 컴퓨터를 상용화했다. 1946년에 거대 규모의 일반용 전자 디지털 컴퓨터 에니악ENIAC이 출시되면서 디지털 컴퓨터 시대가 열렸다. 1950년에는 수학자 앨런 튜링Alan Turing이 사고와 학습 능력을 갖춘 기계를 생산할 가능성을 마련했다.

◀ 1950년에 영국 수학자 앨런 튜링(1912~1954)이 수학적 용어로 첫 컴퓨터(튜링 머신)를 정의했다. 현재 기계의 지능을 측정할 때 '튜링 테스트'가 사용된다.

빠르고 영리해진 로봇

고속 연산 기능, 방대한 메모리, 거대 커뮤니케이션 주파수 대역폭, 더 효과적인 프로그래밍 도구를 탑재한 강력한 마이크로프로세서가 개발되면서 인공 지능 로봇의 개발이 손쉬워졌다. 오늘날 컴퓨터의 빠른 프로세스와 효율적인 제어 알고리즘은 더욱 섬세한 인간 모사 시스템 및 로봇의 개발을 촉진하고 있다. 그러나 자연적인 환경에서 로봇을 작동하는 것은 복잡한 과제이다. 예상치 못한 장애가 너무 많아서 예측되는 모든 상황을 미리 프로그래밍하기란 실질적으로 불가능하다. 따라서 복잡한 상황을 로봇 스스로 해결하고 채택하고 경험에서 배울 수 있는 능력이 필요하다. 인공 지능 연구가들은 이런 섬세한 능력을 개발하고자 자연에서 영감을 얻고 모사하는 방식을 택하고 있다.

분별력 주입

로봇을 사람처럼 만드는 가장 중요한 요소 중 하나는 인간 모사 로봇에 인공 지능을 결합하는 일이다. 주변 환경에서 발생하는 위험을 어느 정도 수준에서 스스로 극복하지 못하면 살아갈 수 없는 자연의 생리에서 영감을 받았다. 인간의 능력을 모방하는 것은 신체 여러 부분을 움직이게 하는 것처럼 쉬운 일만 있는 것이 아니다. 로봇을 유용하게 활용하려면 인간의 지능과 동일한 수준에 도달해야 한다.

인간 모사 조건

인간 모사 로봇 개발 분야의 급속한 발전은 여러 원리를 적용한 다양한 기술로 나타나고 있다. 그 기술은 다음과 같다.

- 예술의 경지에 오른 마이크로프로세서
- 효율적인 자율 운영 알고리즘(규칙 설정)
- 프러버 스킨Frubber skin과 같은 인간 모사 소재
- 동작 시뮬레이터
- 감각 모방 센서

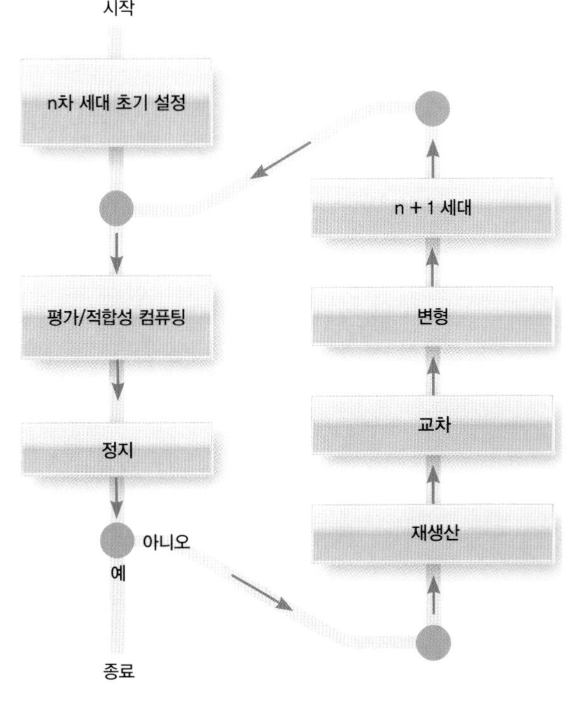

▲ 생체 모사 유전 알고리즘을 보여주는 이 도식은 자연 선택적 진화가 수학적 조합에 어떻게 적용되어 일치하지 않는 항목을 뽑아내고 새롭고 더 유망한 조합을 생산하여 개선된 새로운 세대를 만드는지 보여준다.

지능적인 로봇

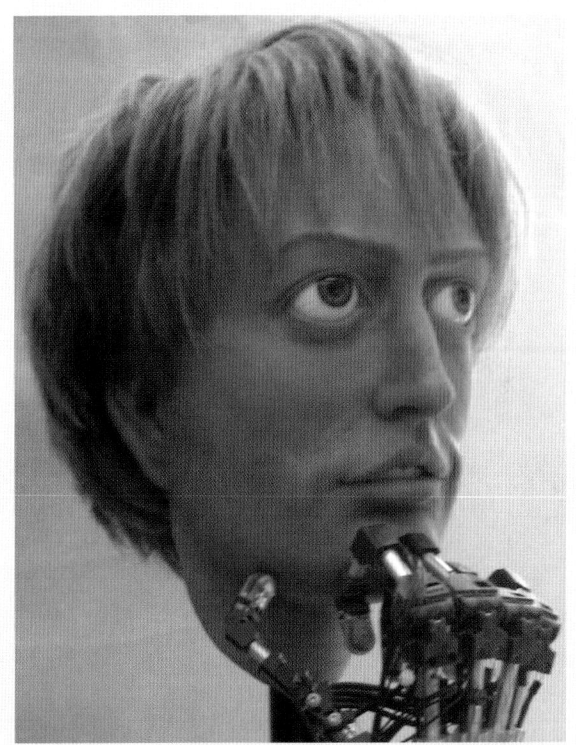

인간 모사 로봇에 지능을 삽입하려면 섬세한 인공 지능 알고리즘이 필요하다. 이 로봇의 머리는 데이비드 핸슨David Hanson이, 손은 그레이엄 화이틀리Grahan Whiteley가 제작했다. 유전적 알고리즘은 생체 모사 구조의 한 예이다. 개별 수학 조합 데이터를 지속적으로 진화시키며 자연 선택(가장 잘 맞는 조합이 살아남는 것)을 실험한다. 조합한 쌍은 상호 소통하고 '후손'을 생산한다. 이 조합이 잘 맞으면 유지되고, 맞지 않는 구성 요소들은 제거된다.

로봇에 사용된 관련 소프트웨어들이 인간의 중추 신경계 조직 및 기능과 상당히 유사해지면서 환경을 인지, 해석, 반응, 채택하는 능력이 개선되었다.

인간 모사 로봇의 필요성

교육, 보건의료, 오락, 가사 보조, 군사용에 이르기까지 로봇은 현재 우리 생활에 깊숙이 침투해 있다. 현재 오락용 로봇이 가장 보편적이며, 인간처럼 생긴 로봇 장난감도 흔히 볼 수 있다. 그 한 예가 친구 역할을 하는 상호 소통 가능한 학습 도우미 제노Zeno다.

로봇 연구자들이 로봇을 더욱 사실적이고 친근한 모습으로 만들고자 예술가들과 협력하는 일이 늘어나는 추세이다. 인간 모사 로봇 개발 기술이 개선되고 사용 범위가 확대될수록 로봇은 더 섬세한 사람 형상이 된다. 또 이렇게 해나가는 과정에서 우리는 인간에 대해 과학적, 사회적, 윤리적으로 더 많이 이해할 수 있다.

▶ 제노는 아이들의 로봇 친구이자 학습 도우미다. 제노는 컴퓨터와 연결해서 걷고 말하고 상대를 인식할 수 있다. 얼굴은 유연하게 움직이는 소재로 만들어져 감정을 표현한다.

사람이 갈 수 없는 곳

로봇은 산업 분야에서 행성이나 심해 탐사에 투입된다. 유독가스, 방사능, 위험한 화학 물질의 위험이 있는 곳, 악취가 심한 곳, 생물학적으로 위험하거나 온도가 매우 높아서 사람이 가지 못하는 곳에 파견할 수 있다.

로봇이 이런 환경에서 자율적으로 움직이려면 사람처럼 주변을 인식하고 의사결정을 하며 복잡한 과제를 수행하는 능력이 필요하다. 최근 들어 이 분야가 매우 빠르게 발전하고 있다.

인간이 되는 것

인간이 만든 세상은 사람의 신체 크기, 모양, 능력에 맞게 구성되었다. 여기에는 집, 직장, 시설, 도구, 소장하는 여러 제품의 높이 등이 포함된다. 그러므로 인간을 돕도록 만들어진 로봇은 사람의 모양, 표준 크기, 능력과 일치할 때 가장 잘 작동한다. 또 인간은 직관적으로 보디랭귀지와 제스처로 반응하므로 로봇에도 표정과 몸짓이 꼭 필요하다.

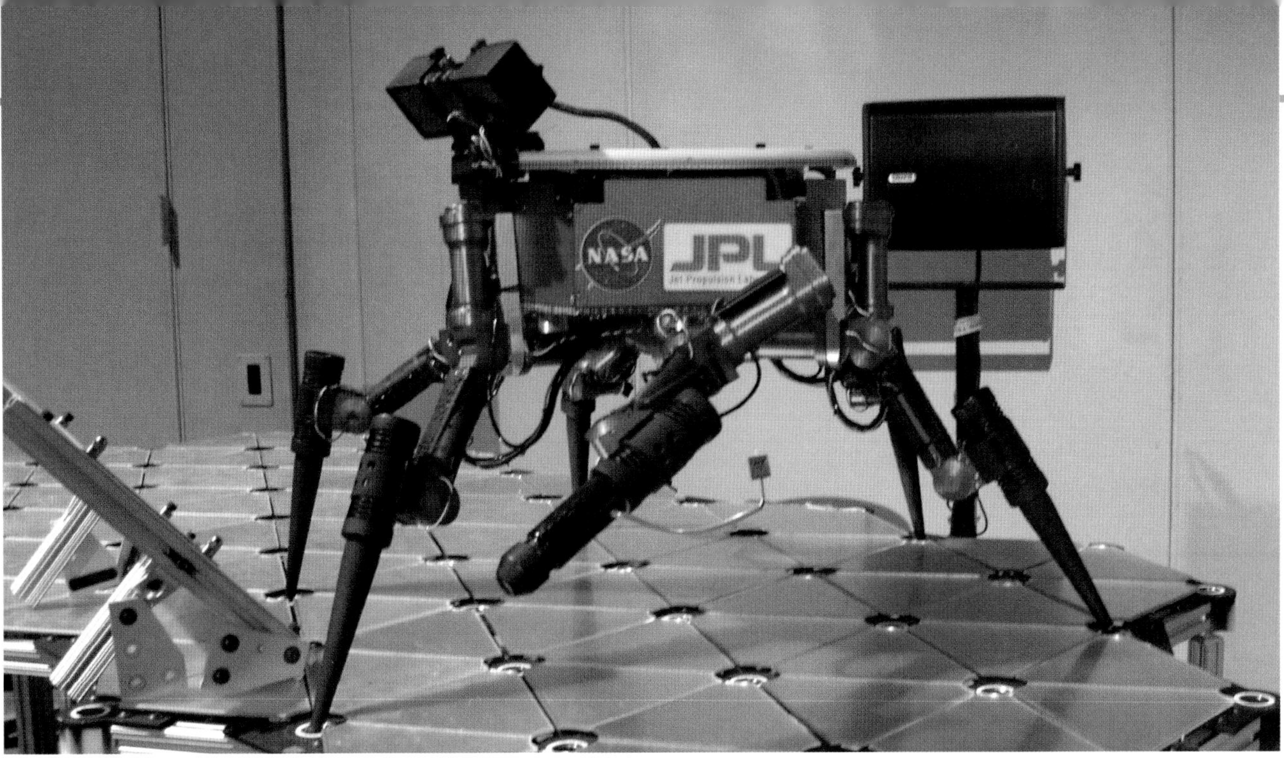

▲ 다리가 많은 이 로봇은 복잡한 지형에서도 잘 걸을 수 있게 설계되었다. 나사의 제트 추진 엔진 연구소에서 개발했다.

인간과 같은 로봇 만들기

인간처럼 보이고 행동하는 로봇을 만드는 단계에는 복잡한 문제가 하나 있다. 집 안팎에서 신체적 기능을 수행하는 로봇은 복잡한 탐색 과정을 제대로 인식해야 한다. 여기에는 계단, 가구와 같이 고정된 사물을 다루는 일과 사람, 애완동물 혹은 자동차와 같이 동적인 것에 반응하는 일이 포함된다. 복잡한 거리를 걷고, 보행자의 법칙을 준수하며 교통신호에 따라 길을 건너고, 또 비포장도로처럼 복잡한 지형을 걸을 때 넘어지지 않고 로봇의 능력 범위에서 안전하고 적합한 길을 결정할 수 있어야 한다. 전 세계의 많은 로봇 연구소에서 이 점을 해결하는 기술 개발을 목표로 삼고 있다.

인간처럼 걷기

크로이노Chroino라고 불리는 이 인간형 로봇은 탄소와 플라스틱으로 만들어져 가볍지만 강한 모노코크 프레임monocoque frame으로 구성되어 튼튼하다. 크로이노는 일본 교토 대학 내 벤처 기업인 로보 개라지Robo Garage사의 도모타카 다카하시Tomotaka Takahashi가 개발했다. '크로이노'라는 이름은 '연대기를 기록하다chronicle'라는 단어와 '검정'의 일본어 발음 '쿠로이kuroi'를 결합해 만들었다. 이 로봇의 핵심 특징은 다음의 두 가지다.

① 새로운 '신워크SHIN-Walk(무릎을 구부리지 않고 걷는 기술-옮긴이)' 기술을 도입해 사람의 움직임과 흡사하게 자연스럽고 유연하게 걸을 수 있다.
② 무게가 1.05킬로그램밖에 나가지 않는다.

인간 모사 로봇 만들기

인간을 모방한 기계를 만들 때 겪게 되는 또 다른 어려움은 사람과 소통하며 감정적으로 의사소통하는 능력을 부여하는 것이다. 상호 소통이라는 과제가 생기면서 로봇은 인간의 의사소통 능력을 획득할 기회를 얻었다.

현대 사회의 아이들은 또래나 다른 사람들과 어울리기보다 컴퓨터를 사용하는 데 더 많은 시간을 보낸다. 그래서 사회성이 덜 발달한 상태로 자라고, 과거 세대가 당연하게 받아들인 보디랭귀지를 잘 이해하지 못한다. 이런 문제점이 제한된 환경에서 실질적인 시뮬레이션을 제공하는 교육, 치료, 혹은 게임에 사용되는 인간 모사 로봇을 통해 드러나는 것일지도 모른다.

전쟁용 로봇

인간 모사 로봇을 더 사실적으로 만드는 기술이 발전하면서 로봇을 부적합한 업무에 사용하게 될 수 있다는 우려도 함께 커지고 있다. 인간 모사 로봇은 부득이하게 군사용으로 설계될 것이다. 현재 미국 국방부 고등연구기획국DARPA, US Defense Advanced Research Projects Agency 산하 프로그램에서 다양한 방식으로 제어할 수 있는 로봇 팔을 개발하는 중이며, 그 범위는 다른 신체 부위로 확장될 것이다.

55쪽의 사진은 군사용으로 개발된 로봇 팔이다. 인간인 적을 상대하기 위해 로봇을 이용하는 것은 윤리적, 철학적으로 논란을 불러일으켰고 실질적인 위험도 동반한다. 이는 과학기술의 발달과 함께 해결되어야 할 문제다. 이미 오래전에 공상과학 소설가 아이작 아시모프Isaac Asimov의 '로봇 공학의 3대 원칙Three Law of Robotics'과 같은 지침이 제안되었다.

◀ 인간은 손가락을 사용해 정교한 사물을 들어 올리고 조작할 수 있는데, 로봇이 잘 작동하게 하려면 이 기능을 모방할 필요가 있다.

▲ 트웬디 원Twendy-One이라고 불리는 이 로봇은 도쿄 와세다 대학에서 개발한 것이다. 이 사진에서 로봇은 손가락을 이용해 작고 가느다란 빨대를 구기지 않고 들어 올려 사용하는 놀라운 능력을 보여준다.

인간의 능력

인간 모사 로봇은 단지 인간의 외형을 닮았을 뿐만 아니라 감정적으로 소통하고 복잡한 기능도 실행해야 한다. 그러려면 기계와 전기 기술, 재료 과학, 컴퓨터 과학, 인공 지능과 제어 등 많은 과학과 공학 원리가 적용되어야 한다. 아울러 로봇에 사용할 복원력이 뛰어나고 가벼우며 다양한 기능을 갖춘 소재도 필요하다. 로봇은 장애물을 피하고 안정성을 유지하며 걸어야 한다. 따라서 가볍고 휴대할 수 있으며 오래가는 배터리가 필수다. 여기에 시각, 청각, 미각 및 압력과 온도를 감지하는 촉각과 같은 센서도 필요하다. 또 센서가 측정한 것을 해석하는 능력을 갖추고 그들이 처한 환경과 관련된 위험 요인을 인지할 수 있어야 한다.

아시모프의 '로봇의 법칙'Asimov's Laws of Robotics

널리 알려진 아시모프의 '로봇 공학의 3대 법칙'은 유명 공상과학 작가 아이작 아시모프가 인간과 로봇의 관계에 대해 정의한 것으로, 나중에 '0번째 법칙'이 추가되었다. 이 법칙에 따르면 로봇은 하인의 역할로 기능하며, 인간에게 해를 입히거나 부상을 입히지 않아야 한다.

① 로봇은 사람에게 해를 끼쳐서는 안 되며 인간이 부상당하는 것을 내버려두어서는 안 된다.
② 로봇은 인간이 내리는 명령이 제1법칙을 위배하지 않는 한 반드시 복종해야 한다.
③ 로봇은 제1, 2법칙을 위배하지 않는 한에서 자신의 존재를 보호해야 한다.

0번째 법칙 로봇은 개별 인간의 호기심을 위해서가 아니라 모든 인류를 위해 행동해야 한다.

로봇 부품

로봇이 사람처럼 보이기 위해서는 특정한 기능과 능력이 필요하다. 예를 들어, 사람처럼 의사소통하려면 목소리와 함께 움직이는 입술과 거기에 알맞은 손동작이 필요하고, 표정을 드러내려면 탄성이 좋은 피부가 있어야 한다.

가장 중요한 것은 사람 및 주변 사물과 안전하게 소통할 수 있는 능력이다. 로봇을 인간처럼 보이게 만드는 몇 가지 중요한 특징을 소개한다.

뇌

뇌는 초소형 컴퓨터인 여러 개의 마이크로프로세서로 이루어져 있다. 이 프로세서가 로봇을 작동시켜 움직이고, 이미지를 연상하며, 말로 소통하고 보디랭귀지와 얼굴 표현을 비롯해 많은 과제를 수행하도록 제어한다. 현재 마이크로프로세서의 성능은 급속도로 향상되고 있으며 매년 그 처리 속도와 데이터 보유량이 크게 개선되고 있다. 반면에 비용과 크기가 줄어드는 속도는 더딘 편이다.

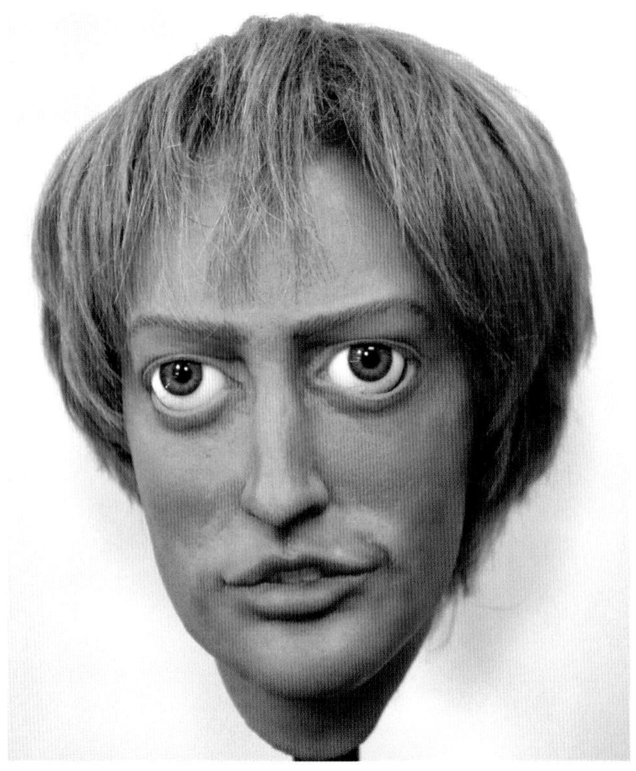

▶ 이 로봇 머리는 핸슨 로보틱스Hanson Robotics사의 데이비드 핸슨이 설계한 것으로 프러버 소재로 만든 피부로 덮여 있어 인간과 흡사하다. 특정한 얼굴 표정을 지을 수 있는 이 머리는 인공 근육을 실험하기 위한 용도로 사용되고 있다.

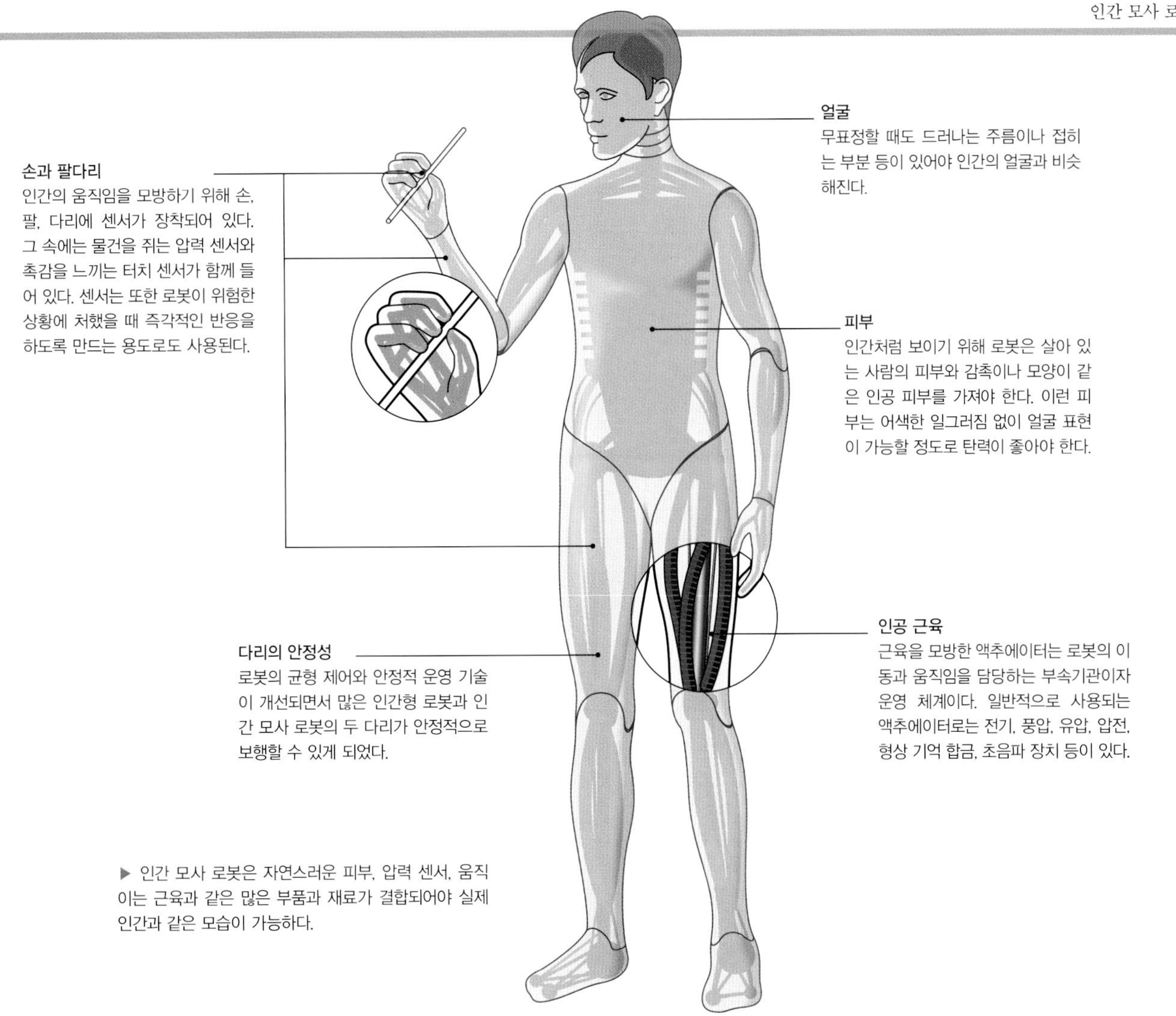

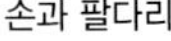

손과 팔다리
인간의 움직임을 모방하기 위해 손, 팔, 다리에 센서가 장착되어 있다. 그 속에는 물건을 쥐는 압력 센서와 촉감을 느끼는 터치 센서가 함께 들어 있다. 센서는 또한 로봇이 위험한 상황에 처했을 때 즉각적인 반응을 하도록 만드는 용도로도 사용된다.

얼굴
무표정할 때도 드러나는 주름이나 접히는 부분 등이 있어야 인간의 얼굴과 비슷해진다.

피부
인간처럼 보이기 위해 로봇은 살아 있는 사람의 피부와 감촉이나 모양이 같은 인공 피부를 가져야 한다. 이런 피부는 어색한 일그러짐 없이 얼굴 표현이 가능할 정도로 탄력이 좋아야 한다.

다리의 안정성
로봇의 균형 제어와 안정적 운영 기술이 개선되면서 많은 인간형 로봇과 인간 모사 로봇의 두 다리가 안정적으로 보행할 수 있게 되었다.

인공 근육
근육을 모방한 액추에이터는 로봇의 이동과 움직임을 담당하는 부속기관이자 운영 체계이다. 일반적으로 사용되는 액추에이터로는 전기, 풍압, 유압, 압전, 형상 기억 합금, 초음파 장치 등이 있다.

▶ 인간 모사 로봇은 자연스러운 피부, 압력 센서, 움직이는 근육과 같은 많은 부품과 재료가 결합되어야 실제 인간과 같은 모습이 가능하다.

감각

시각은 비디오카메라를 통해 제공되어 로봇이 처한 환경과 위치를 파악하며 상대의 얼굴 표정을 보고 소통에 필요한 정보를 얻을 수 있다. 이런 지원 장치들이 로봇이 사회적으로 기능할 수 있도록 만든다. 소리는 들려오는 방향과 내용에 따라 감지되며 인식 속도는 자연스런 구술 의사소통이 가능할 정도이다. 압력 센서는 로봇이 사물을 만지고 느끼게 해준다.

손과 팔다리

손과 팔 다리는 인간과 동일한 기능을 한다. 이 부분은 복제하기 수월하지만 로봇 장치로 제어하기는 어렵다.

액추에이터와 인공 근육

인간형 로봇의 움직임을 발생시키는 것은 고무 모터지만 인간의 근육 체계와는 다른 운영 체제를 가지고 있다.

로봇 공학의 핵심 기술

인간과 똑같다고 확신을 주는 인간 모사 로봇을 만들려면 특정한 소재, 액추에이터, 센서, 스마트 컨트롤smart control, 시력과 청력, 이동, 손발 조작, 구술 커뮤니케이션, 이미지 해석 능력 등 다양한 핵심 기술이 수반되어야 한다.

인간 모사 로봇은 장애물과 위험 요인을 판단하고 이를 피하거나 극복하는 능력이 반드시 필요하다. 효과적인 제어와 인공 지능 알고리즘을 적용해 로봇이 인간처럼 동작하고 주변 환경을 비롯해 다른 인간과 소통할 수 있게 해야 한다. 이런 목적을 달성하려면 로봇에 인간과 최대한 비슷한 신체 부위와 관련 기능을 장착해야 한다.

전기활성고분자

자연적인 근육과 가장 유사하게 모방하는 액추에이터는 최근에 출현한 전기활성고분자EAP로 만들어졌으며 '인공 근육'이라고 불린다. 많은 EAP 소재가 이미 1990년대에 만들어졌으나 기술적인 과제를 수행하는 능력은 떨어진다. 이 장의 저자는 1999년 3월에 처음으로 국제 EAP 액추에이터와 장비EAP Actuators and Devices, EAPAD 컨퍼런스를 개최했다. 첫 회의의 개회사에서 저자는 전 세계 과학자, 공학자들에게 인간과 팔씨름으로 대결해 이길 수 있는 인공 근육으로 움직이는 로봇 팔을 만들자고 주장했다(왼쪽 사진 참조).

◀ 2005년에 한 여고생과 로봇 팔 사이에 팔씨름 경기가 열렸고, 그 후로 로봇 기술은 계속 발전해 왔다. 당시 팔씨름의 결과는 여고생의 승리였다.

◀ 로봇 팔은 외관과 기능이 매우 다양하다. 이 사진은 2007년에 캘리포니아 애너하임Anaheim에서 열린 DARPATech 심포지엄에서 저자가 촬영한 것이다.

팔씨름 대회

2005년 3월 7일에 열린 팔씨름 대회에는 로봇 팔 세 대가 참여했고, 여학생이 세 로봇을 모두 이겼다. 그리고 2006년 2월 7일에 2차 인공 근육 팔씨름 대회가 개최되었다. EAP 작동 팔의 속도와 당기는 힘을 측정하는 대회였다. 성과를 비교할 기준을 마련하고자 먼저 2005년에 팔씨름 대회에 참여했던 학생의 힘을 측정했다. 2006년 대회 결과, 로봇 팔이 학생보다 두 등급 낮았다.

인공 피부

이제껏 개발된 것 중 가장 주목할 만한 인공 피부는 데이비드 핸슨David Hanson이 고안한 프러버이다. 56쪽에 이 탄성 중합체로 만든 로봇 머리가 나와 있다. 이 고무 소재는 최소한의 힘만 들여도 자연스럽게 큰 변형을 만들어낸다.

보철학

인간 모사 로봇의 손, 팔, 다리를 성공적으로 개발해서 얻은 장점 중 하나는 보철학이 실제와 같은 고효율을 발휘하는 수준으로 올라섰다는 것이다. 또 다른 분야에서는 휠체어를 대체하는 걷는 의자가 개발되어 평지가 아닌 곳에서도 이동할 수 있게 해준다. 이 의자는 〈와이어드 매거진Wired Magazine〉이 주최한 2007년 넥스트페스트 박람회NextFest Exhibition에서 선을 보였다. 이때 출시된 의자는 몸이 불편한 사람이 걷고, 계단을 오를 수 있게 했다. 이 비약적인 발명은 신체 부자유자들이 울퉁불퉁한 길에서도 잘 이동할 수 있게 해줄 것이다.

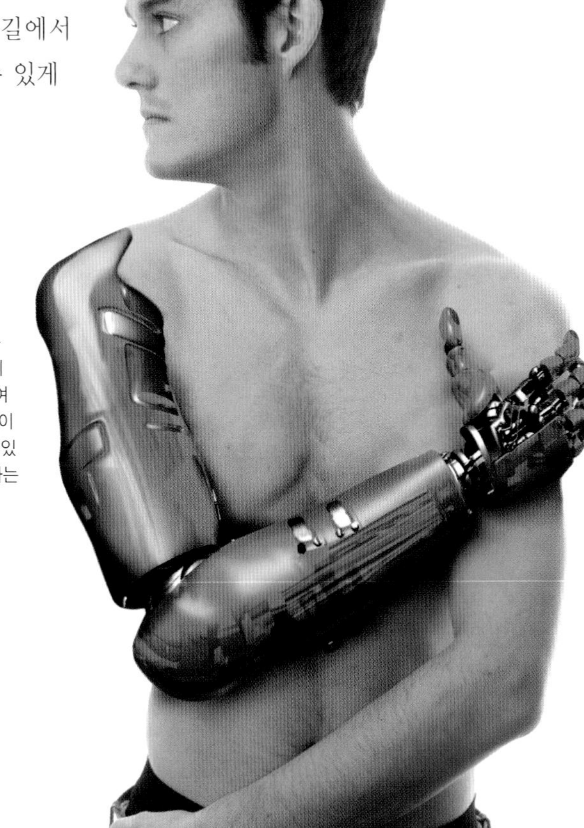

▶ 최근 로봇 공학의 목표는 인간의 신경 체계에 의해 통제되고 반응하여 다른 사람의 팔, 손, 발이 접촉하는 것을 느낄 수 있는 보철 손발을 개발하는 것이다.

인공 지능AI

인공 지능이란 컴퓨터 과학의 일종으로 인지, 추론, 학습과 같은 컴퓨터 능력을 실행하는 시스템을 개발하는 것이 목적이다. 로봇이 진짜 사람 같아지려면 이런 능력을 갖춰야 한다.

인공 지능 분야의 진행 과정은 내재적인 사고 및 지적 행동의 원리를 이해하고 이를 로봇에 적용하는 것이다. 이 분야는 인간 모사 로봇의 지식 포착, 묘사, 추론, 불확실함에 대한 이성적 판단, 기획, 비전, 얼굴과 특징 추적, 언어 사용, 지도 보기와 탐색, 자연스러운 언어 인지, 학습 능력 등에 매우 중요하다. 인공 지능을 기반으로 한 알고리즘은 사례를 토대로 추론과 퍼지 추론Fuzzy reasoning이 통합 사용되어 자동 자율 운영을 가능하게 한다.

◀ 이 어린이 로봇은 부드러운 실리콘 피부이며, 아이처럼 생각하는 법을 배우는 중이다. 로봇은 '엄마'의 표정을 인식하고 조금씩 사회성을 개발해 나가고 있다.

로봇의 필수 기술

인공 지능이 중요한 역할을 담당하는 로봇을 프로그래밍할 때는 다음과 같은 단계가 필요하다.

① 주위 상황 감지
② 컴퓨터 비전, 청각, 탐지를 통해 환경을 모델링
③ 잠재적인 장애물과 위험 요인을 파악하는 행동 기획
④ 로봇의 작동 목표를 달성하기 위한 적합한 행동 실행

로봇의 자가 보존

최근에 출시된 인간 모사 로봇 중 일부는 인간과 상당히 유사하다. 출시 후에 스스로 개선하는 능력이 있어서 자체적으로 학습하고 정기적으로 업데이트할 수 있다. 이런 섬세한 기능에는 완전한 자율 동작과 자체 진단도 들어 있다. 미래에는 정기 점검이나 수리를 위해 로봇 스스로 지정된 유지 보수 시설

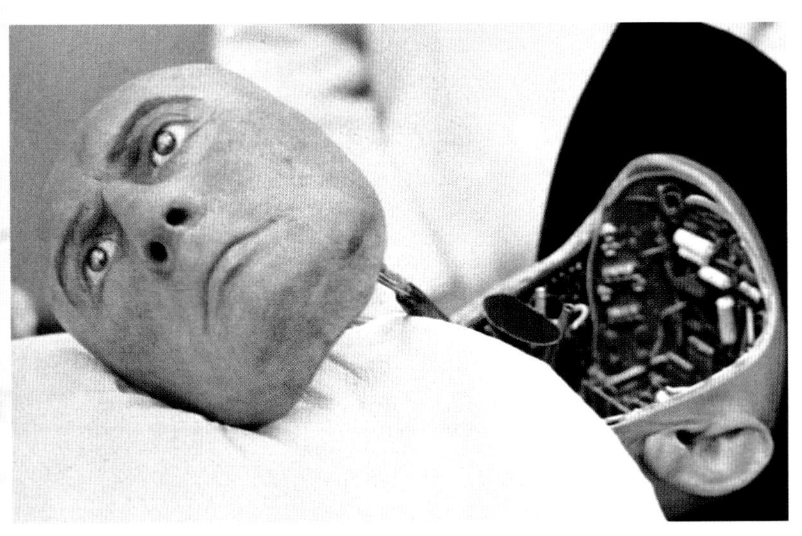

◀ 영화 〈이색지대Westworld〉(1973)의 한 장면이다. 영화는 사람들이 돈을 내고 입장해 로봇과 총격전을 벌일 수 있는 테마파크에 관한 내용이다. 로봇들은 싸움에서 지도록 프로그램되어 있는데, 중요 로봇인 건스링거Gunslinger를 배선하는 과정에서 무엇이 잘못되어 모든 로봇이 스스로 지능을 마음껏 활용해 인간을 이길 수 있게 되었다.

로 이동하게끔 설계될지도 모른다. 또 파손을 대비해 자체 치유가 가능한 바이오미메틱스 소재로 만들 수도 있다.

아직도 가야 할 길

현재 인간 모사 로봇의 능력은 실제 인간이나 공상과학 소설, 영화에 묘사된 것과 비교하면 아직 갈 길이 멀다. 로봇의 개발 과정은 으레 전문가들이 예상하는 것보다 늦다. 예를 들어, 1950년대에 인공 지능 전문가들이 1968년에는 컴퓨터가 세계 체스 챔피언을 이길 것으로 예측했지만, 그 예측이 실현된 것은 그로부터 긴 세월이 지나서였다. 물론 인공 지능이 이미 우리 주변에 널리 사용된다는 것은 의심할 여지가 없다. 우리가 사용하는 모든 휴대전화와 이메일은 이미 인공 지능 시스템으로 운영된다. 또 작가들의 상상력으로 탄생한 창조물이 지속적으로 인간 모사 로봇의 개발에 영감과 혁신을 주고, 그 과정에서 발생할 수 있는 위험과 부정적인 가능성을 경고한다.

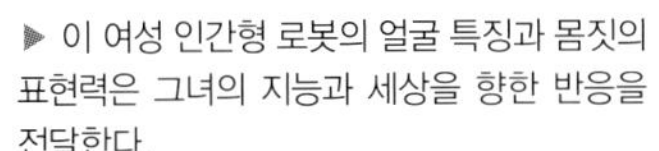

▶ 이 여성 인간형 로봇의 얼굴 특징과 몸짓의 표현력은 그녀의 지능과 세상을 향한 반응을 전달한다.

실제 적용

인간 모사 로봇과 인간 사이의 상호 작용을 지속적으로 가능하게 하는 것은 목소리 통합, 감지, 인식 프로세스다. 이런 통합 기술은 로봇이 말로 의사를 전달하고 상대방과 눈을 맞추고 표정으로 감정을 표현하고 감정과 구술 단서를 바탕으로 반응하게 한다.

이 새로운 통합 기술은 훈련받을 필요 없이 인간과 비슷한 방식으로 사람들과 소통하면서 풍부한 감정 표현을 할 수 있도록 도와준다. 로봇은 누군가가 부르는 소리를 들었을 때 고개를 끄덕이고 눈을 깜박이며 잠시 화자를 응시하는 식으로 인간을 모방한다. 로봇과 나눌 수 있는 대화는 현재 1,000개 단어 정도로 제한된다. 이 바이오미메틱스 기기가 인간의 대화를 이해하는 능력을 향상시키기 위한 방대한 연구가 꾸준히 진행되고 있다.

◀ 로봇 팔은 트럭이나 다른 차량 몸체의 점용접spot welding과 아크용접arc welding 작업을 실행하는 데 이상적이다.

▲ 독일에서 열린 2009 하노버 산업 박람회Hannover Messe에서 한 기술자가 인간형 로봇을 조종하고 있다. 이 박람회에는 총 61개국에서 6,150개 업체가 참가했다.

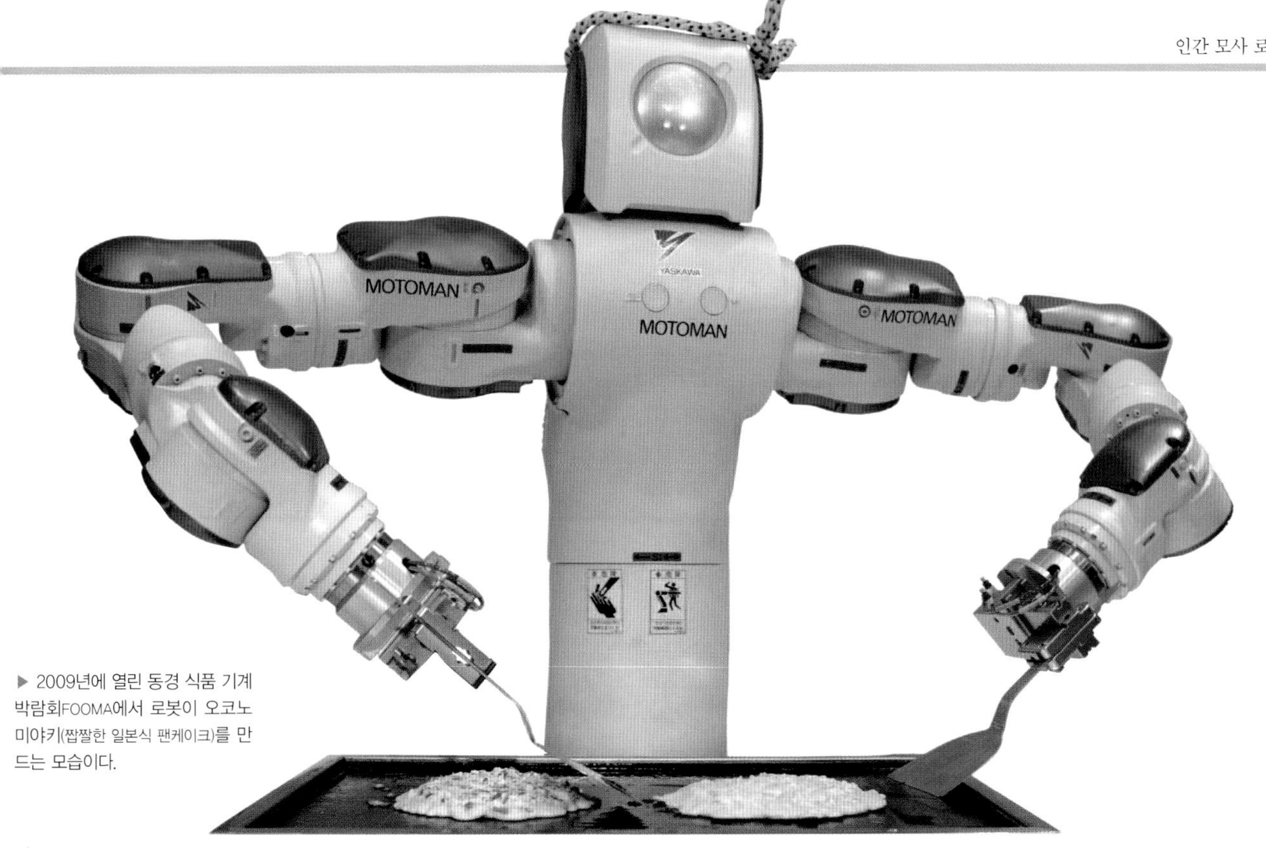

▶ 2009년에 열린 동경 식품 기계 박람회FOOMA에서 로봇이 오코노미야키(짭짤한 일본식 팬케이크)를 만드는 모습이다.

원격 현장감

원격 현장감telepresence은 작동자가 스스로 로봇의 위치에서 행동하는 것처럼 원격으로 로봇을 조종하는 기술이다. 그 예가 텍사스 휴스턴의 나사 존슨 우주센터JSC에 있는 로봇 우주비행사Robonaut다. 이 인간 모사 로봇은 인간의 상체 움직임을 모방할 수 있다. 이 로봇은 지구나 우주선 안에 있는 사용자에 의해 원격으로 조종되어 우주선이나 우주정거장에서 동작하며 향후 군대에서 사용될 전망이다.

의료용 로봇

일본과 미국에서 환자, 노인을 비롯해 신체적, 감정적 도움이 필요한 사람을 돕는 목적으로 로봇이 출시되었다. 로봇을 이용한 수술은 내과 수술에 적용할 수 있는 다양한 능력을 갖춰 가는 추세다. 인간 모사 로봇은 환자가 약을 복용할 시기를 기억하고 약을 가져다주는 데 사용되기도 하며, 환자를 관찰하고, 위급한 상황에는 중앙 통제실로 실시간 이미지를 전송하는 역할도 한다.

현 로봇의 한계

인간 모사 로봇 기술이 급속도로 진보했지만 여전히 한정된 기능과 상대적으로 짧은 배터리 수명, 비싼 생산 비용 등으로 보편화되는 데는 문제가 있다. 로봇이 양산 단계로 접어들어 저렴해지면 흔히 볼 수 있는 가사 도우미나 가치 있는 인간 관련 서비스를 수행하게 되기를 기대해 본다.

로봇이 진화해서 인간처럼 될 수 있을까?

인공 지능을 갖춘 인간 모사 로봇은 상대방의 얼굴을 인식할 수 있고 복제된 제품이라도 각각의 특성이 있다. 일부 로봇은 사람과 비슷하게 걷거나 춤출 수도 있다. 그러나 로봇은 인간이 기본적으로 하는 많은 일을 아직 하지 못한다.

로봇이 할 수 없는 일들에는 사람들과 다양한 주제로 대화를 하고, 복잡한 군중 속을 빠르게 걸으며, 오랜 시간 동안 움직일 수 있는 것도 포함된다. 이런 도전 과제를 충족하려면 인간과 비슷한 방식으로 진화하면서 점차 실질적인 성과를 낼 수 있어야 한다.

비용 관계

인간 모사 로봇 개발에서 중요한 요인은 저비용 생산으로, 표준 하드웨어 부품과 호환 가능하고 순응성 있는 소프트웨어를 적용할 수 있어야 한다. 이런 표준화 작업은 부품과 소프트웨어를 별도의 제조사가 만드는 현 일반 PC의 생산 방식을 따라야 가능하다. 또 인간 모사 로봇이 그때그때 환경을 바꾸도록 신속한 대응이 가능한 하드웨어와 소프트웨어가 필요하다. 로봇의 하드웨어는 무게를 크게 줄여야 하며, 여러 대의 소형 경량 액추에이터와 센서로 분산 처리하는 기능이 필요하다. 힘이 좋고 운영과 반응 속도가 높은 효율적인 액추에이터도 필수다. 마지막으로, 로봇의 표정이나 손가락 움직임을 섬세하게 제어하는 매우 작은 크기의 센서와 자동화된 설계와 시제품이 필요하다.

종합적인 대화가 가능한 미래 로봇은 오늘날의 로봇보다 더 많은 단어를 인식하고 이해하는 능력이 필요하고 글과 말을 매우 높은 수준으로 해석하고 소통하는 능력도 겸비해야 한다. 또 네트워크로 개인 컴퓨터와 무선 로봇을 연결해 이미지와 말 인식, 진로 탐색, 충돌 방지와 같은 복잡한 과제를 수행할 수 있게 될 것이다.

▶ 로봇 팔은 최초의 원격 작동 기기가 될지 모르며 미래에는 완전히 자율화될 수도 있다. 로봇은 외상 후 스트레스나 두려움 같은 인간의 어려움을 겪지 않는다.

◀ 첨단 기술의 끊임없는 진보에도, 로봇은 아직 다른 사람과 부딪히지 않고 군중 속에서 빠르게 걷는, 인간에게는 기본적인 능력을 갖지 못했다.

옳고 그름 판별

행동의 결과를 인식하고 스스로 옳고 그름의 규칙에 따라 작동하는 인간 모사 로봇을 만드는 것은 로봇이 인간의 성격과 유사해졌다는 것을 의미한다. 이러한 기능이 실현된다고 가정할 때 윤리적 문제가 있다. 비록 인간과 로봇이 주종 관계를 이루도록 개발되더라도 로봇이 불복하고 용납할 수 없는 행동을 할 가능성이 있다는 것이다.

각 분야의 협력

인간 모사 로봇을 만들려면 전자공학 기술, 컴퓨터, 재료과학, 신경과학, 생명공학과 같은 각 전문 분야의 협력이 필요하다. 인공 지능, 효과적인 액추에이터, 인공 시력, 음성 합성 분야의 진보와 인지, 이동성, 제어를 비롯한 다양한 분야가 로봇을 사람처럼 만드는 데 크게 일조한다.

인간과의 관계

로버rover와 드론drone을 포함해 다양한 형상의 로봇이 군사용으로 사용되고 있다. 인간과 비슷한 모습을 한 로봇들이 이런 목적으로 사용되는 것은 이제 막을 수 없다. 그러나 나중에 로봇이 인공 추론과 인간의 지적 수준에 도달하게 된다면 언젠가는 창조주인 인간에게 대항할지도 모른다.

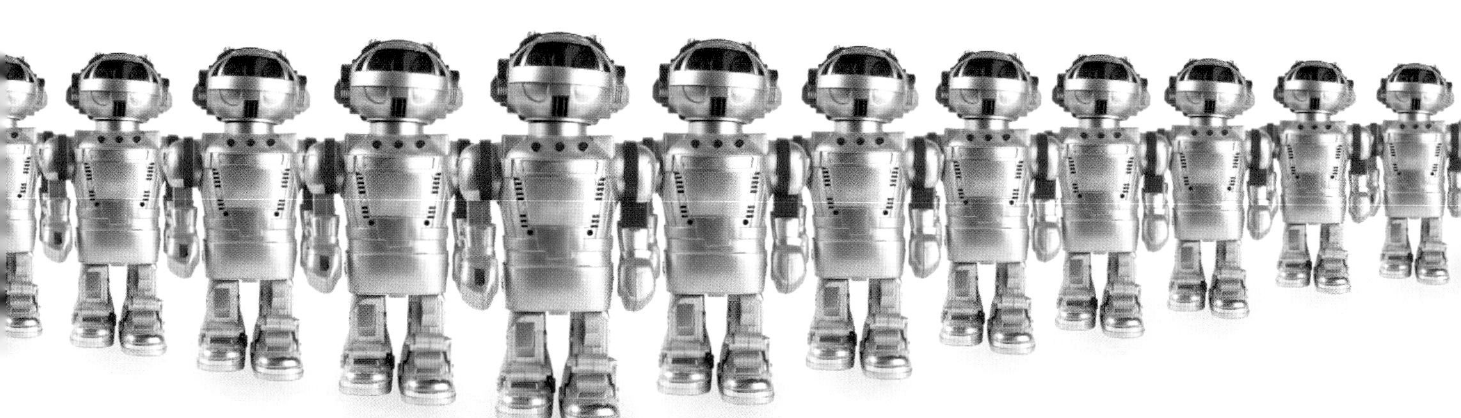

들어가는 말

수박을 먹어보지 않고 수박이 달다고 말할 수 있을까? 수박은 줄기의 반대쪽 끝에 상처가 있다. 이 상처가 작을수록 수박은 더 달다. 수박을 두들겨서 소리를 들어보는 것 또한 '맛을 보는' 효과적인 방법이다.

상태가 좋지 않은 수박은 무딘 소리를 낸다. 이는 수박 속에 '금'이 많이 가서 소리가 좌우 대칭으로 전파되지 않기 때문이다. 반대로 잘 익은 수박은 상대적으로 청명한 소리가 나고 진동도 적다. 그래서 실제로 수박을 잘라서 맛을 보지 않고 단지 울리는 소리를 들어보는 것만으로도 속이 어떤지 '볼 수' 있다.

▲ 수박의 겉면을 두드려서 그 소리를 듣고 수박의 속이 익었는지 '볼' 수 있다.

음향 단서 활용

복잡한 도로에서 자전거를 탈 때, 돌아보지 않고도 뒤에서 접근해 오는 차량을 피하려 한쪽으로 비켜선 적이 있을 것이다. 자동차의 소리가 경고해 주기 때문이다. 이런 소리는 일상에서 우리에게 유용한 신호를 제공하며, 우리는 경험을 통해 자연스럽게 이들에 반응한다.

소리와 이미지의 결합

듣고 이미지를 떠올리는 것은 단순히 물리학적인 궁금증에 기인하는 것이 아니라 배움과 경험을 토대로 한다. 당신의 머릿속에는 엄청난 데이터베이스가 저장되어 있어서 특정한 목표와 소리를 결합하는 작업을 진행한다. 그래서 수박을 두드렸을 때 울리는 소리로 익은 정도를 판단하게 하고 뒤에서 접근하는 차량의 소리에 그 차를 보지 못했더라도 안전하게 비켜서게 해주는 것이다. 소리는 일상에서 보이지 않는 목표물에 대한 정보를 획득할 때 정말로 유용한 도구이다.

중요한 소리의 부활

기술이 발달하면서 우리 주변의 사물에 대한 방음 장치가 많이 생겨났지만, 이것이 우리 생활에 항상 도움이 되는 것만은 아니다. 예를 들어, 최근 소음이 거의 없는 하이브리드 자동차나 전기 자동차가 많이 보급되는데, 사람들이 이러한 차가 접근하는 소리를 잘 듣지 못해 사고가 더 자주 발생할 위험이 있다. 그래서 이런 저소음 차량은 일종의 인공 엔진 소음을 발생시켜 문제를 해결한다.

▲ 신호처럼 작용하는 소리는 주변에서 일어나는 사건에 대해 알려준다. 예를 들어, 유리가 깨지는 소리는 즉각적으로 유리 파편이 튀어 위험하다는 경고 이미지를 떠올리게 한다.

▶ 다가오는 차량의 소리를 듣고 실제로 차를 보기 전에 그 크기와 거리, 속도를 짐작하는 것은 보행자나 자전거 이용자가 안전하게 다닐 수 있게 도와주는 중요한 정보다.

이미지를 '보기' 위해 활용하는 소리의 단점

소리는 매우 유용하지만 그에 대한 인간의 자동 반응에는 결함이 있다. 예를 들어, 런던의 자전거 이용자는 뒤에서 다가오는 차를 피하려 본능적으로 왼쪽으로 움직인다. 영국에서는 왼쪽이 진행 방향이다. 그런데 이런 자동 반응은 동일한 자전거 이용자가 뉴욕의 복잡한 도로를 여행할 때는 치명적인 결과를 초래한다. 북미 지역에서는 자동차의 진행 방향이 오른쪽이기 때문이다. 따라서 소리는 아주 유용한 신호이지만 주의해서 다루어야 한다.

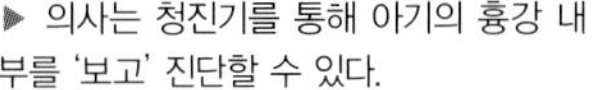

▶ 의사는 청진기를 통해 아기의 흉강 내부를 '보고' 진단할 수 있다.

물속에서 음파 만들기

사람이 소리를 활용해서 보이지 않는 목표물을 '볼' 수 있게 되기 훨씬 전에 돌고래와 참돌고래는 초음파 진동을 활용해 어둡고 흐린 물속에서 먹잇감을 찾았다. 과학자들은 돌고래의 초음파가 어떻게 작용하는지 이해하고, 사물의 형태와 위치를 소리로 파악할 수 있는 새로운 음향 측정기를 개발하고자 노력하고 있다.

누런 황토물이 흐르는 중국 양쯔 강은 물속에서 바로 50센티미터 앞조차 볼 수 없다. 지금은 멸종된 것으로 알려진 양쯔강돌고래는 이런 흐린 시야를 보완하기 위해 초음파를 활용해서 먹이와 장애물을 감지했다. 돌고래와 참돌고래처럼 이빨이 난 고래들은 자연스럽게 바이오소나를 갖추도록 진화했다. 돌고래는 바이오소나를 이용해서 수중에 있는 물체와의 거리, 크기, 구성 물질을 비롯해 형태와 내부 구조까지 감지하고 구별해 낼 수 있다.

주변 소리 탐지

인간은 수중에 있는 목표물을 식별할 더 나은 방법을 개발하는 데 많은 노력을 기울이고 있다. 조업 제한 수역이나 원자력 발전소 근처 수역에 허가받지 않은 다이버들이 돌아다니는 것을 감지하는 시스템은 안전을 유지하는 데 매우 중요하다. 또 어부들이 그물을 던지기 전에 물고기 떼의 위치를 확인하고 어떤 어종이 있는지 파악하는 데도 도움이 될 것이다. 전파와 빛은 수중에서 멀리 퍼지지 않아 이 작업에 별 도움이 되지 못한다. 물속에서는 시야가 겨우 30미터 정도이다. 수중에

◀ 돌고래의 놀라운 음파 발생 능력은 과학자들이 수중의 밀렵꾼이나 다른 불법 침입자를 감지하는 시스템을 개발하는 데 도움을 준다.

▲ 양쯔강돌고래는 수정체가 위축된 작은 눈이라 시각적인 이미지를 분명하게 볼 수 없다. 그래서 먹이와 장애물의 위치를 파악하는 데 초음파를 사용한다.

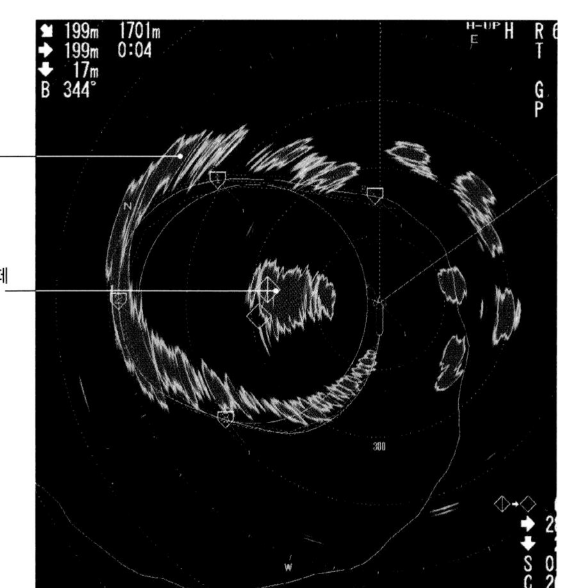

▶ 건착망으로 잡아 올리려 하는 물고기 떼의 초음파 이미지를 스캔한 사진이다. 음향은 물속의 목표물을 시각화하는 데 도움을 주는 효과적인 도구이므로 사람과 돌고래가 두루 널리 이용한다.

서 먼 거리를 감지하는 데는 소리가 효과적이다. 소리는 물속에서 공기 중에서보다 거의 다섯 배 더 빨리 전달되며, 이동하는 동안 약해지는 정도가 덜하다. 이것이 돌고래와 참돌고래가 바이오소나를 이용해 수중에서 빨리, 그리고 멀리까지 탐색할 수 있는 이유이다. 돌고래의 섬세한 바이오소나 시스템을 배우면 물고기 떼의 위치를 파악하고 식별하는 조업용 음파 탐지기를 개발할 수 있다.

'시끄러운 세상' 듣기

1956년에 프랑스 탐험가이자 과학자 자크 이브 쿠스토Jacques-Yves Cousteau와 영화감독 루이 말Louis Malle이 〈사일런트 월드The Silent World〉라는 다큐멘터리 영화를 발표했다. 그러나 이 제목은 정작 영화에서 보여주는 내용과 전혀 딴판이었다. '조용한' 바다는 실제로는 매우 시끄러운 곳이다.

실제 바닷속 세상은 시끄럽다. 많은 물고기와 조개들이 소리를 낸다. 그중에서도 딱총새우가 항상 집게를 딱딱거리며 멀리까지 진동하는 높은 소리를 내 제일 시끄럽다. 파도도 거품을 만들면서 널리 퍼지는 소리를 생성한다. 분자의 움직임으로 발생하는 열잡음 또한 초음파의 범위에서는 또 다른 주요 소음이다.

▶ 수중에서는 공기와 물 사이의 경계가 소리의 전달을 막아서 수중 마이크가 있어도 알아듣게 말하기가 매우 어렵다. 그래서 스쿠버 다이버들은 수신호로 의사소통한다.

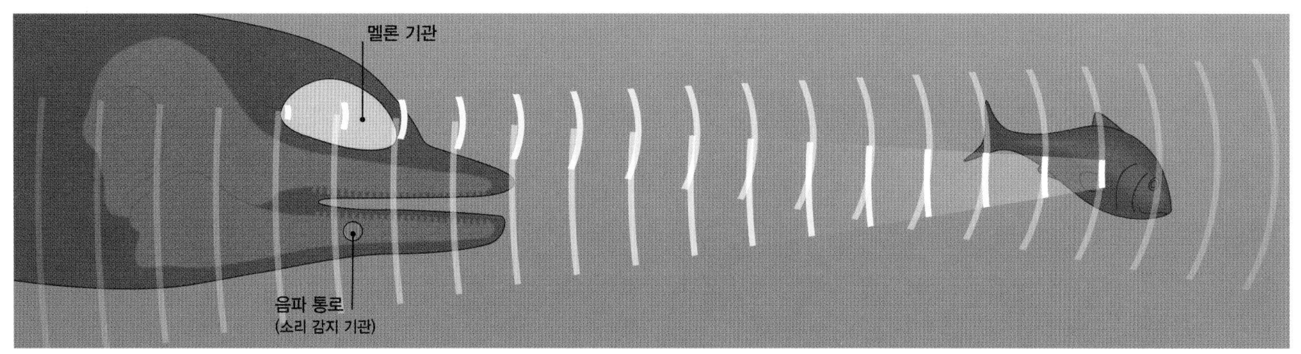

▲ 돌고래는 머리 앞에 있는 둥근 '멜론melon' 기관에서 초음파를 발생한다. 초음파는 물속을 지나 목표 물고기까지 전달되었다가 되돌아와 돌고래의 턱과 내부 청각 시스템으로 수신된다. 돌고래가 이렇게 돌아오는 반향을 단서로 어떻게 시각적인 이미지를 확인하거나 해석하는지는 아직 밝혀지지 않았다.

스스로 들어보라

물속에 머리를 넣어보면 물 밖에 있는 사람의 말소리를 들을 수 없다. 수면이 모든 소리를 반사하기 때문이다.

인간의 귀는 물속의 소리를 인식하도록 설계되지 않았다. 수중에서 음파의 진동 폭은 인간의 고막을 울리기에는 너무 약하다. 게다가 귓속에 남아 있는 공기가 귀 내부로 소리가 도달하는 것을 막는다. 또 귀로 들어오는 소리의 경로가 달라서 그 소리가 들려오는 방향을 구분하기 어렵다. 수중에서 들려오는 소리는 대부분 머리나 턱뼈의 진동을 통해서 전달된다.

물과 피부 혹은 물과 뼈 사이의 밀도 차이는 물과 공기의 밀도 차보다 적어서 이 경계에서는 소리가 잘 전달되지 않는다. 인간은 수중에서 말하기가 어렵다. 또 물속에서 한 말을 알아듣는 것도 어려운 일이다. 공기와 물의 경계가 소리의 전달을 차단하는 역할을 해서 물속에서는 입에서 나온 말이 잘 전달되지 않는다.

비鼻관을 통한 소리

돌고래는 수중에서 소리를 보내고 받는 일을 아주 잘 해낸다. 돌고래의 수중 음파 탐지기 신호 전달 체계는 반사경과 렌즈가 있는 플래시처럼 작용한다. 돌고래는 성대가 없다. 대신 비관 앞에 있는 조직에서 소리를 내며, 그 조직은 한 쌍의 부드러운 입술 조직에 삽입된 지방 주머니로 감싸져 있다. 이 지방 조직이 고압으로 공기를 진동시키고 전달해 고밀도의 짧은 진동을 만든다. 그 소리는 초당 1,000분의 10 혹은 그 이하로 지속되며, '찰칵' 소리와 비슷하다. 돌고래는 한 번에 10회에서 수백 번 소리를 낸다. 그리고 되돌아오는 소리는 돌고래의 두개골에 전달된다. 앞으로 나가는 소리는 멜론 기관이라고 부르는 불룩한 앞머리에서 생성되며, 이 기관이 음향 렌즈로 기능하면서 돌고래가 소리를 내보내게 해준다.

수중에서 들려오는 소리는 돌고래의 아래턱 측면으로 들어오는데 이는 우리가 뼈 전이를 통해 물속에서 소리를 듣는 것과 비슷하다. 돌고래의 귓구멍은 소리를 받는 통로로 기능하지 않으며, 연구 결과에 따르면 돌고래는 턱 부분의 감각이 상당히 예민한 것으로 확인되었다. 물속 소리는 돌고래의 아래턱 속에 있는 지방층을 통해 돌고래의 귀 내부 구조를 덮고 있는 뼈로 전달된다. 해양 생물을 포함해 모든 포유류의 귀 내부 구조는 비슷하다. 돌고래와 참돌고래처럼 이빨이 있는 고래는 고주파를 감지할 수 있게 진화했고, 수염고래baleen whale는 더 먼 거리를 감지해야 하므로 저주파에 적합한 구조로 되어 있다.

음파 탐지기의 원리

산꼭대기에 올라 계곡을 향해 고함을 지르면 몇 초 후에 반대쪽에서 그 소리가 되돌아오는 것을 들을 수 있다. 또 조용한 이른 아침에 높은 사무실 빌딩과 수백 피트 떨어진 곳에서 손뼉을 치면 그 소리가 빌딩 벽을 타고 돌아오는 것을 들을 수 있다.

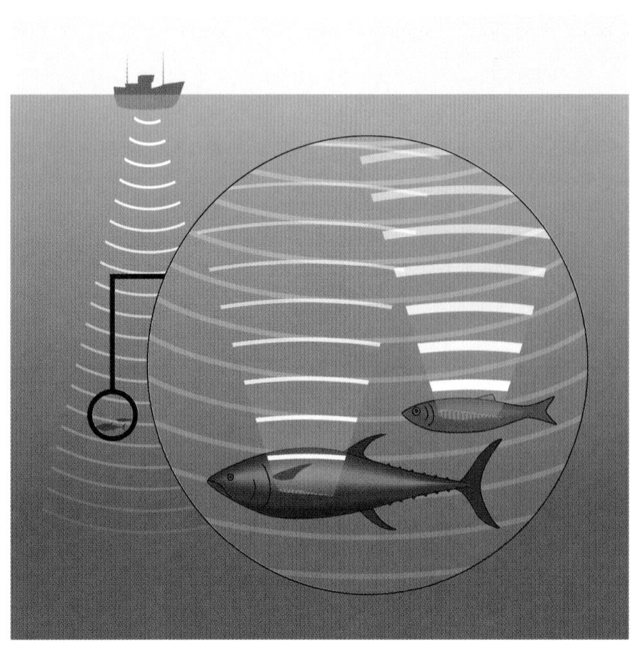

인간의 귀로 들을 수 있는 소리는 큰 물체가 반사하는 것으로, 작은 커피 잔에 대고 고함쳐 봐야 소리를 들을 수 없다. 커피 잔 속에서 돌아오는 메아리를 들으려면 고주파를 활용해야 한다.

돌고래 모방하기

돌고래는 물고기를 찾을 때 어떤 방법이 가장 좋은지 확실히 알고 있다. 그래서 우리도 돌고래와 동일한 주파수를 이용하려 노력하고 있다. 초당 한 번의 진동을 1헤르츠hertz라고 하며, 돌고래의 진동수는 최대 진동이 1,000헤르츠인 인간의 목소리보다 훨씬 높다. 물고기처럼 작은 표적의 소리를 들으려면 높은 진동이 필요하다. 반면에 수중에서 큰 잠수정을 감지하려면 100~500헤르츠의 대對잠수함 음파 탐지기가 필요하다.

거리가 중요한가, 형태가 중요한가?

서로 다른 주파가 이동하는 거리는 매우 중요한 측정 기준이다. 일반적으로 고주파는 더 빨리 소멸되어 저주파보다 멀리 이동하지 못한다. 그래서 의사들은 진찰할 때 고주파의 초음

◀ 부레에서 나오는 물고기의 반향은 물고기의 크기와 아무 상관이 없다. 크기가 작은 물고기가 큰 반향을 보내기도 하고, 그 반대인 경우도 있다.

파 이미지 시스템을 장기에 최대한 가까이 가져다 대고 소리를 듣는다. 초음파 이미지 시스템은 몸속 태아를 볼 때 유용하고 고해상도의 이미지를 제공하지만, 수중에서 잠수함을 포착하는 데는 무용지물이다. 대잠수함 감지를 위해 해군에서 사용하는 저주파 음파 탐지기는 매우 큰 소리를 활용하여 멀리까지 전달하고, 물고기처럼 작은 물체의 반향은 차단한다. 고주파일수록 해상도가 높고, 저주파일수록 전달 범위가 확대된다. 돌고래와 어부의 음파 탐지기는 물고기의 크기와 실제 감지 범위 사이를 모두 포괄하는 100킬로헤르츠의 주파를 사용한다.

물고기의 비밀

덩치가 크다고 해서 항상 더 큰 반향을 내는 것은 아니다. 예를 들어, 다랑어는 덩치가 크지만 음향적으로는 거의 보이지 않는다. 물고기의 반향은 대부분 부레에서 반사한 것으로, 물과 물고기의 경계가 소리의 좋은 반사경으로 작용한다. 부레는 얇은 벽으로 된 큰 주머니 형태이다. 물고기가 물에 뜨게 하는 역할을 하고, 일부 어종에서는 소리를 인식하는 장치로 활용된다. 아직 다 자라지 않은 다랑어는 부레가 매우 작아서 음파 탐지기로 포착하기가 어려우며, 오징어나 넙치도 마찬가지다. 이들은 가스가 채워진 기관이 전혀 없어서 소리를 반사하기 어렵다.

▼ 이 다랑어 떼는 청각적으로 매우 '보기'가 어렵다. 다랑어는 부레가 아주 작아서 음파 탐지기로 위치를 포착하기가 어렵다.

소리를 구별해 듣고 판단하기

음파 탐지기를 실제로 사용할 때 아주 중요한 부분은 소음을 줄이는 것이다. 이로써 목표하는 소리가 더 잘 들리게 하고 수신자의 감도를 증가시키며 노이즈 필터를 개선하는 작업이 많이 이루어졌다. 일반적인 음파 탐지기는 여러 상황에서 신뢰할 수 있지만, 제약도 있다.

어부가 음파 탐지기를 이용해서 물고기를 찾을 때, 원하지 않는 소음은 대부분 어선 자체에서 발생한다. 이때 효과적인 대책 한 가지는 톤 버스트tone bursts(시험을 목적으로 사용하는 짧은 음-옮긴이)를 활용하는 것이다. 톤 버스트에는 단일 주파수가 있어서 주변의 소음을 쉽게 뽑아낸다. 그리고 대역 여파기(일정 범위 주파수의 전류만 통과시키는 장치-옮긴이)는 주변 소음을 제거하는 강력한 도구다. 이 필터는 일정 범위의 주파수를 허용하고 다른 주파수의 강도는 줄인다. 어업용 음파 탐지기가 단일 주파수 신호를 사용하는 한 들려오는 반향은 동일한 주파수다. 이것이 멀리 있는 목표물을 감지하는 일반적인 음파 탐지기의 강점이다.

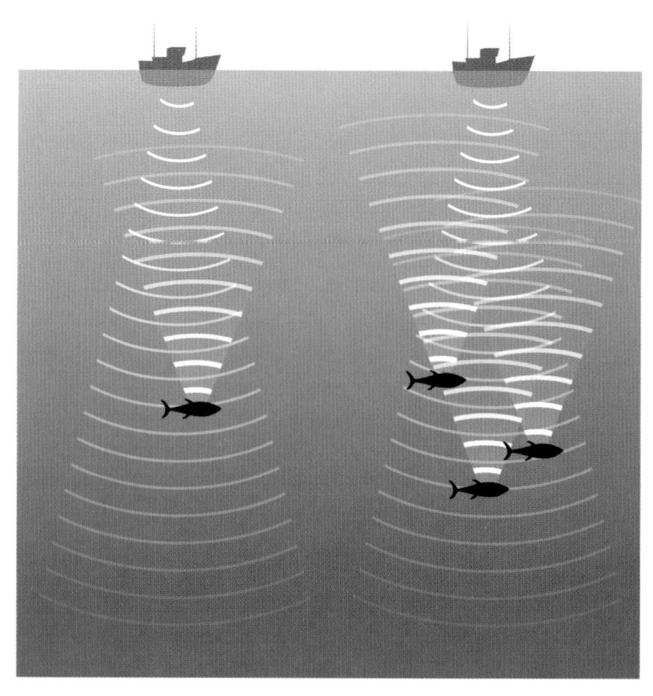

▲ 물고기 한 마리가 하나의 반향을 만들고 세 마리가 세 개의 반향을 이룬다. 단, 반향이 일부 겹치면 개별적으로 인식하기 어렵다. 통상적인 음파 탐지기는 누적된 반향의 정도를 측정하고, 물고기 한 마리가 보낸 반향의 강도로 전체를 구분해서 물고기의 수를 산출한다.

공명 측정하기

음파 속의 물고기 수는 반향의 정도로 추정한다. 물고기 한 마

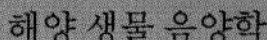

◀ 일반 어업용 음파 탐지기는 물고기의 위치와 수를 파악하는 데 매우 유용하지만 물고기의 종류와 크기가 이미 알려진 경우에만 활용할 수 있다.

리가 하나의 반향을, 열 마리가 열 개의 반향을 만든다. 그러므로 모든 반향 에너지를 합하면 초음파 빔 폭 속에 있는 전체 물고기 수를 알 수 있다. 다시 말해 전송된 초음파당 물고기 한 마리의 반향 정도를 측정하면 전체 물고기의 수를 계산할 수 있다. 이 방법은 전 세계의 물고기 개체 수를 관리할 때 사용된다. 물고기의 반향 반사율을 '표적 강도'라고 부른다. 이것은 발생한 소리에 대한 반향의 비율을 일컫는다. 표적 강도는 테스트 수조 안에서 특정 주파수의 초음파 톤 버스트를 이용해 측정할 수 있다. 정확한 표적 강도를 측정하는 일은 특정 영해의 어획량을 평가하는 중요한 요인이며, 지속 가능한 수준에서 어족 자원 개체 수를 관리하는 데 필수적이다. 표적 강도 측정에서 10% 오차가 발생하면 개체량 산출에 10% 오차가 생기고, 이후 포획량을 결정하는 데 영향을 미친다. 수량별, 어종별 표적 강도를 산출할 수 있다면 통상적인 어업용 음파 탐지기는 매우 유용하다.

음파 탐지기의 한계

일반적인 음파 탐지기를 사용하면 반향에 제한된 정보만 포함되기 때문에 순수한 톤 버스트가 목표물을 분류하는 데 특별히 유용하지 않고, 운영하는 주파수에 따른 반향의 강도만 측정할 수 있다는 단점이 있다. 크거나 약한 반향은 단순히 크거나 작은 무리의 물고기를 나타낸다. 게다가 물고기 한 마리와 관련된 음파인 표적 강도는 물고기의 종류, 크기, 위치, 내부 구조에 따라 달라진다. 그래서 물속에서 직접 목표 물고기를 보지 않고는 표적을 추정할 수 없다. 즉, 물고기의 종류와 크기를 이미 알고 있는 상태에서만 물고기를 파악할 수 있다는 단점이 있다.

돌고래는 어떻게 물고기를 탐지할까?

돌고래가 사용하는 바이오소나는 일종의 광대역 수중 음파 탐지기이다. 광대역 음파는 목표물을 식별하는 데 유용하고, 한 번에 여러 번 주파수를 보낸다.

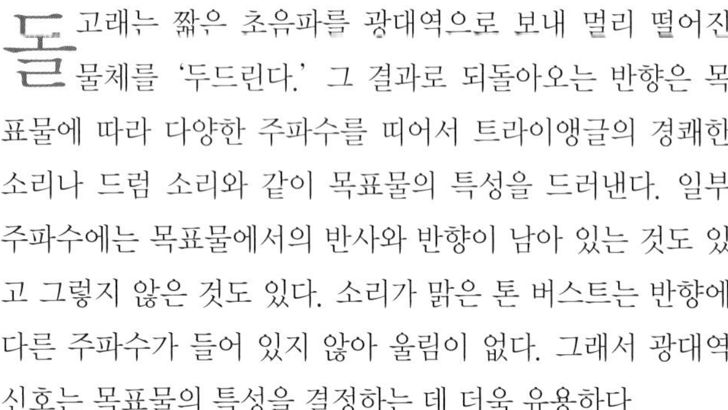

▲ 두드리는 소리는 음파 탐지에서 목표물을 식별하는 핵심 방법이다. 트라이앵글을 두드리면 청명한 금속 링의 소리가 나고 드럼은 더 깊은 소리를 내는 것처럼 음파 탐지는 중요한 정보를 제공한다.

돌고래는 짧은 초음파를 광대역으로 보내 멀리 떨어진 물체를 '두드린다.' 그 결과로 되돌아오는 반향은 목표물에 따라 다양한 주파수를 띠어서 트라이앵글의 경쾌한 소리나 드럼 소리와 같이 목표물의 특성을 드러낸다. 일부 주파수에는 목표물에서의 반사와 반향이 남아 있는 것도 있고 그렇지 않은 것도 있다. 소리가 맑은 톤 버스트는 반향에 다른 주파수가 들어 있지 않아 울림이 없다. 그래서 광대역 신호는 목표물의 특성을 결정하는 데 더욱 유용하다.

단일 파장을 이용할 때는 동일한 파장을 연속으로 보내도 목표물에 따라 반향이 다른 톤으로 특색을 드러낸다는 장점이 있다. 동일한 자극을 연속으로 전달하고 그 결과로 돌아오는 목표물의 반응을 들으면 목표물을 요소별로 분류하기가 편리하다. 돌고래와 참돌고래는 비슷한 연속 음파를 보내고, 목표물인 먹잇감에서 되돌아온 반향을 통해 먹이의 크기, 형태, 머무는 거리에 대한 정보를 파악한다. 이는 동일한 연필을 가지고 다양한 목표물을 여러 번 두드려보는 것과 같은 원리다.

바이오소나 전문가

돌고래가 어떻게 바이오소나 전문가가 되었는지 살펴보자. 병코돌고래는 매우 높은 강도의 짧은 음파를 사용해 목표물의 두께, 재질 구성, 심지어 형태까지도 식별할 수 있다. 미국 해군에서 실시한 광범위한 연구를 통해 돌고래의 놀라운 음파 탐지 능력이 입증되었다. 병코돌고래는 지름이 7.62센티미터인 원형 금속 목표물을 최대 113미터 멀리 떨어진 곳에서도 감지할 수 있다. 게다가 원통형 목표물 두께의 0.3밀리미터 오

▲ 돌고래는 어두운 바닷속에서도 단순히 초음파를 방출하고 들려오는 소리를 들어서 각기 다른 물체를 '볼' 수 있다.

차까지 감지한다.

모양은 같지만 두께가 약간 다른 와인 잔을 만져보고 그 차이를 식별할 수 있을까? 이때는 만져보는 것보다 소리를 들어보는 편이 나을 것이다. 숟가락으로 각 와인 잔을 두드려서 소리를 들어보면 분명한 차이를 느낄 수 있다. 돌고래는 음파로 목표물을 '두드려'봐서 동, 알루미늄, 산호의 소재 차이를 쉽게 식별할 수 있다.

거리 확인

돌고래가 사용하는 음파 탐지기의 또 다른 특색은 고도의 공간 해상spatial resolution(한 음파가 표현 가능한 지상 면적-옮긴이) 능력이다. 돌고래의 음파 신호는 매우 짧아서 한 번에 50~100마이크로세컨드 동안 울리는데, 이때 소리는 7.5~15센티미터를 이동한다. 이 말은 15센티미터 이상 떨어져 있는 분리된 두 목표물의 반향을 식별할 수 있다는 뜻이다. 이 능력은 돌고래의 먹이 사냥에 상당한 도움이 된다. 돌고래는 물고기를 한 마리씩 잡기 때문에 개별 물고기에 초점을 맞추어야 한다. 수염고래의 먹이 사냥 방식은 이와 다르다. 수염고래는 돌고래와 같은 초음파 음향 탐지 능력이 없기 때문이다. 수염고래는 단순히 입을 크게 벌려서 물과 함께 딸려 들어오는 작은 물고기, 오징어, 동물성 플랑크톤을 먹는다. 이때 마치 거름망처럼 물은 빼내고 먹이만 붙잡는다.

인공 음파 탐지기 vs 돌고래의 음파 탐지기

돌고래는 선천적으로 청각이 아주 예민하다. 그리고 소리를 감지해 소리가 들리는 방향을 정확하게 파악할 수 있다. 또 두 개의 내부 청각 구조를 통해 시끄러운 환경에서 작은 소리도 잘 찾아낸다.

눈을 감고 친구에게 바로 앞에서 박수를 친 후 왼쪽이나 오른쪽으로 한 발만 움직여서 다시 손뼉을 쳐달라고 부탁하라. 그럼 친구가 어느 쪽으로 움직였는지 쉽게 알 수 있다. 소리가 전해진 시간의 차이와 두 귀가 인지하는 강도의 차이가 방향을 식별하는 단서이다. 인간과 돌고래 모두 1~2도 차이로 정확한 장소를 파악한다.

네 개의 수신기

인공 빔을 분사하는 음파 탐지기는 네 개의 수신기를 통해 소리의 전달 시간과 밀도를 달리하여 2차원으로 방향을 알아낸다. 한 쌍의 수신기가 하나의 방위각을 구성하고, 다른 쌍의 수신기는 메아리의 특정한 방향을 나타낸다. 깊이는 소리가 전달되는 곳에서 돌아오는 반향의 지연 시간을 산출해 알 수 있다. 그래서 인공 음파 탐지기는 여러 차원으로 목표 물고기의 위치를 알려주다

병코돌고래는 음파 탐지기로 수직 각도와 같은 방향을 충분히 파악한다. 돌고래의 머리는 좌우 대칭이지만 위아래는 같지 않다. 소리는 돌고래의 머리에 진동으로 전달되어 식별되는데, 이렇게 머리로 받는 소리는 아래에서 받는 것과 약간 차이가 있다. 만약 반향의 진동수가 동일하게 계속된다면 이

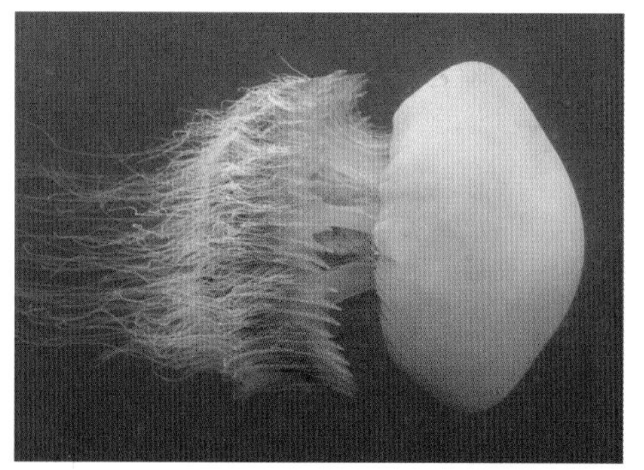

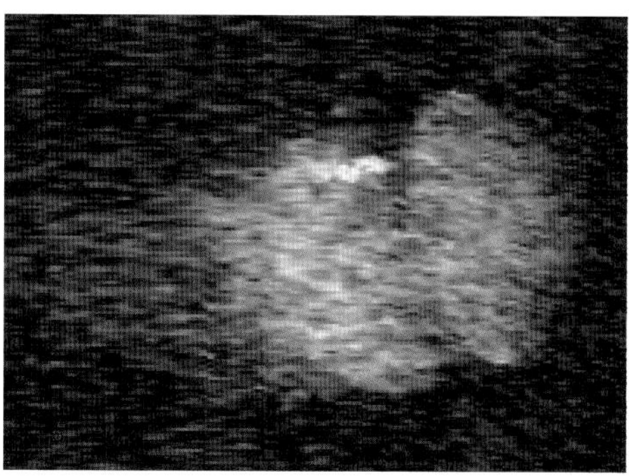

◀ 노무라입깃해파리Nomura's jellyfish의 모습(왼쪽)과 DIDSON 수동 카메라에 포착된 모습(오른쪽)이다. 이 사진들은 일본 와카사만Wakasa Bay에서 촬영된 것이다(어업 장비와 방식을 연구하는 어업 조사 기관인 일본 국립 해양수산과학원의 회원 나오토 혼다Naoto Honda 씨가 촬영했다).

초음파 이미지

임산부는 초음파 이미지 시스템을 통해 몸속 태아의 모습을 볼 수 있다. 이 시스템은 초당 수백만 헤르츠의 고주파 초음파를 보내 자세한 태아의 모습을 얻는다. 초음파로 받는 이미지는 청각 렌즈로 살펴보는 것과 동일하다. 각 방향에서 오는 반향을 다 식별해서 수신된 음파를 배열하고 이미지를 수평으로 확장한다. 이 기술은 우리가 자궁 속을 살펴보고 태아의 성별을 감별하며 이상한 점이 없는지 확인할 수 있게 해준다.

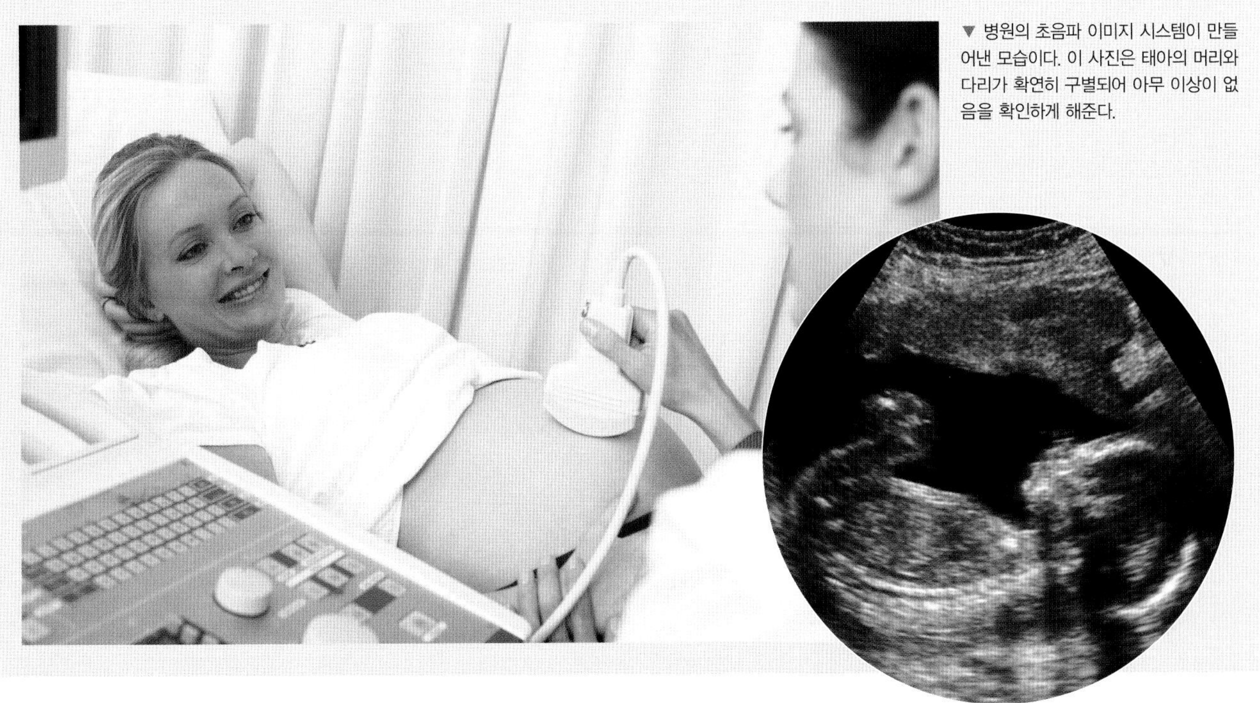

▼ 병원의 초음파 이미지 시스템이 만들어낸 모습이다. 이 사진은 태아의 머리와 다리가 확연히 구별되어 아무 이상이 없음을 확인하게 해준다.

를 수직 각도로 판별할 수 있다.

물속에서 들려오는 여러 가지 반향도 또 다른 단서다. 돌고래와 목표물의 위치에 따라 직접 전달되는 것과 반사된 것이 혼합되어 하나의 반향을 이루기도 한다.

청각 이미지

디지털 카메라는 렌즈가 있어서 화상을 구성하는 요소 위로 이미지를 초점화할 수 있다. 이와 비슷한 방법으로 사운드 매트릭스Sound Metrics Co.사에서 개발한 DIDSON 수중 음향 카메라는 청각 이미지를 초점화해서 형성한다. 이 카메라는 흐리거나 완전히 어두운 곳에서도 물체의 이미지를 시각화해 보여준다.

수중 카메라는 다른 카메라 장비들이 갈 수 없는 해저의 울퉁불퉁한 바위에서도 작업할 수 있다. 이 카메라로 다양한 수중 식물과 바다 생물을 더 정확하게 구별할 수 있으며 해저 감시 용도로 사용할 수 있다. 또 누수나 물의 흐름을 식별하는 데도 중요한 역할을 담당한다.

내부 구조 인지

돌고래의 음파는 오직 물속에서만 전파되고 공기 중에는 전달되지 않는다. 그래서 돌고래는 물 밖에 있을 때는 물체를 청각적으로 감지할 수 없다. 그런데 어느 돌고래 한 마리가 공중에 있는 물체의 시각 이미지를 물속에서의 청각 이미지와 결합하는 훈련을 성공적으로 마쳤다.

이 훈련은 다음과 같다. 반향을 전달할 수 있는 불투명한 플라스틱 상자에 물체를 넣었다. 훈련된 돌고래는 먼저 청각적으로 상자를 살펴본 다음, 시각적으로 그 상자를 정확히 찾아냈다. 이는 돌고래가 반향을 감지해서 물체의 형태를 파악할 수 있다는 것을 입증한 것이다.

눈과 귀

사람의 눈에는 추상체와 간상염색체라고 불리는 두 종류의 감지 기관이 있다. 추상체는 색상을 감지하고 간상염색체는 낮은 강도의 빛을 인식하는 민감한 광수용체이다. 이 두 감지 기관은 망막 위에 분포한다. 수정체를 통해 들어온 이미지는 망막에 맺혀 2차원적 정보가 된다. 이것은 디지털 카메라나 DIDSON의 청각 이미지 시스템과 비슷하다. 하지만 돌고래와 박쥐는 주위를 탐지할 수 있는 기관이 두 귀밖에 없다. 귀로 듣기만 하는 상태로 어떻게 물체의 모양을 인식하는 것일까?

과학자들은 이 의문을 풀고자 계속해서 노력해 왔다. 특정한 두께의 물체는 내부와 외부 표면으로부터 소리를 반사하

◀ 돌고래의 음파는 물 밖에서는 잘 전달되지 않기 때문의 그들의 뛰어난 음파 탐지기를 사용할 수 없다.

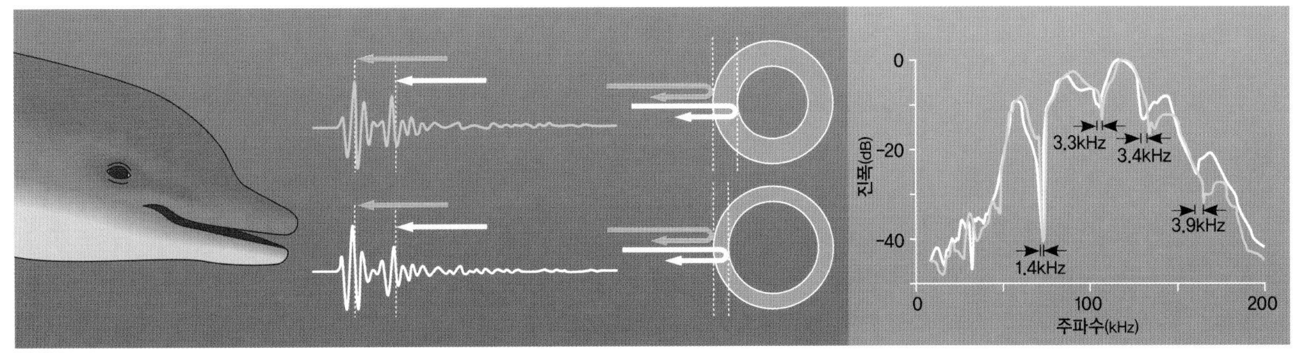

▲ 표준 실린더의 반향과 표준보다 0.3밀리미터 얇은 실린더의 반향을 비교한 모습이다. 실린더의 내부와 외부 표면에서 울리는 두 가지 반향은 오른쪽 이미지에 나타난 힘의 스펙트럼에 여러 개의 V자로 표시된다. 두께의 차이는 V자 형태의 간격 차이로 알 수 있다.

고, 여기서 발생한 개별 진동이 이 물체의 두께에 따라 두 가지 반향으로 각기 다른 시간에 전달된다. 두 가지 반향 스펙트럼은 전달된 반향에 따라 위아래의 모습을 수학적으로 보여준다. 스펙트럼의 V자형 진동이 물체의 두께를 나타낸다.

내부 들여다보기

목표물의 내부 구조를 인식하는 한 가지 방법으로 반향의 시차가 제안되어 왔다. 한 연구자가 돌고래를 모방한 음파 탐지기를 사용해 물고기의 반향을 측정했다. 반향은 여러 개의 진동으로 돌아와 물고기 몸속의 다양한 기관인 부레, 머리, 척추, 지느러미 표면 등을 나타낸다. 각 반향이 도착하는 시간을 측정하여 물고기 내장 기관의 구조를 계산하는 데 사용했는데, 이것은 동일한 물고기를 촬영한 엑스레이 이미지와 매우 흡사했다. 물고기의 앞에서 울리는 반향과 뒤에서 울리는 반향이 다르기 때문에 이 정보는 물고기가 접근하는지 혹은 떠나가는지를 말해줄 수 있다.

우리는 돌고래의 놀라운 음파 탐지 능력에서 매우 유용한 교훈을 얻었다. 더불어 특정한 방향에서 발생하는 깊이에 대한 정보를 얻을 수 있다면 돌고래는 목표물 주변을 헤엄치며 각기 다른 방향에서 스캔한 다음 3차원으로 형상화할 수 있을지도 모른다. 하지만 현재까지는 이론에 불과하다. 돌고래의 음파 탐지 수수께끼를 풀려면 아직 더 먼 길을 가야 한다.

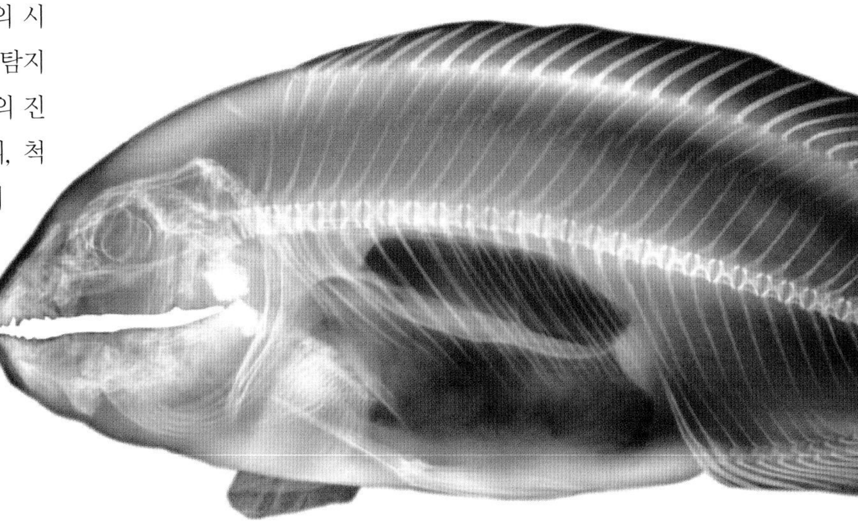

▶ 물고기의 엑스레이 이미지다. 부레가 음파에 가장 크게 반응하는 기관이며 머리, 두개골, 척추와 심지어 피부도 작게 반응한다. 반향의 구조는 각 반응 기관의 위치에 따라 목표물을 식별하는 중요한 단서가 될 수 있다.

정확한 음파 인식

목표물의 뚜렷한 이미지를 얻으려면 초점을 정확하게 잡아야 한다. 광학 초점은 일반 카메라나 비디오카메라에서 잘 사용되는 기술이다. 초기의 카메라는 수동으로 초점을 잡았지만 요즘 출시되는 소형 디지털 카메라는 자동 초점이 가능하고 심지어 자동으로 사람의 얼굴을 인식한다.

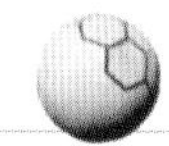

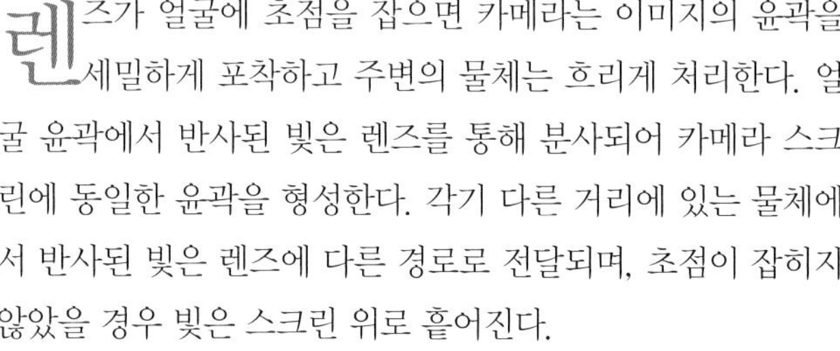

렌즈가 얼굴에 초점을 잡으면 카메라는 이미지의 윤곽을 세밀하게 포착하고 주변의 물체는 흐리게 처리한다. 얼굴 윤곽에서 반사된 빛은 렌즈를 통해 분사되어 카메라 스크린에 동일한 윤곽을 형성한다. 각기 다른 거리에 있는 물체에서 반사된 빛은 렌즈에 다른 경로로 전달되며, 초점이 잡히지 않았을 경우 빛은 스크린 위로 흩어진다.

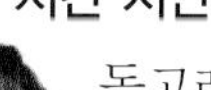

시간 지연

돌고래와 참돌고래는 반향에서 초점을 잡기 위해 굴절된 경로를 제어하는 대신 소리의 전달 시기를 조절한다. 돌고래는 첫 번째 반향을 받고 나서 다시 두 번째 신호를 보낸다. 물속에서 소리의 전달 속도는 대략 초당 1,500미터이다. 목표물이 15미터 거리에 있다면 돌고래는 적어도 0.02초는 기다려야 다음 소리를 보낼 수 있다. 소리가 목표물에 갔다가 되돌아오는 데까지 30미터 거리이기 때문이다. 실제로 돌고래는 조금 더 기다리면서 반향 신호를 처리하는 데 남은 시간을 보낸다. 돌고래는 각 음파에서 돌아오는 반향 시간을 측정해 목표물의 거리를 짐작할 수 있다. 이것은 아이들이 하는 공놀이와 같은 원리이다. 한 아이가 친구에게 공

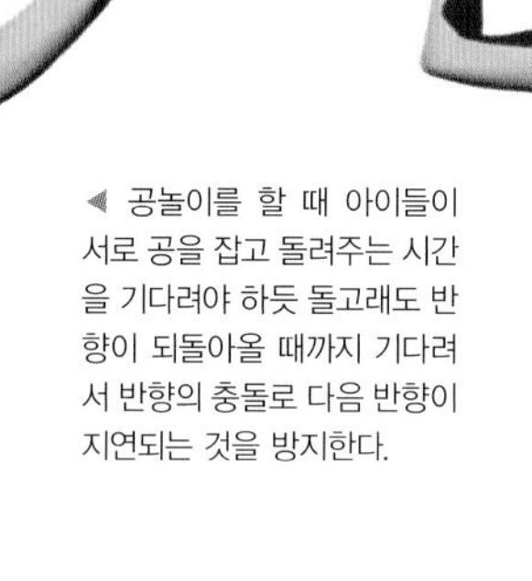

◀ 공놀이를 할 때 아이들이 서로 공을 잡고 돌려주는 시간을 기다려야 하듯 돌고래도 반향이 되돌아올 때까지 기다려서 반향의 충돌로 다음 반향이 지연되는 것을 방지한다.

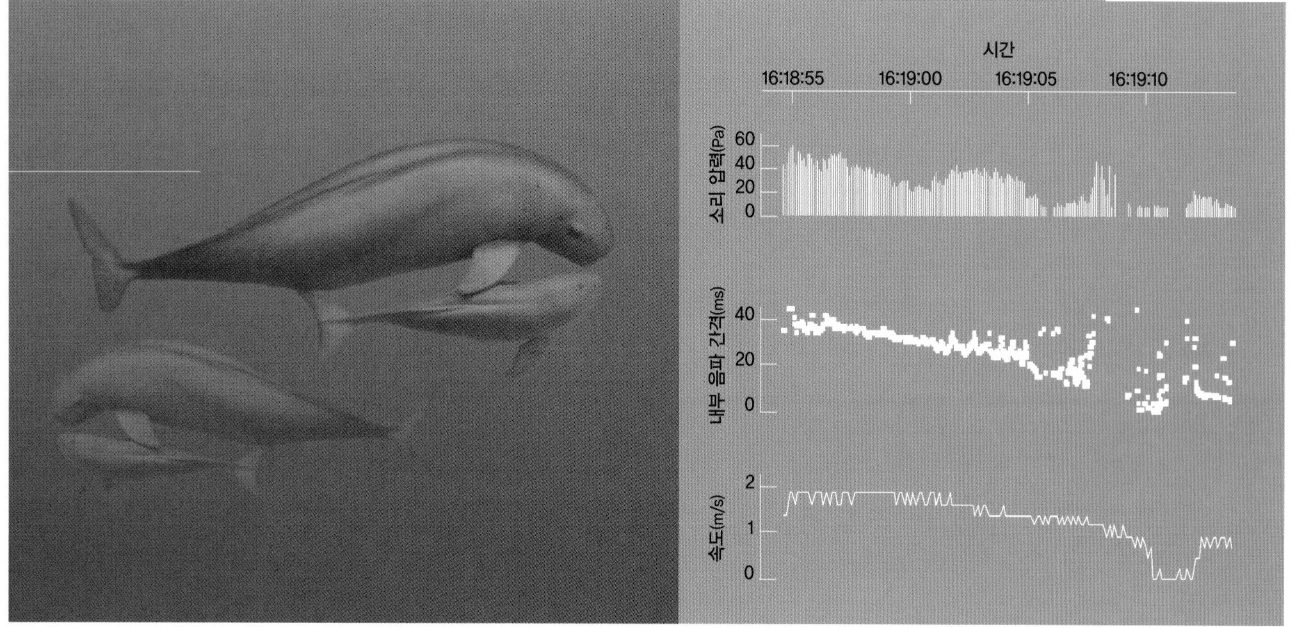

▲ 지느러미가 없는 참돌고래는 목표물에 접근하면서 차츰 내부 음파 간격inter-click interval, ICI과 소리 압력sound pressure, SP을 줄인다. 이와 함께 목표물에서 들려오는 반향 시간 지연이 줄어든다. 참돌고래는 계속해서 움직이고, 체내 속도 측정기로 목표물과의 거리를 측정한다.

을 던지고, 친구는 공을 받아 다시 아이에게 던진다. 아이들에게 공이 두 개 있다면 던지는 시기가 복잡해져서 공놀이를 할 수 없을 것이다. 이와 비슷하게 돌고래도 다음 반향과 충돌하지 않도록 첫 번째 반향이 돌아올 때까지 기다린다. 돌고래는 목표물에 수십, 아니 수백 번 초음파를 보내지만, 하나씩 처리한다.

한 아이가 계속 공을 가진 상태로 친구에게 다가간다면 친구가 던져주는 다음 공을 잡는 시간이 점점 줄어들 것이다. 이와 마찬가지로 돌고래가 목표물에 접근할수록 다음 진동 간격이 줄어든다. 다시 말해, 돌고래는 자동 초점 카메라처럼 접근하는 목표물의 거리에 따라 음파의 초점 범위를 조절한다.

도플러 변이

박쥐는 도플러 변이Doppler Shifts를 이용해 먹이가 움직이는 속도를 측정한다. 도플러 변이는 앰뷸런스가 접근하고 지나가고 움직이는 소리의 톤 변화와 같다. 사이렌 소리는 접근할 때 높아지고 지나칠 때 낮아지며 소리가 접근하고 사라지는 속도에 따라 진동이 달라진다. 박쥐는 이 편리한 음파 탐지기와 유사한 톤 버스트를 방출한다. 접근해 오는 곤충의 몸에서 반사되는 반향은 원래 박쥐가 보낸 것보다 주파수가 높다. 이와 반대로 곤충이 멀리 날아간다면 주파수는 낮아질 것이다. 속도와 거리를 알면 박쥐는 먹이를 공격하기 몇 초 전에 그 위치를 알 수 있다.

돌고래를 완벽하게 모사한 음파 탐지기 개발

돌고래의 음파 탐지기와 그것에서 영감을 얻어 인간이 개발한 어업용 음파 탐지기는 광대역 주파수의 특징과 돌고래의 뛰어난 공간 해석 능력에서 큰 차이를 보인다. 공학자와 과학자들은 현재 이런 기능을 탑재한 차세대 음파 탐지기를 개발하고자 노력을 쏟고 있다.

ME70이라 불리는 멀티빔multibeam 음파 탐지기는 70~120킬로헤르츠의 주파수 범위에서 동작하며 개별 주파수에는 반응하지 않는다. 물고기가 반사하는 광대역 주파수를 활용하면 각기 다른 크기와 형태를 식별할 수 있다.

SciFish 2100 모델은 60~120킬로헤르츠의 주파수로 물고기의 반향을 얻는다. 컴퓨터 신경 네트워크가 각기 다른 종에서 반사되는 주파수를 감지한다. 이 장치는 실험을 통해 80%의 정확도로 호수에 서식하는 물고기를 식별할 수 있다는 점이 입증

돌고래 음파 시뮬레이터

돌고래의 음파 탐지기를 모사한 광대역 음파 탐지기는 현재 출시된 음파 탐지기보다 정확하게 물고기를 식별할 수 있다. 돌고래 음파 시뮬레이터와 일반 음파 탐지기로 찍은 일본멸치 떼의 이미지를 확대해 보면, 돌고래 음파 시뮬레이터를 통해서는 각각의 헤엄치는 물고기의 모습을 알 수 있지만 일반 음파 탐지기는 제한적인 해상도의 이미지만 제공하고 각 물고기를 구별하지 못한다.

일본멸치의 음향 측심 도표 비교

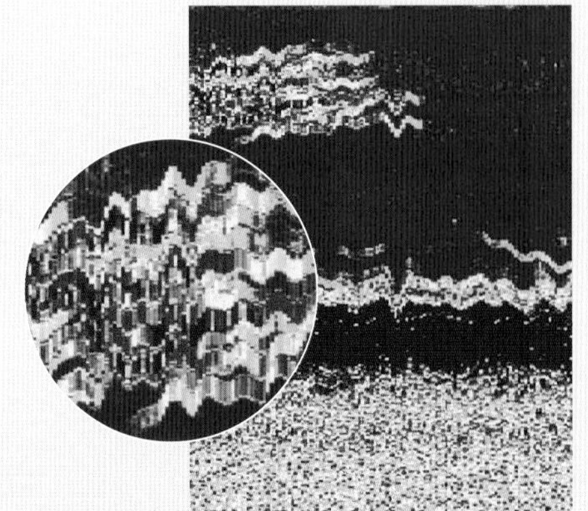

일반 음파 탐지기

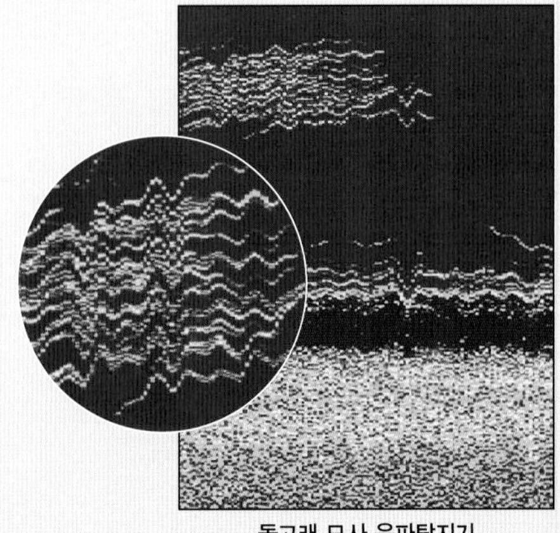

돌고래 모사 음파탐지기

▶ 우리는 돌고래가 해왔던 것과 같은 방식으로 바닷속 생물체를 구별하는 법을 배우는 중이다. 예를 들어, 지금 우리는 오징어가 하나의 주요 파장의 반향을 간혹 부드러운 2차 파장과 함께 보낸다는 사실을 알고 있다.

되었다.

돌고래의 광대역 음파 탐지 신호체계는 해양 생물체의 후방 산란(소리의 근원에서 떨어져서 전달되는 메아리)을 측정하는 도구로 사용된다. 랜턴 피시myctophids: lantern fish와 새우가 반사하는 반향에는 두 가지 주요 부분이 있다. 하나는 가장 가까운 표면에서 반사된 것이고 다른 하나는 체내를 투과해 몸의 가장 먼 곳에서 나온 반향이다.

짧은 강도의 음파 탐지기가 만들어내는 매우 높은 해상도는 일본멸치 떼의 개별 멸치를 식별하는 용도로 매우 유용하게 활용된다. 이 시스템을 돌고래 음파 시뮬레이터라고 부르는데, 광대역의 트랜스듀서와 수신기를 통해 병코돌고래의 음파 신호를 70~120킬로헤르츠로 전달한다. 돌고래 모사 음파 탐지기는 조밀한 물고기 집단에서도 생생한 이미지를 인식하는 반면에 일반 음파 탐지기는 상대적으로 낮은 해상도의 이미지를 제공한다.

결론

수중 목표물을 정확하게 분류하고 식별하는 것은 어업 조사뿐 아니라 수중 안전 측정에서도 매우 중요하다. 이 작업을 수행하고자 과학자들은 돌고래의 음파 탐지기를 모방하는 기술을 시도하고 있다.

다음 단계는 한 목표물과 다른 목표물을 구별하는 작업이다. 각기 다른 목표물에서 발생하는 반향의 공간과 주파수의 구조를 분석하는 작업이 도움이 될 것이다.

광대역 음파 탐지기는 현재 좁은 대역의 음파 탐지기보다 소음에 더 쉽게 영향을 받으므로 소음 제거를 위한 대책이 아직 열악하다. 따라서 광대역 음파 탐지기의 전달 효율을 개선하고 배가 만들어내는 소음을 줄이려는 노력이 필요할 것이다. 광대역 음파 탐지기를 상업적으로 대중화하려면 현 시스템의 거대한 크기와 엄청난 에너지 소비량부터 극복해야 한다. 다행스럽게도 과학의 급속한 진보로 현재 돌고래의 광대역 음파 탐지기를 모방한 장비가 개발된 상태다. 돌고래에서 영감을 받은 광대역 고해상도 음파 탐지기는 향후 수중 생물을 파악하기 위한 매우 귀중한 도구가 될 것이다.

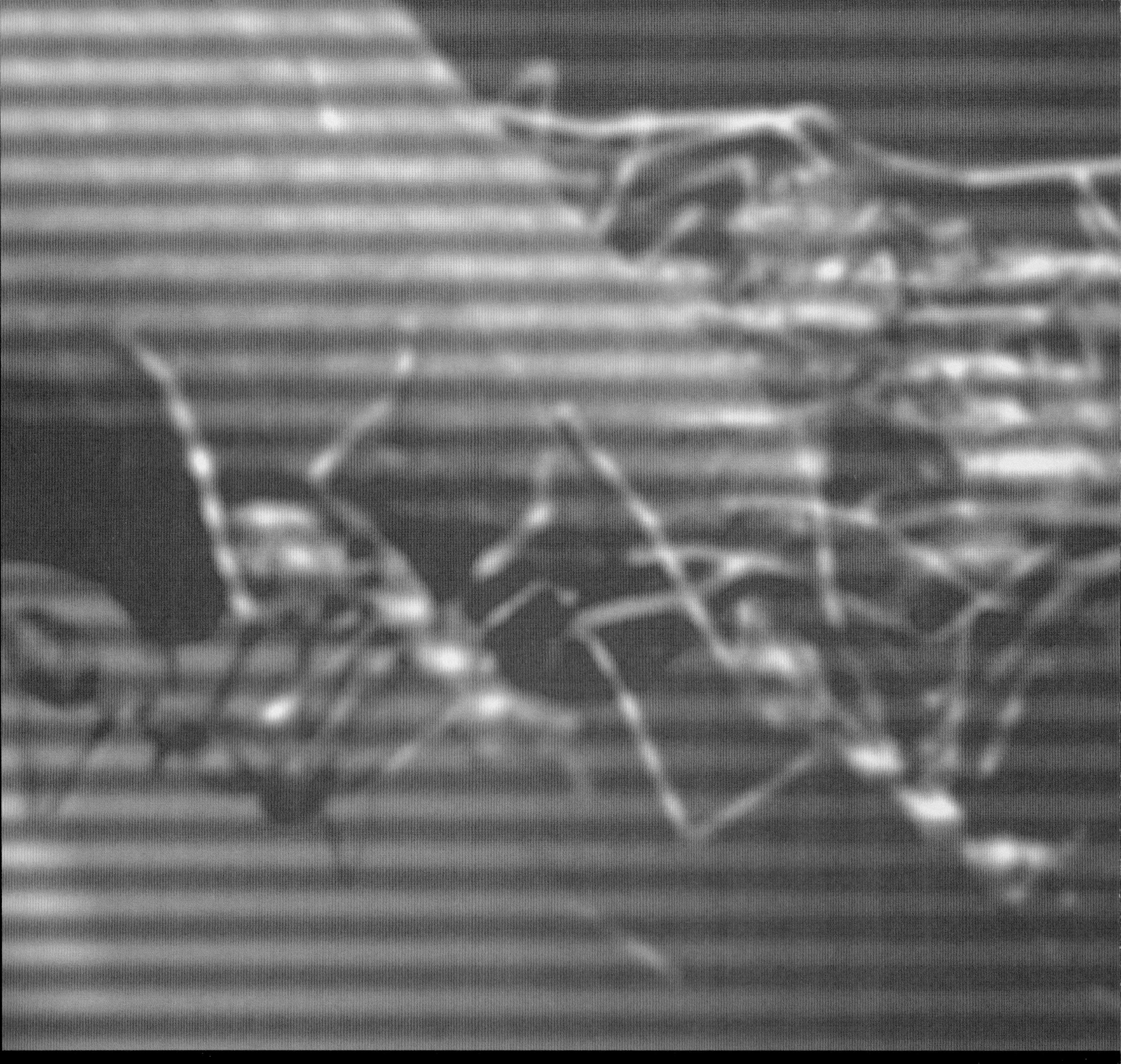

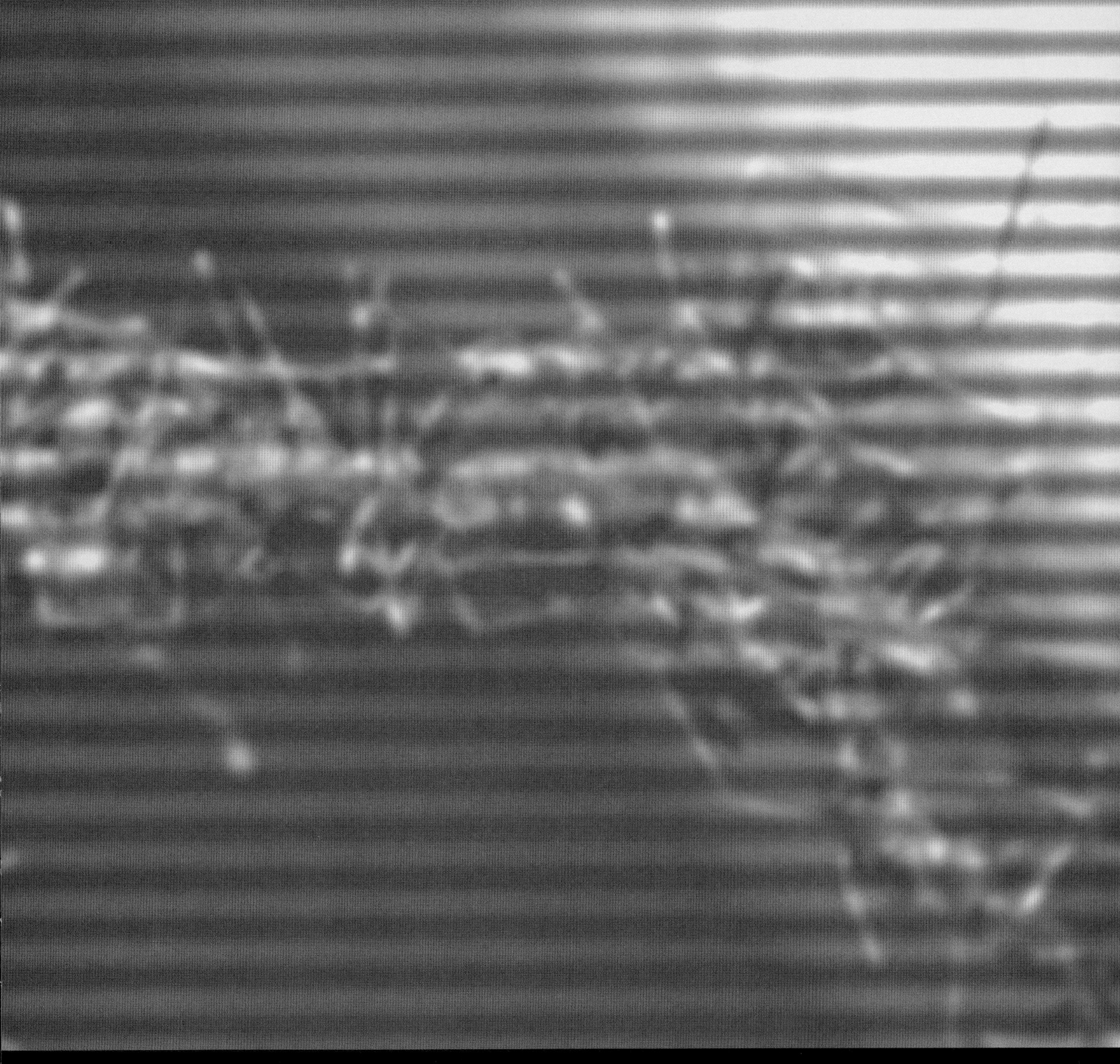

들어가는 말

협동은 왕성하게 번식한 많은 종의 동물 무리에서 볼 수 있는 행위로 개미나 벌처럼 사회적인 곤충 집단에서 두드러진다. 감각·통합·제어 체계의 분화를 통해 지구상에서 사회적으로 가장 진보한 비인간 생물체가 탄생했다.

현재 알려진 종은 극소수(약 2%)에 불과하지만 곤충은 왕성하게 번식하여 지구 생물군의 절반을 차지한다. 이런 성공한 곤충 집단은 매우 우수하고 인간에게 영감을 준다. 예를 들어, 그들의 자체 조직과 협동 능력을 본떠 로봇 팀 운영 등의 기술 시스템 설계에 반영할 수 있으며 현 과학기술과 방법론을 향상시키고 운영 효율을 높이는 데도 영향을 준다. 이 장에서는 곤충의 이런 능력이 과학 분야에 어떻게 접목되며 어떤 교훈을 주는지 살펴볼 것이다. 우선 고도로 섬세하게 협동하도록 진화한 동물들의 범주와 몇 가지 특성을 살펴보자.

◀ 인간의 협동심은 산악인들이 혼자 고립되지 않고 높은 산을 오를 수 있게 해준다.

▶ 우주왕복선으로 사람을 달에 실어 보내거나 지구 주변을 돌게 하는 것은 아마도 매우 정교한 팀 조직을 통해서만 가능할 것이다.

팀의 일부

특히 흥미로운 목표는 팀 조직과 관리이다. 로봇 공학의 경우, 개별 장치 제어에서 협력 작용 개발에 이르기까지 동물의 협동에서 영감을 받아 성공적으로 실행 가능한 방법을 빨리 찾을 수 있다.

현재 비싼 로봇 자동차 한 대를 비용이 적게 드는 소형 로봇 여러 대로 교체하는 추세이다. 소형 로봇 여러 대로 구성된 팀은 잠재적으로 목적지를 더 빨리 찾아갈 수 있고, 한 대가 고장 나면 그 로봇을 대신하는 대리 기능을 탑재하고 내구성을 강화하여 임무 수행 능력을 높인다. 즉, 한 대가 임무 수행에 실패해도 팀은 여전히 임무를 완수할 수 있게 된다. 따라서 현재 로봇 자동차가 당면한 과제는 가장 좋은 성과를 내도록 팀을 어떻게 조직하는가이다.

팀 구성원들이 지혜를 모아 한 프로젝트에 집중할 때 가장 성공적으로 팀워크를 발휘한다는 이야기를 많이 듣는다. 1953년에 에베레스트 산 정상에 선 힐러리Hillary와 텐징Tenzing은 캠프를 세우고, 루트를 따라 전략적 요충지에 식량과 장비를 공급해 주는 거대한 팀에 완벽히 의존한 사례다.

즉, 팀 관리는 성공에 매우 중요하게 작용하며, 다른 팀이 실패한 가운데 이 팀이 성공할 수 있었던 중요한 요소이기도 하다. 팀 운영에는 책임을 지는 대표를 분명히 정하는 것이 필수적이다.

인간은 뛰어난 지력이 있고, 우리는 이제 막 이 점을 더 깊이 이해하기 시작했다. 그런데 막상 기술 시스템의 유사한 네트워크에 적용하려고 하면 실질적으로 복잡해진다. 그래서 매우 단순화된 신경회로망neural network을 개발하여 정보 통합과 단순한 의사 결정의 장점을 얻으려 한다. 이런 경우 우리는 매우 성공적인 동물 집단의 행동을 살펴봄으로써 협동적인 기술 시스템을 개발하는 것에 대해 더 배워야 할지도 모른다.

수적 우세

물고기가 떼를 짓는 방식은 자연 다큐멘터리 프로그램에서 보듯이 매우 놀랍다. 그러나 물고기가 무리를 짓는 행동이 너무나 평범해서 그동안 우리가 이런 질문을 하지 않았는지도 모른다. 물고기는 대체 왜 떼를 지을까? 여기에는 몇 가지 이유가 있다.

▼ 물고기들이 무리를 짓는 행동은 수적 우세와 사회적 소통이라는 장점을 가능하게 하며, 무리의 안쪽에 자리한 물고기들은 물의 저항을 덜 받아 헤엄칠 때 효율이 높아진다.

수적 우세란 포식자가 공격했을 때 개별 동물이 잡힐 확률이 줄어든다는 점을 내포한다. 물고기 떼는 다양한 감각 기관으로 공격 대상을 인식하고, 거기에 대비하는 능력을 크게 강화한다. 사회적 소통도 무리를 짓는 행동의 핵심으로, 번식 가능성을 높인다. 떼를 지으면 먹이를 확보할 가능성이 커지지만 그런 한편 필요한 먹이의 양도 많아진다. 무리를 지어 생활하는 데는 많은 문제가 있음에도 분명히 장점이 단점을 능가하므로 물고기의 약 4분의 1이 평생 무리를 지어 생활하고, 물고기의 절반이 수명의 일정 시간을 무리 속에서 보낸다.

무리를 짓는 것은 일반적으로 모두 협조하여 동일한 방향으로 헤엄치는 것을 의미한다. 이는 엄청난 수의 연어가 떼 지어 이주하는 것과 같은 극적인 장관을 연출한다. 기러기 무리가 V자 형태로 무리 지어 날면서 날개 끝에 발생하는 소용돌이에서 공기역학 효율을 얻는 것과 마찬가지로, 물고기들도 유체역학 효율을 이용할 수 있다.

이런 집단행동이 인간의 기술 시스템 설계에 도움을 줄까? 그 예를 찾아 수면 아래로 내려가 보자.

해저 탐험

바다는 지구 표면적의 약 70%를 차지하며, 여전히 탐험할 곳

◀ 찌르레기 무리는 보금자리로 돌아가기 전에 무리를 지어 멋진 비행을 보여준다. 과학자들이 현재 이 분야를 연구하고 있다.

▶ 자율 무인 잠수정Autonomous underwater vehicles, AUV은 유인 잠수정이 탐사하기에는 위험한 곳을 탐사할 수 있지만 제작 비용이 너무 많이 든다.

이 무궁무진하다. 그래서 인류는 바다보다 우주에 대해 더 많이 안다는 말이 나올 정도이다. 해저 탐험은 흥미롭고 중요한 일로, 해양 생태계와 그 속에서 생활하는 생물들을 이해하고, 지속 가능한 에너지를 얻을 길이기도 하다. 수중 탐사에서 경제성을 확보하고 해저에서 발생할 수 있는 잠재적 위험을 줄이자는 필요에서 무인 잠수정unmanned underwater vehicle, UUV이 개발되었다. 일례로 영국 자연환경 연구협회National Environment Research Council가 수년에 걸쳐 개발한 오토서브Autosub가 있다. 이 무인 잠수정은 지진을 일으킬 수 있는 심해 환경을 살피는 것에서 기후 변화가 남극의 만년설에 미치는 영향을 연구하는 것까지 다양한 탐사 용도로 이용된다.

거대 잠수정

오토서브는 길이가 7미터, 지름이 약 1미터이고 에너지 효율에 따라 약 483킬로미터 혹은 6일 이상 움직일 수 있다. 현재까지 이 잠수정은 거의 300가지 임무를 마쳤고, 50시간 동안 최대 257킬로미터를 탐사했다. 단독으로 1,931킬로미터 이상을 여행했고, 최대 수심 1,000미터까지 잠수했다. 실로 놀라운 기록이다. 오토서브의 출정과 복귀는 수면에 떠서 항해하는 해양탐사선RV에서 행해진다. 비용이 많이 드는 사업이지만 오토서브는 물리적, 생물학적, 화학적 센서를 충분히 탑재payloads할 수 있을 뿐 아니라 일반적인 방식으로는 얻을 수 없는 매우 귀중한 정보 데이터를 확보할 수 있다. 이 데이터들은 기후와 관련된 해저 지리, 해양생화학, 생태계, 해양 온도 연구에 활용된다.

방향타를 이용해 잠수정의 방향과 깊이를 조절하고, 탑승 중인 로봇 파일럿이 선미 제어를 비롯해 프로펠러와 다양한 항해 시스템을 조종한다. 오토서브는 해양탐사선과 전선으로 연결되지 않고 수중에서 자동으로 작업을 수행한다. 때로는 적정한 위치를 잡기 위해 수면으로 올라와서 위성으로부터 조정된 항로와 새로운 운행 위치 정보를 전송받는다. 오토서브는 단일 센서로 운행되어 센서 고장, 자체 시스템 결함과 같은 위험이 있고, 심한 경우 잠수정을 잃어버릴 수도 있다.

소형 잠수정 개발

오토서브(93쪽 참고)와 같은 잠수정은 해저 탐사에 중요한 장비지만 개발 및 운영에 큰 비용이 들어 활용에 한계가 있다. 따라서 상대적으로 비용이 적게 드는 잠수정 개발 방법을 마련하면 쉽게 다시 만들고 팀을 조직할 수도 있으므로 더욱 효율적으로 탐사할 수 있다.

이런 잠수정이 바로 서브제로Subzero다. 이 잠수정은 길이 90센티미터, 폭 10센티미터로 탄두 모양이다. 퍼스펙스Perspex(방풍용 투명 아크릴-옮긴이)로 만든 실린더 모양 선체에 코와 꼬리 부분을 탈부착할 수 있다. 250W, 1만 6,000RPM의 사마륨코발트 DC모터가 9.6볼트의 니켈 카드뮴 배터리로 작동해 추진력을 제공한다. 네 군데 조종 면이 키와 독립된 두 선미 면으로 연결되고 모델 에어크래프트 서보model aircraft servo에 의해 작동한다. 이 잠수정은 해안에 있는 컴퓨터로 조작되고, 내장된 마이크로컨트롤러 연결 포트 두 개를 사용해서 전기 케이블을 통해 교신한다. 이 컨트롤러는 하나는 잠수정에, 다른 하나는 자체 장착 커뮤니케이션 카드에 달린 제어 컴퓨터 안에서 작동한다. 커뮤니케이션 케이블은 명령을 전달하고, 해안의 컴퓨터와 잠수정에서 데이터를 동시에 감지한다. 사용할 모든 하위 시스템을 개발해 두면 향후 협동하는 UUV 팀을 형성할 더 작은 잠수정을 만들 때 사용할 수 있다. UUV 팀을 제어하는 협동 체계 구축은 더 어려운 문제이므로 생물학에서 단서를 얻는 것이 가장 빠른 길일지도 모른다.

▼ 서브제로는 크기가 작고 비용이 상대적으로 적게 들어가는 잠수정이다. 팀으로 작업하도록 복제할 수 있지만, 그와 더불어 팀으로 행동하도록 협력하는 시스템을 개발해야 한다.

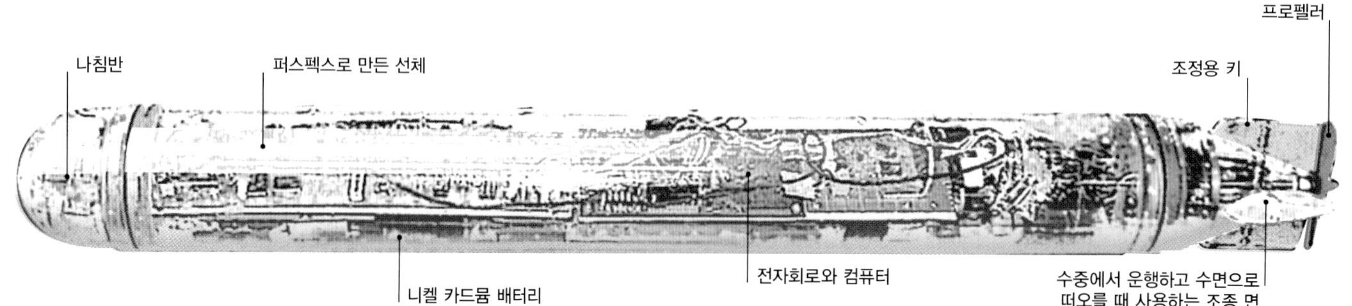

▼ 잠수정 한 대가 해저를 탐사하는 것을 '잔디 깎기' 유형이라고 한다. 반면에 팀으로 탐사하면 같은 지역을 더 효과적으로 살필 수 있다.

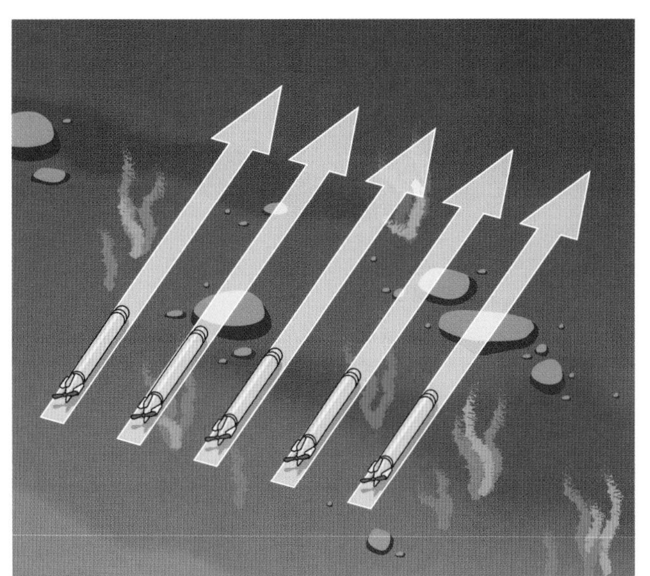

▶ 비행기가 가까이 붙어서 팀으로 비행하도록 제어하려면 상당한 기술이 필요하다. 리더와 따르는 무리가 서로 잘 협력해야 한다.

누가 책임자가 될 것인가?

잠수정 여러 대로 팀을 조직하면 대형을 이루어 유영하며 같은 지역을 더 빨리 탐사할 수 있다. 문제는 이런 팀을 어떻게 제어하느냐이다. 하나의 잠수정을 제어하는 것 그 자체도 어려운 과제인데, 이를 팀 차원에서 행하려면 설계가 더욱 어려워진다. 팀에 속한 개별 잠수함은 각기 속도와 경도를 조절할 수 있으나 이들을 팀으로 묶어서 하나로 움직이게 하는 것은 더 차원이 높은 문제이므로 쉽게 답을 얻을 수 없다. 현재는 리더와 추종자 구조가 가장 설득력을 얻고 있다. 단, 이 방식은 리더를 잃으면 무용지물이 된다. 리더 잠수정이 잘못되면 추종 잠수정 중 하나가 그 역할을 대신하거나, 팀의 임무 수행 자체가 중단된다. 이러한 역할 변경은 또 다른 문제를 일으킨다. 과제를 다시 정하고 필요한 사항을 조정하는 과정에서 팀 내부에 중대한 문제가 발생할지도 모른다. 잠수정 하나를 잃는 것도 문제지만, 리더를 잃은 결과 팀 전체를 잃는다면 또 다른 큰 문제이기 때문이다.

집단 제어

집단 통제의 해결책을 자연에서 찾을 수 있을지도 모른다. 집단행동은 많은 개별 동물이 관련되어 연구하기가 어렵다. 그래서 개발한 단순한 모델이 일부 그러한 행동을 설명해 주는 디스크립터descriptor로 기능해 집단 통제 문제에 대한 훌륭한 접근법을 제시한다.

동물 집합의 단순한 수학적 모델은 일반적으로 다음과 같은 규칙에서 개발된다.

- 주변 무리와의 충돌 방지
- 주변 무리와 근접한 거리 유지
- 주변 무리와 같은 방향으로 이동

이 모델은 인공 생명과 컴퓨터 그래픽 전문가 크레이그 레이놀즈Craig Reynolds(1987)가 개발한 것으로 보이드Boids(혹은 새와 같은 물체)라고 불린다. 그는 새들이 무리를 짓고 물고기가 떼를 이루는 것과 같은 동물의 협동적인 움직임에서 착안해 아주 단순한 규칙을 고안해서 집단 통제 문제에 적용했다. 이 모델은 무리 짓는 행동에 대해 유용한 설명을 제공하는 것 외에도 컴퓨터 애니메이션과 게임에서 움직이는 캐릭터를 만드는 기본 원리로 사용된다. 예를 들어, 〈배트맨 리턴즈Batman Returns〉(1992) 같은 영화에서 사용한 변형된 보이드 소프트웨어는 무리 짓는 박쥐와 펭귄을 보고 개발한 것이다. 그것을 기초로 장애물을 피하고 목표물까지의 거리를 탐색하고 정해진 장소를 벗어나지 않는 등의 더 복잡한 규칙을 더할 수 있다.

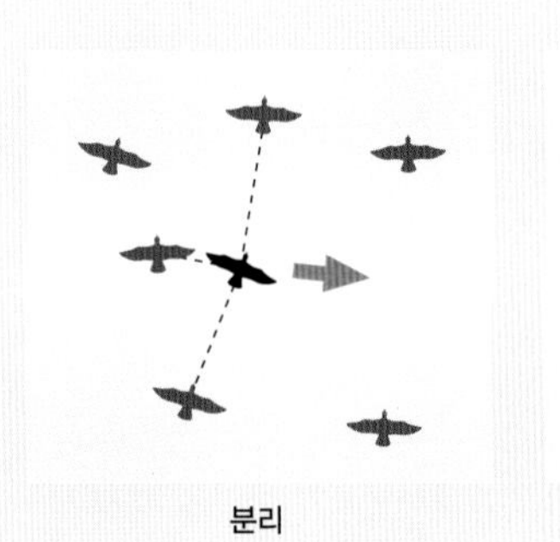
분리

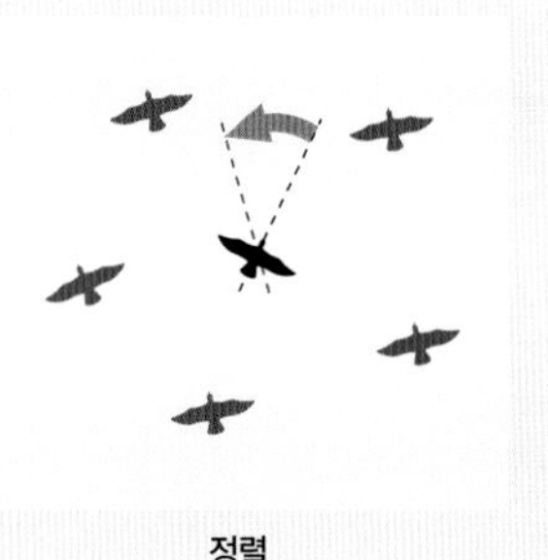
정렬

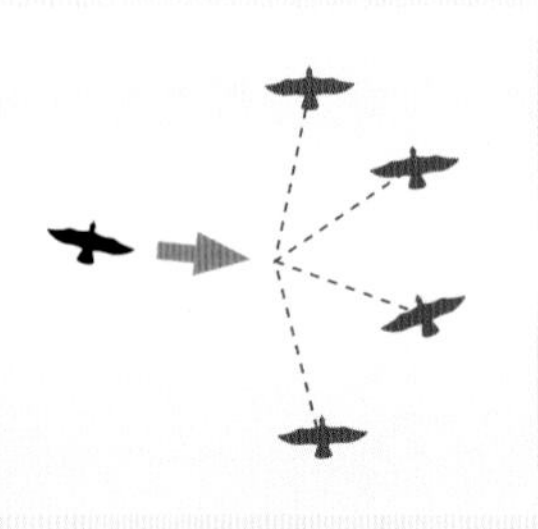
결집

분리: 복잡한 주변 무리의 새들과 부딪히지 않는 것
정렬: 주변 무리가 향하는 곳으로 방향 설정
결집: 주변 무리가 속한 위치로 이동하는 것

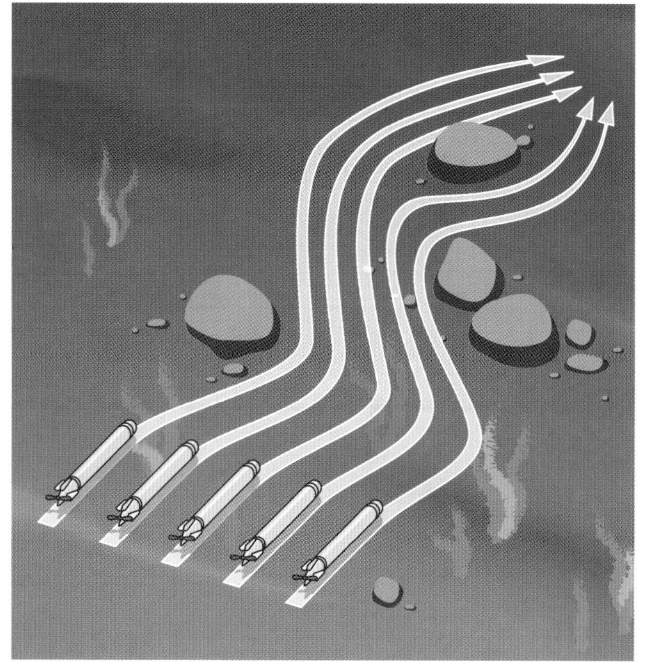

◀ 자율 무인 잠수정이 팀으로 협력해서 장애물을 피해 움직일 때, 동물의 협동 방식이 도움을 준다.

협동

작은 무인 잠수정의 팀 작업을 제어하는 문제로 돌아가 보자. 현재는 컴퓨터 시뮬레이션이 개발되어 보이드와 같은 강화된 모델을 설계해 UUV 팀이 목적지까지 장애를 피하며 조류의 흐름을 이용해서 도달할 수 있게 해준다. 서브제로를 모델로 한 각 잠수정은 각 '역할자'가 앞서 가며 마주치는 변화에 따라 실질적으로 움직일 수 있는 특성도 있다.

위의 그림은 UUV 다섯 대가 팀으로 작업할 때 각 잠수정의 전형적인 궤도를 보여주는 것으로, 진로에 놓인 장애물을 피해 목적지를 향해 가며 임무를 수행한다. 이는 2차원적인 진행이고 깊이의 변화를 무시하지만 이 부분에 대한 개선은 나중에 추가할 수 있다. 하지만 임무의 성공률은 확실하며 생물 모사적 접근 방식의 실현 가능성을 보이고, 탐색이나 제어에 기존의 방법들보다 더 단순한 전략을 사용한다. 실제 잠수함에 새의 시력을 활용하거나 물고기가 시력과 측선 감각 기관을 통해 유체역학 정보를 활용하는 것과 동일한 작용을 하는 센서를 고안해 장착하는 일이 필수 과제이다.

◀ 보이드 모델은 단순한 규칙 세 가지를 이용하여 새들이 무리를 짓거나 물고기들이 떼를 이루는 것에서 보이는 동물들의 협동을 설명한다.

무리 짓는 유형에 대한 연구를 더욱 높은 수준으로 끌어올리기 위해 각 전문 분야 연구진이 모여 스타플래그StarFlag라는 다국적 협력 단체를 구성했다. 스타플래그는 동물 집단의 협력과 자가 조직의 기본 법칙을 3차원으로 정의할 실험 데이터가 부족하다고 설명한다. 그들은 앞서 행동과 상호 작용의 변화와 관련해 언급한 새가 무리를 짓고 물고기가 떼를 짓는 유형 간에 유사성을 발견하고, 찌르레기 무리에서 관찰한 급격한 변동 패턴을 변경, 적용해 다양한 공중 결집 유형을 개발했다. 그 결과 새들은 거리에 상관없이 이웃한 예닐곱 마리와 상호 소통해 무리를 형성한다는 것을 알 수 있었다. 앞선 모델은 특정 거리 안에 있는 모든 새가 서로 소통한다고 가정했었다. 이것은 작지만 행동 모델에 큰 변화를 일으키는 발견이다.

인간의 협동 행위가 개인의 상호 작용에 의존하듯이, 스타플래그 소속 연구자들도 새가 무리를 짓고 물고기가 떼를 짓는 행동에 대한 연구를 토대로 새로운 모델과 기술 개발의 가능성을 탐색하며 집단 경제적 선택(사회경제적 무리 짓기라 불리는)에 대해 이해하려고 노력하고 있다. 이것은 인간의 관점에서 극심한 시장 변동을 일으키는 방법을 개발하거나 혹은 변동이 발생하는 요인을 조금이나마 이해하는 방법을 얻는 데 도움을 준다.

협동하도록 발달된 '지능'

개미, 꿀벌, 말벌, 흰개미와 같은 사회적 곤충의 왕성한 번식은 협동 덕분임이 명백하다. 그리고 이들은 지구상에서 가장 사회적으로 진보한 비인간 생물체 군락을 형성했다. 사회적 곤충은 땅에 거주하는 절지동물 중에서 수가 가장 많다.

사회적 곤충의 세계를 이해하고자 꿀벌 군락을 살펴보려 한다. 꿀벌 집단은 다른 곤충 집단과 차이가 있으며, 미래의 다양한 기술 개발에 영감과 정보를 제공한다.

꿀벌 집단

많은 사람이 한 꿀벌 집단을 여왕벌이 통치한다고 생각한다. 아니다! 여왕벌은 알을 낳는 도구에 불과하다. 여왕벌이 화학적 전달물인 페로몬을 분비하는 것이 사실이고, 또 이 점은 여왕벌이 집단 모두와 소통한다는 것을 알려준다. 그러나 집단이 확장됨에 따라 이런 결속은 점차 희석되고 벌들은 집단을 분리하려는 본능이 생긴다. 다윈은 자신의 책 『종의 기원』에 소개한 진화론이 꿀벌 집단에는 들어맞지 않는다는 사실을 발견했다. 이 집단의 특이한 번식 체계 때문이었지만, 다윈은 자연 선택의 관점에서 집단을 하나의 개별 단위로 여겨야 한다는 점을 깨달았다.

꿀벌의 지능

어떤 벌도 집단을 통제하거나 집단 전체의 모습을 볼 수 없다.

◀ 일개미들이 살아 있는 고리를 형성해 먹이와 동료들을 다른 쪽으로 이동시키는 가교 역할을 하고 있다.

◀ 꿀벌은 벌집 위로 새로운 집단을 형성하며 그들의 공간을 확장한다.

▼ 여왕벌이 일벌과 함께 있는 모습이다. 여왕벌은 벌집의 빈 봉방에 알을 낳으려고 한다.

수뇌부 역할을 하는 꿀벌은 없지만 감각 네트워크가 널리 분화되어 섬세한 의사소통 시스템, 통합 피드백 제어 시스템과 결합해 있다. 이 네트워크는 꿀벌의 지능이라고 알려진 것을 통해 합의된 의사 결정을 내린다.

꿀벌 집단은 벌통 속에 밀랍으로 벌집을 지어 번식하고 식량을 저장할 공간을 마련하는데, 이것은 하나의 의사소통 체계로 작용한다. 즉, 초개체超個體라고 설명할 수 있다. 실제로 꿀벌은 일과의 대부분을 벌집 안이나 위쪽에서 보내며, 심지어는 약탈자 꿀벌도 일생의 90% 이상을 벌집에서 보낸다. 벌집은 어린 벌들이 분비한 밀랍을 이용해 지은 놀라운 건축물이다. 육각형 구조는 어떤 벌도 아무런 방해를 받지 않고 오갈 수 있을 만큼의 공간으로 정확하게 유지된다(보통 8~10밀리미터). 봉방 벽의 두께는 정확히 0.08밀리미터이며, 방의 각도는 120도로 개별 봉방의 바닥은 전체 벌집의 맨 아래쪽을 향해 완곡하게 경사져 있다. 벌집은 엄청난 구조물로, 공학자들과 수학자들에게 지속적인 영감을 주고 있다.

대부분 동물의 암수는 번식을 위해 새끼를 낳고 (간혹 평생을 바쳐) 가장 우수한 유전자를 키운다. 하지만 꿀벌은 일부 사회적 곤충과 다르다. 번식기(이른 봄)가 되면 집단은 생식 능력이 없는 암컷(혹은 알에서 부화한 일벌)과 생식이 가능한 여왕벌을 생산한다. 그리고 봄이 지나가면서 일정 수의 일벌들이 열심히 채집 활동을 하며 일의 강도를 높인다.

여왕벌은 벌집에 있는 개별 봉방에 수정된 알을 낳는다. 이것이 부화해 유충으로 자라고, 또 번데기가 되며 일벌들에 의해 밀랍으로 봉해진다. 새로운 일벌이 태어나면 여왕벌은 꿀벌 집단에 봉방을 청소하고, 밀랍을 분비하며, 새끼를 돌보고, 침입자로부터 벌집 입구를 지키는 등 각기 다른 활동을 지시한다. 성인 벌이 되면 채집자가 되어 일정 기간 벌집을 떠나 꿀을 모은다.

새로운 집단의 형성

여름이 시작되면 일벌들은 여왕벌이 수정되지 않은 알을 낳도록 조금 더 큰 벌집을 짓는다. 여기에서 더 큰 수컷 꿀벌(혹은 생식만 하는 수벌)이 태어난다. 이때 여왕벌과 수벌은 새로운 집단을 구성할 수 있을 만큼 대량으로 번식하며 일벌들은 그 '주기'를 효과적으로 관리한다.

수벌은 수명이 짧으며, 꿀벌 집단 내에서 일하지 않는다. 그들은 벌집에서 자라는 어린 여왕 꿀벌(공주)들과 짝짓기를 하기 위한 존재이다. 짝짓기는 집단이 분리될 필요가 생겼음을 벌들이 감지했을 때 진행된다. 식량이 넉넉해서 집단의 규모가 커져 여왕벌이 개별 꿀벌들에 전달하는 페로몬의 양이 줄어들 때 새로운 집단이 형성된다. 일벌은 벌집 표면에 추 모양의 특별한 방을 몇 개 만든다. 거기에서 부화한 유충에 로열젤리라고 불리는 매우 풍부한 혼합물을 먹여 미래의 여왕벌이 탄생하도록 키운다. 생후 일주일 정도 되면 처녀 여왕벌은 '결혼 비행'을 위해 일부 일벌들과 벌집을 떠난다.

새들과 벌

대부분 동물 집단에서는 일부 수컷이 모든 암컷과 짝짓기를 할 수 있다. 실제로 사슴 무리, 사자 프라이드pride 및 다른 고양잇과 맹수, 영장류 무리 등을 살펴보면 지배자 수컷 한 마리가 무리의 모든 암컷과 짝짓기를 해서 '가장 우수한 유전자'를 보존한다.

반면에 꿀벌 집단은 벌집의 모든 구성원이 동일한 암컷의 자손이기 때문에 유전적 특성을 다양화하고 세분화할 방법을 찾는 것이 필수적이므로 꿀벌들은 반대되는 전략을 쓴다. 집단이 극소수의 처녀 여왕벌과 대략 5,000~2만 마리의 수벌을

▶ 수벌은 일벌보다 덩치가 크고, 벌집의 큰 방에서 부화한다. 이 사진은 수벌이 여왕벌을 만난 모습이다.

◀ 추 모양의 둥지에서 쉬는 꿀벌들의 모습이다. 이 꿀벌들은 새로운 보금자리로 안내해 줄 수색 벌이 오기를 기다리고 있다.

키운다. 이렇게 경쟁이 극심한 상황에서 수컷은 어떻게 독점권을 획득할까?

짝짓기 시기가 되면 수벌은 아침 늦게 벌집을 떠나서 매년 같은 장소에 모인다. 벌집을 떠나면 처녀 여왕벌은 페로몬을 방출해서 수컷을 유혹한다. 페로몬은 결혼 비행을 하기 전까지 방출되지 않으며, 처녀 여왕벌이 수컷들이 있는 벌집에서 살다가 갑자기 짝짓기를 하는 일은 없다. 처녀 여왕벌은 태어날 새끼를 위해 여러 수컷과 결혼 비행을 하면서 유전적으로 뛰어난 정자를 보유하고 있는지 확인한다. 짝짓기에 성공한 개별 수벌은 짝짓기를 하는 동안 생식기를 잃고, 짝짓기가 끝나면 바로 죽는다.

어린 여왕벌은 이제 생식기에 알을 가득 품고 벌집으로 돌아온다. 매년 약 20만 개의 알이 수정된다. 상당히 놀라운 숫자다. 여왕벌은 이듬해나 그다음 해에 꿀벌들의 필요에 따른 요청이 있을 때까지 짝짓기를 하지 않는다.

지배자 수컷의 생존 전략을 따르자면 수벌은 최고의 자리를 위해 싸워야 하지만, 꿀벌 집단에는 공격적이지 않은 엄청난 수의 수벌이 가장 적정한 시간에 대기하고 있다. 그들은 일벌과 달리 아무런 위협 없이 다른 집단의 벌집으로 들어갈 수도 있다. 그러나 수벌은 짝짓기 시기가 지나면 벌집에서 내쳐져 죽는다. 겨울 동안 귀중한 식량을 불필요하게 소비할 것이기 때문이다.

◀ 대부분 동물 집단에서와 마찬가지로 사슴 집단에서는 지배자 수컷이 자신의 유전자를 다음 세대로 전달할 수 있는 유일한 개체이다. 하지만 지배자가 되는 것은 자라는 어린 수컷들과 끊임없이 싸워야 한다는 것을 뜻하기도 한다. 이 점은 꿀벌 집단에는 해당되지 않는다. 꿀벌 집단에서 수컷 꿀벌은 중요하지 않으며, 주로 번식을 위한 목적으로 활용되기 때문이다.

사회적 곤충의 행동 연구

공학자, 컴퓨터 과학자들은 사회적 곤충의 협동 체계를 연구하여 인간 사회의 기획, 제조, 알고리즘 개발, 커뮤니케이션, 로봇 공학과 같은 분야에 사회적 곤충의 원칙을 적용해야 기술적, 조직적으로 위대한 도약을 할 수 있다는 것을 깨달았다.

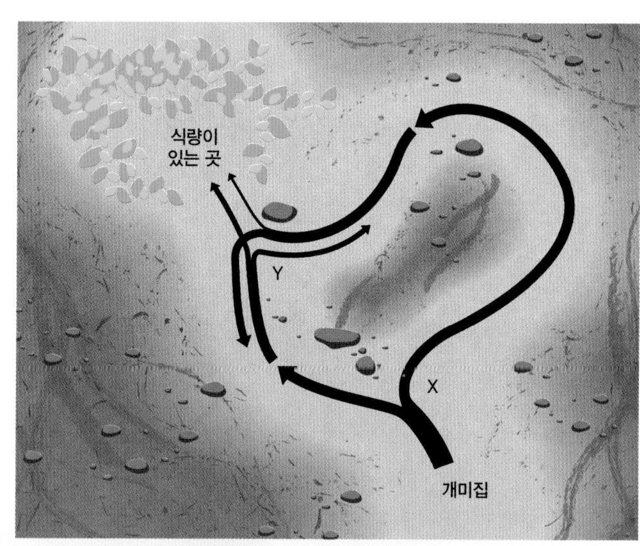

사회적 곤충의 섬세한 의사소통 체계와 제어 시스템은 텔레커뮤니케이션 네트워크에서 정보 패킷을 전달하는 접근법을 개발하는 데 영감을 주었다. 여기서 통상적으로 발생하는 문제가 있다. 발송처에 문제가 생겨서 운영 환경이 변할 때는 어디로 커뮤니케이션 정보 패킷을 보내는가 하는 것이다.

개미 군락을 관찰하면 개미들이 어떻게 의사결정을 하고 맡은 일에 대해 가장 좋은 해결책을 얻는지 알 수 있다. 한 연

▼ 가위개미 떼가 채집 경로를 따라 함께 이동하며 잎을 개미집으로 보내고 있다.

▲ 개미 집단은 페로몬의 강도를 조절해 식량을 개미집으로 보내는 데 가장 빠른 길을 알려주는 전략을 사용한다.

구 결과에 따르면 식량을 찾아 둥지를 떠난 일정 수의 개미들은 길을 따라 이동하다가 갈림길(102쪽 그림에 X로 표시된 부분)에 이르면 팀을 나누어 절반은 한쪽 길을 택하고 나머지는 다른 쪽 길로 간다. 이동하면서 각 개미는 페로몬 혹은 화학 신호를 분비하여 다른 팀원과 메시지를 주고받고, 동시에 집으로 돌아갈 수 있도록 길에 표시를 남긴다. 왼쪽 길로 이동한 개미들이 두 번째 갈림길 Y에 도달하면, 다시금 절반은 가던 길로 가고 나머지 절반은 다른 길(Y 갈림길의 오른쪽)을 통해 둥지로 돌아간다. 그러는 동안 오른쪽 길로 이동해서 Y 갈림길에 도착한 개미들은 첫 갈림길에서 자신들과 반대 방향으로 가서 둥지로 돌아가는 개미들과 마주친다. 이들은 다시 식량을 찾으러 가는 쪽과 X 갈림길의 왼쪽으로 통과해 둥지로 돌아가는 쪽으로 나뉜다. X 갈림길을 통과해 둥지로 돌아가는 팀은 식량을 찾으러 가는 쪽보다 페로몬을 더 진하게 분비한다. 개미들은 페로몬이 더 많이 방출되는 길을 따르는 경향이 있다. 가장 먼 루트에 뿌려진 페로몬은 시간이 지나면서 증발해 없어지고, 개미들은 결국 X와 Y 갈림길을 통하는 가장 짧은 루트를 따라 이동하게 된다. 이것이 공학자들이 말하는 최적화 알고리즘 속 '망각forgetting'이다.

가장 빠른 길은 어디인가?

이러한 단순한 방법은 최적의 경로를 탐색하거나 새로운 시스템을 기획하는 연구자들에게 많은 영감을 주고 있다. 전형적인 '경로 탐색'의 문제는 일명 '여행하는 세일즈맨' 혹은 배송 차량의 일정 문제로, 개미 집단의 채집 전술에서 발견한 장점을 활용한다. 여기서 풀어야 할 전형적인 문제는 차량당 용적, 차고지에서의 출하와 마감 시기, 차량당 최대 운행 거리 등에 대한 전략이 있는 상태에서 '고객에게 가장 빠르게 도달하는 길은 어디인가?' 또는 '어떻게 배달 차량의 수를 최소화할까?'일 것이다. 개미의 길 찾기 알고리즘을 통해 최적의 루트를 평가하는 데 가장 적합한 방법이 개발되었다.

꿀벌 역시 채집 전략을 개발하고, 의사소통을 통해 알린다. 식량을 찾는 수색 벌은 일벌에게 어디로 가야 하며 얼마나 먼지 알려주어야 한다. 이 일을 할 때 벌들은 '꼬리 춤waggle dance'을 춘다. 벌은 중심에서 만들어지는 대형을 통해 정보를 부호화해서 태양과 관련된 비행 방향을 알려주고, 흔들거나 도는 횟수로 거리를 표현한다. 벌집의 진동과 향기 또한 음식이 어디에 있는지 구성원들에게 알려주는 단서가 된다.

▶ 수색 벌이 꼬리 춤을 추고 있다. 동작의 크기와 각도로 음식이 있는 곳의 위치와 거리 정보를 동료에게 전달한다.

길을 개척하다

꿀벌의 채집 전술은 이미 흐름과 요청을 미리 알 수 없게 된 인터넷 서버 시스템의 로드 밸런싱 분야에서 해결책을 찾도록 도와주었다. 그러나 서버의 할당을 최적화하는 것은 요청이 들어올 때 발생하는 예측할 수 없는 상황 때문에 해결하기가 어려운 문제이다.

꿀벌은 각기 다른 곳에 있는 공급처에서 최대한 꿀과 꽃가루를 채집해 와야 한다. 인터넷 호스트 설계자들은 꿀벌 집단의 채집 전략을 모델로 삼아 요청이 있는 지역에 표시되는 웹사이트 광고 시스템을 개발하여 수입을 4~20%가량 늘렸다. 다시 말해, 수익이 나는 곳에서는 광고가 더 오래 지속된다. 광고 '판'은 꿀벌들이 동료들에게 효과적으로 꼬리 춤을 보여주는 것과 같은 방법으로 활동이 매우 활발한 웹사이트와 소통해 다른 서버들이 호스팅 센터로 접속하도록 로드를 돕고 요청을 충족시킨다. 연구자들은 날씨가 좋지 않을 때 채집 활동을 줄이는 꿀벌들처럼 서버 할당을 최적화하도록 효율적으로 에너지를 절약하는 방법을 찾고 있다.

어떤 문제를 해결하는 과정에서 생체 모사적으로 접근하는 방식이 적합한지 아닌지를 식별하는 데 중요한 사항이 있다. 해당 분야의 문제와 자연의 문제 해결 방식 사이에 반드시 유사성이 존재해야 한다는 것이다. 곤충의 채집 전략이나 행동 모델을 활용해서 기술적 과제를 해결하려고 할 때 그 성공 여부는 그 두 대상의 세부 사항이 어느 정도 겹치느냐에 달렸다.

네트워킹

중앙 협력 없이 유지되는 사회적 곤충 집단의 분화된 행동은 다양한 애플리케이션에 적용되는 섬세한 감지 장치와 모니터링 시스템을 개발하는 데도 영감을 주었다. 무선 네트워크는 필요할 때 교점을 효율적으로 하나로 연결하여 무선 체계의 끊김과 범위성範圍性(소규모 컴퓨터 시스템에서 상위 시스템까지 하드웨어 기능과 시스템 기능이 일관적으로 제공될 수 있는 것-옮긴이)을 개선할 수 있게 해준다. 무선 네트워크는 운영하는 데 주요 전력이 많이 필요하므로 장소에 따라 제약이 있다. 플랫메시FlatMesh는 모든 교점 커뮤니케이션에 대해 각 교점에 시스템 소프트웨어를 삽입하고 네트워크 안에 있는 다른 교점과 동일하게 만들어 이 제약을 극복했다. 계층 관계가 발생하지 않고 전통적인 경로 시스템도 필요하지 않아 어떤 설치든 간단하고 빠르게 실행할 수 있다. 네트워크 운영은 자체적으로 이루어지며 교점이 작은 배터리 하나를 사용하는 저전력으로 운영되어 훌륭한 절약 정책이 개발되었다.

흥미롭게도 이 전략은 개똥벌레들이 협동해서 강렬한 빛을 낼 때와 유사하다. 각 교점은 관심 영역의 센서 주변에 생기며, 애플리케이션의 이용 범위가 매우 넓다. 풍력 발전소 부근 해안을 감시하는 용도의 네트워크에 사용되는 교점은 주변에 떠다니는 부표 위에 만들어지고 상황이 변할 때마다 이를 측정해 전체를 볼 수 있게 해준다. 또 전통적인 무선 시스템을 설치하는 데 시간이 걸리고 케이블 연결 문제 때문에 시스템 안정성이 떨어지는 지역에서 잠재적인 산사태와 철도 제방의 범람을 감시할 수 있다. 플랫메시 시스템은 설치와 연결 문제를 극복할 뿐 아니라 교점이 손실되어도 이웃한 교점으로 커뮤니케이션 채널을 연결할 수 있다.

▼ 재생 가능한 에너지를 생산하는 시스템의 문제를 해결하고 전력을 충분히 공급할 수 있는 설비다. 곤충 집단의 최적화 전략을 배우는 것은 우리가 이 균형을 잘 잡도록 도와줄 수 있다.

최고의 해결책 선택하기

꿀벌은 가능한 시기에 반드시 꽃가루와 꿀의 생산을 극대화하고, 채집 벌이 가장 생산성이 좋은 곳으로 가도록 배치해야 한다. 채집 벌은 꿀과 꽃가루를 벌집 입구에 있는 수집 벌에 전달하고, 수집 벌은 식량의 흐름과 채집 벌의 채집 장소 배치를 관리한다.

식량을 최대로 모으기 위한 이 자체적인 규정은 설계자들이 특정 업무를 위해 기계를 설정하고 선택 사항이 매우 광범위한 제조 생산 시스템에서 발생하는 유사한 문제를 해결하는 데 영감을 주었다. '꿀벌의 알고리즘'은 생산량을 극대화해 이윤을 창출하도록 최적의 조합으로 설정한다는 목표 아래 생겨났다. 복잡하고 다변적인 최적화 문제는 보통 '최적의 해결책'과 실제로 걸리는 시간 사이에서 타협점을 찾는다. 그래서 '탐색 알고리즘'은 개별 반복 주기 안에서 한 가지 해결책을 찾아 문제에 대한 최고의 해결책을 모색하는 방향으로 맞춰진다. 하지만 꿀벌의 알고리즘은 여러 가지 해결책을 활용해 단계별로 실현 가능한 다양한 해결책을 모색한다. 따라서 다양한 해결책이 있을 경우 알고리즘은 이 해결책을 적절히 지정하는 데 목적을 둔다. 지금까지 발견된 것으로는 개인 집단 최적화Particle Swarm Optimization(무리 짓는 행동을 기초로 함), 개미 군집 최적화Ant Colony Optimization(채집 경로를 찾는 것을 기초

▶ 꿀벌 군락은 단순하지만 효과적인 방식으로, 가장 수확량이 많은 식량 채집 장소로 채집 벌을 보낸다.

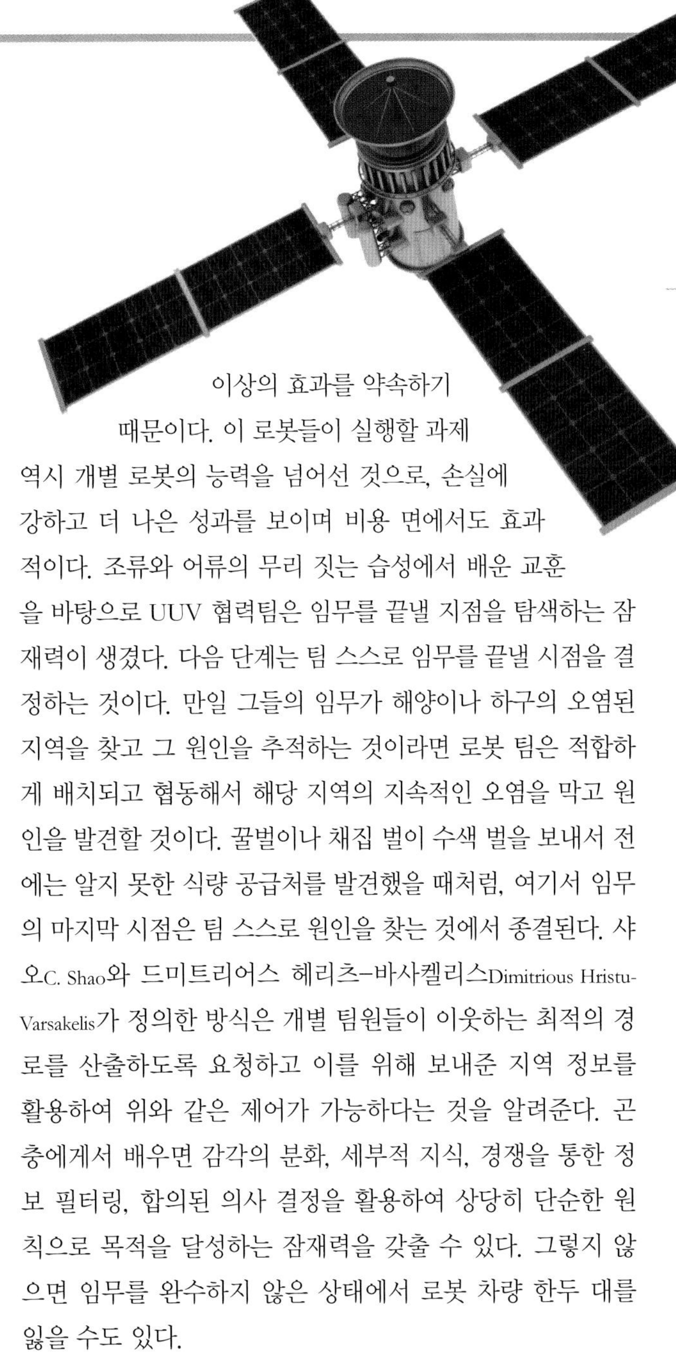

▶ 곤충의 채집 전략에서 영감을 얻어 우리는 여러 개의 태양열 패널이 달린 위성을 우주로 보내 연료의 사용을 최소화할 수 있다.

로 함), 인기 있는 유전적 알고리즘Genetic Algorithm(유전 조합과 자연 선택을 기초로 함)을 포함한 다른 유사한 알고리즘이 있다. 이 모든 알고리즘은 생물학에서 영감을 얻었다. 꿀벌 알고리즘의 성과는 늘 다른 방법들과 비교되었고, 최소와 최대치에 섬세하게 반응하는 놀라운 강점을 보였다. 그러나 이 알고리즘을 공장의 기계에 적용하려면 조화를 이루는 많은 파라미터를 사용하고 꿀벌 집단의 행동에서 배운 특성을 최적화해야 하는 문제가 있다.

제어 시스템

기계 제어 시스템은 컴퓨터가 물리적으로 거대한 시스템으로 개발되면서 역사적으로 관심이 집중되었다. 이 때문에 오히려 감지 시스템의 개발이 늦어졌고, 특히 센서를 신속하고 정확하며 효과적으로 반응하도록 개선하는 데 많은 시간이 걸렸다. 최근 컴퓨터의 기능과 센서 기술이 놀라울 정도로 진보하면서 현재 더 세분화하고 덜 집약적인 방식의 제어 시스템이 운영되고 있지만, 그간의 이러한 놀라운 발전에도 이론 분야는 크게 성장하지 못했다.

개미의 길 찾기와 최적화는 '최적 제어'라고 불리는 새로운 접근 방법을 개발하는 데 영감을 주었다. 최적 제어는 위성과 같은 동적인 시스템을 한 곳에서 다른 곳으로 옮겨 시간을 최소화하거나 연료 사용을 줄이는 방식이다. 현재는 최종 상태로 고정되는 것으로 가정한다. 생체 모사적 접근은 이 제약을 풀 잠재적 해결책이자 목적지가 정해지지 않은 여러 대의 로봇이나 로봇 차량을 성공적으로 제어하는 핵심이다. 집단 로봇에 집중하는 것은 로봇의 협력이 단순히 부품을 조립한 것 이상의 효과를 약속하기 때문이다. 이 로봇들이 실행할 과제 역시 개별 로봇의 능력을 넘어선 것으로, 손실에 강하고 더 나은 성과를 보이며 비용 면에서도 효과적이다. 조류와 어류의 무리 짓는 습성에서 배운 교훈을 바탕으로 UUV 협력팀은 임무를 끝낼 지점을 탐색하는 잠재력이 생겼다. 다음 단계는 팀 스스로 임무를 끝낼 시점을 결정하는 것이다. 만일 그들의 임무가 해양이나 하구의 오염된 지역을 찾고 그 원인을 추적하는 것이라면 로봇 팀은 적합하게 배치되고 협동해서 해당 지역의 지속적인 오염을 막고 원인을 발견할 것이다. 꿀벌이나 채집 벌이 수색 벌을 보내서 전에는 알지 못한 식량 공급처를 발견했을 때처럼, 여기서 임무의 마지막 시점은 팀 스스로 원인을 찾는 것에서 종결된다. 샤오C. Shao와 드미트리어스 헤리츠-바사켈리스Dimitrious Hristu-Varsakelis가 정의한 방식은 개별 팀원들이 이웃하는 최적의 경로를 산출하도록 요청하고 이를 위해 보내준 지역 정보를 활용하여 위와 같은 제어가 가능하다는 것을 알려준다. 곤충에게서 배우면 감각의 분화, 세부적 지식, 경쟁을 통한 정보 필터링, 합의된 의사 결정을 활용하여 상당히 단순한 원칙으로 목적을 달성하는 잠재력을 갖출 수 있다. 그렇지 않으면 임무를 완수하지 않은 상태에서 로봇 차량 한두 대를 잃을 수도 있다.

형태 추적 기능

흰개미 집단은 인상 깊은 행동 특징을 드러내 기술자들이 설계에 접근하는 방식을 다시 생각해 보게 한다. 건축도 마찬가지로 흰개미들의 행동에서 배움을 얻는다. 협동이 건축 설계에 큰 영향을 준 사례가 바로 보잘것없는 흰개미집이다. 개미집이 정말 보잘것없을까? 그 속을 한번 들여다보자.

흰개미집은 5미터 정도 크기의 탑과 같은 형태이다. 인간의 관점에서 본다면 개미집은 상당히 높은 빌딩이다. 흰개미집은 꽤 척박한 환경에서 발견되고, 그곳에서 잘 견딜 수 있게 설계되었다. 통로와 터널이 복잡하지만 내부의 공기 상태가 쾌적하게 유지되도록 공기 순환을 유도하는 방향으로 발전했다. 습도와 온도는 공기 순환에 따라 결정되며, 에너지를 소모하는 냉난방 시스템 없이 잘 작동한다. 아마도 인간은 빌딩의 자연적인 환기를 위해 흰개미집의 환기 시스템을 본떠 복잡한 지하 터널을 만들었을지도 모르지만 이런 시도는 빌딩의 건축 기법을 다시 생각해 보게 했다. 폐쇄적인 다른 많은 냉난방 시스템은 제5장에서 다시 이야기한다. 공학자들은 공기의 순환을 조절하는 방법뿐만 아니라 개미 집단이 집을 만들고 세우는 방식에서도 영감을 얻는다. 그리고 이것은 다른 행성에서 거주지로 사용할 수 있는 큰 구조물을 만든다는 생각으로도 이어졌다.

▼ 흰개미집은 자연스럽게 공기가 흐르도록 내부 통풍구가 설계되어 폐쇄적인 둥지 안 공기를 상쾌하게 유지한다. 이것이 인간의 빌딩 설계에 영감을 주었을지도 모른다.

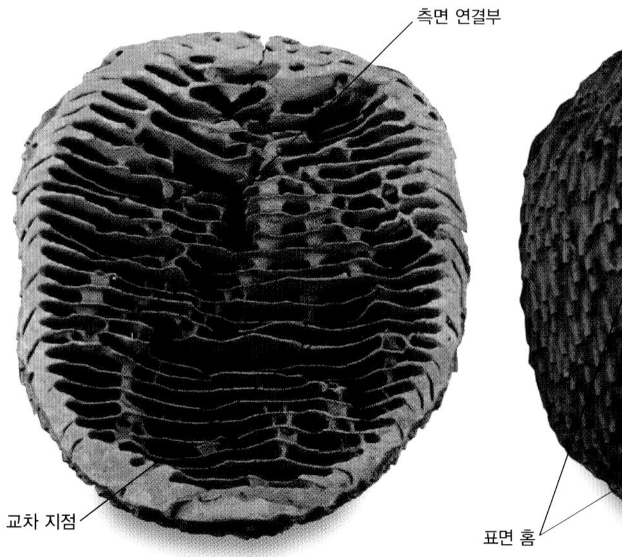

▲ 개미집은 북-남 방향으로 지어 내부의 공기 순환과 온도 조절에 도움이 되게 한다.

분산

제어 시스템은 감지 기관이 더 세분화되었고 프로세스 용량도 작고 저렴해졌다. 메모리의 용량 역시 크게 늘고 비용은 줄었다. 분산 제어는 컨트롤러 하나를 제거하는 것으로 가능하지만, 문제는 개별 제어 시스템을 어떻게 통합하느냐이다. 게다가 컨트롤러의 물리적 분배는 개별 활동이 다른 개체를 방해하지 않는지 확인해야 하는 문제를 발생시키고, 또한 변화에 이상적으로 반응하기 위한 최적의 방법을 찾는 쪽으로 진행되어야 한다. 생태계에서 건강한 생물체는 각 시스템이 전체의 균형을 유지하도록 작용하는 '항상성'을 통해 자체 제어가 실현된다. 제어 루프control loop가 심장박동 수, 체온, 호흡을 조절하면서 자기 제어 기능을 실행하고 상호 작용하는 것이다. 이들 중 한 요소가 평균 수치보다 떨어지면 제어 시스템이 작동해 정상 수치를 찾게 하며, 그 반대의 상황이 발생할 수도 있다. 하지만 꿀벌 무리에서는 집단 자체의 활동을 통해 자체 제어가 이루어지므로 변화하려는 요구에 '원래의' 방식으로 대응할 수 있는 장점이 있다. 언제든 상태가 변화할 수 있는 복잡하게 분화된 시스템을 설계할 때 꿀벌 집단의 협동적인 의사 결정 체계를 적용할 수 있다. 예를 들어, 비행기 내부 소음의 주요 원인 중 하나인 동체 패널이 진동해서 발생하는 열을 내릴 방법을 찾을 때 이 원리를 적용할 수 있다. 분화된 제어 시스템은 진동과 소음을 줄여준다. 세분화된 컨트롤러를 조합하고 센서와 액추에이터를 배치하는 것은 어려운 문제이지만, 꿀벌 집단의 협의된 의사 결정이 미래의 이 통합을 실현하는 데 가장 좋은 해결책을 알려줄지도 모른다.

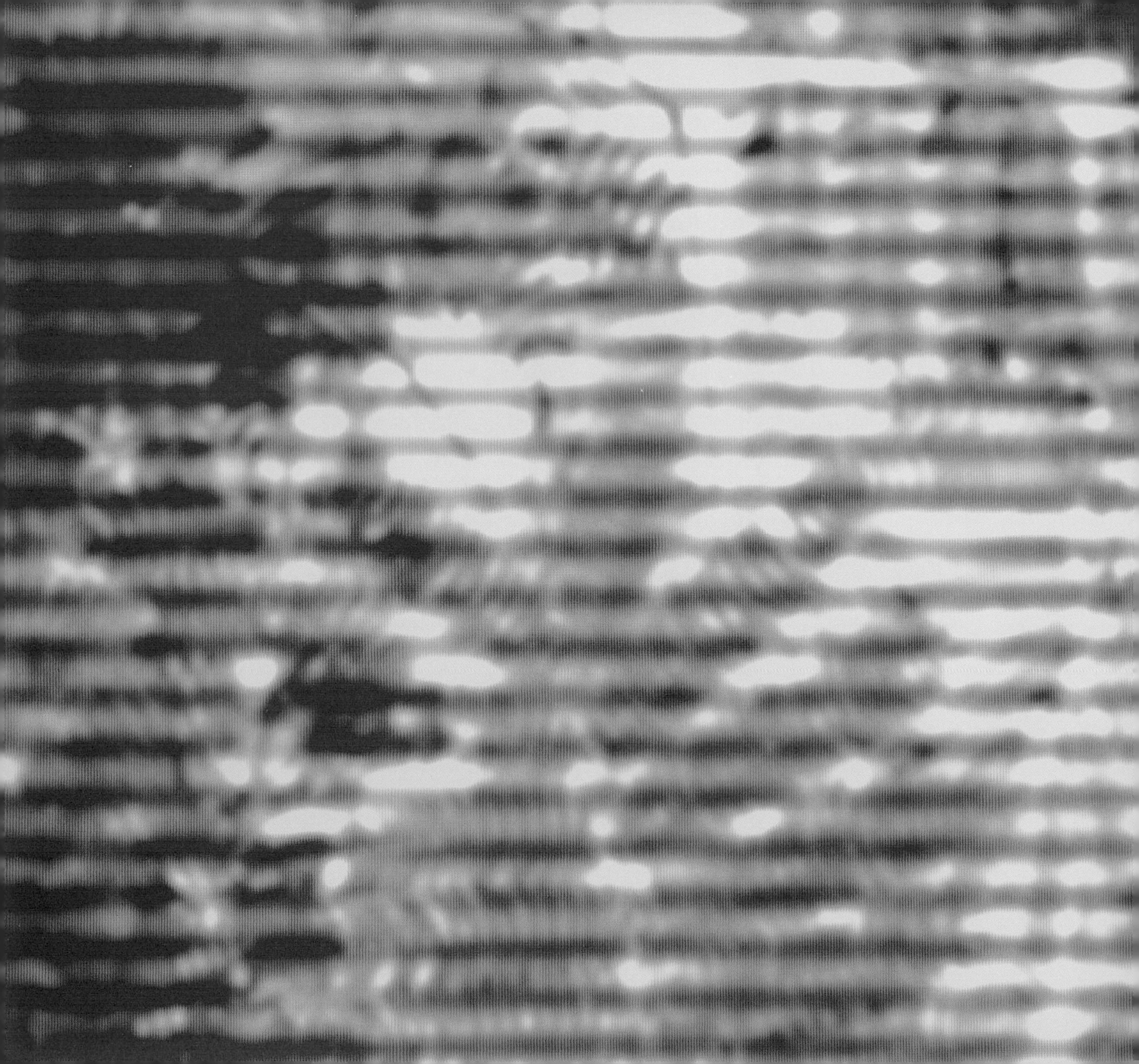

들어가는 말

우리는 단열과 환기라는 상반되는 두 과정이 조화롭게 잘 이루어지는 건물에서 살거나 일하고 싶어 한다. 주변의 열을 활용하고 우리가 방출하는 열을 식히는 기능은 아주 유용하다. 또 이렇게 해서 에너지 사용을 최소한으로 줄일 수 있다.

인간은 공기와 물을 이동시키는 동물과 식물의 환기 구조에서 배울 것이 많다. 가끔 동물이 서식하는 주변 환경이 너무 덥거나 추울 때가 있다. 그래서 동물들은 열을 내릴 방법이 필요했을 것이고, 때로는 열을 잃지 않으려 노력했을 것이다.

동물은 산소를 흡입하고 이산화탄소를 배출해야 한다. 육지 동물은 수분을 많이 낭비하지 않으면서 공기를 들이마시고 가스를 방출할 필요가 있다. 한편, 해양 생물들은 물에서 벗어나지 못하기 때문에 수온이 지나치게 상승하면 물고기는 열을 식히기 위해 무언가를 해야 한다. 데워진 물속에서 벗어나려 수면 위로 튀어오를 수 있지만, 물이 수증기보다 밀도가 높아서 그렇게 하는 데는 에너지가 많이 소모된다. 인간과 비슷한 크기의 포유류는 체내에서 혈액과 공기를 순환시키는 데 에너지의 10%를 사용하며, 물고기가 아가미로 물을 밀어내는 데는 더 많은 에너지가 필요하다.

효율을 유지하느라 많은 에너지를 사용하는 것은 자연뿐만 아니라 인간 사회도 마찬가지다. 생물체는 공기와 물을 체내로 순환시키는 주체로 진화하면서 이 문제를 해결하는 방법을 찾았다. 에너지 공급이 거의 없는 상황에서 동식물이 어떻게 공기와 물을 얻으며, 어떤 방식으로 유체유동을 활용해 체온을 유지하는지 살펴보자.

◀ 악어는 상당히 수온이 높은 물속이나 그 주변 뭍에 서식하며, 주변 온도에 쉽게 영향을 받는다. 평소 거의 움직이지 않는 방식으로 몸을 데우거나 식히는 데 소비되는 에너지를 줄인다.

경도 풍속

땅

내부 순환

◀ 굴의 한쪽 입구를 강한 바람에 노출하면 한 방향으로 공기의 흐름이 생기고 굴 안에 들어온 바람이 내부 공기를 다른 쪽 입구로 밀어올리는 식으로 공기가 순환된다.

동식물의 이런 방법은 인간의 기술 분야에 적용할 수 있다.

외부 유동 활용

고체에 유체유동이 발생할 때 고체의 표면에는 아무런 유동이 생기지 않는다. 이것은 접시를 흐르는 물에 담가놓는 것보다 행주로 닦아내는 것이 더 빨리 씻을 수 있는 방법인 것과 같은 원리다. 이처럼 고체는 표면에 아무런 유동이 발생하지 않지만 표면 바로 위에 유속이 변하는 곳이 있다. 바로 '유속 경사velocity gradient' 혹은 '경계층'으로 불리는 곳이다. 표면에서는 유속이 0이지만 이 범위에서 유속이 높아져 결국 방해할 수 없는 흐름이 된다.

유속 경사는 수위가 서로 다른 댐 양쪽이나 배터리의 양극처럼 둘로 나뉜 대상에서 잠재적으로 어느 한쪽으로 이동할 수 있는 상태를 말한다. 그래서 적합한 변환기가 있으면 에너지 자원이 될 수 있다. 인간의 기술로 이와 가장 비슷하게 만들어낸 것이 풍차다. 단순한 변환기는 풍력이나 조류를 활용하여 공기나 물을 구조물 속으로 유입시킨다. 외부 유동을 받을 수 있는 정확한 각도로 표면에서 상당히 높은 곳에 출구(특히 굴뚝)가 세워져 있고, 입구는 표면 근처에 있다. 공기와 물이 표면으로 들어가 순환하고 높은 출구를 통해 나가는 구조다.

외부 유동을 활용한 자연 구조

1972년에 처음으로 이 시스템이 개발되고 나서 자연에서도 이러한 작용을 하는 구조가 발견되었다. 프레리도그는 입구를 두 개 만든 굴의 구조를 이용하여 내부 공기를 순환시킨다. 한쪽 입구는 뾰족한 분화구 같은 모습으로 굴 한가운데 있고 다른 쪽 입구는 상대적으로 낮은 곳에 있으며 둥근 모양이다. 프레리도그가 굴 안에서 숨 쉴 공기가 필요하기 때문에 이런 구조를 고안한 것으로 추정되지만, 실제로 공기 중의 냄새를 통해 외부에서 일어나는 일을 감지하는 용도로 더 많이 사용된다.

▶ 프레리도그는 입구가 두 군데인 깊고 기다란 굴에 산다. 굴 안에 들어온 공기를 통해 바깥에서 생기는 일을 파악할 수 있다.

삿갓조개는 프레리도그의 굴과 같은 방식으로 주변 물에서 산소를 얻는다. 물이 조개껍데기의 가장자리로 들어와 아가미를 가로질러서 상단의 표면에 있는 구멍으로 배출된다. 또 거대한 흰개미집은 출입구나 표면의 구멍으로 공기를 흡입해 산소를 공급받고 이산화탄소를 배출해 약 20킬로그램에 육박하는 흰개미 떼의 생명을 유지한다. 일부 연잎성게류sand dollars도 몸 중심부 주변에 있는 구멍을 통해 모래에서 물을 흡수하고 모래톱에 사는 작은 먹잇감들을 빨아들인다.

투입과 배출

각 동물의 사례 모두 거의 저항을 받지 않고 유액이 투입, 배출된다는 공통점이 있다. 에너지 비용을 들이지 않고 투입하여 아주 낮은 압력으로 놀라운 배출을 이끌어낸다. 이 작용은 외부의 바람의 방향이나 물의 흐름과 상관없이 이루어져 불확실한 바람과 조류를 이용할 수 있는 장점이 있지만(이것이 전방위 풍차의 원리다) 내부의 유동이 외부와 일치하지 않아 풍속이나 조류의 속도에 의존할 수 없다.

인간의 변환기

산업화 이전에 지어진 많은 건축물은 꼭대기에 환기구가 있다. 중앙아시아 유목민의 이동식 야외 텐트도 모두 구멍이 많이 난 펠트 천으로 천장을 덮어씌우며, 시베리아의 야란가yaranga(유목 텐트의 일종–옮긴이)도 비슷하다. 이뉴잇Inuit족의 이글루에도 천장이나 부근에 작은 환기 구멍이 있다. 스칸디나비아 반도에 거주하는 세미족의 라부lavvu(유목 텐트의 일종)와 북아메리카 평원에 사는 인디언의 티피tipi도 천장이 개방된 형태다. 이런 구조의 텐트는 안에 있는 사람이 질식할 걱정 없이 불을 피울 수 있다. 그리고 상황에 따라 천장의 개방부를 덮을 수도 있다.

일정 방향으로의 유동을 활용한 환기

바람이 뱃전을 돌리고 보트가 바람 부는 쪽으로 향할 수 있는 것은 동압 때문이다. 동압은 공기나 물의 흐름을 조절한다. 동압 체계는 항상 내외부 유동이 발생시키는 힘보다 크다. 단, 어디서 유동이 발생할지 알아야 흐름의 정확한 지점을 정하고 활용할 수 있다.

깔때기 모양 입구

생물은 적어도 두 가지 상황에서 발생하는 일정한 유동을 파

▶ 아메리카 원주민의 티피는 천장 부분을 일부 개방해 초원에서 불어오는 바람이 안으로 들어오게 하는 구조이다. 이곳으로 연기가 나가기 때문에 티피 바닥 중앙에서 불을 피울 수 있다.

◀ 인간은 오래전부터 바람의 동압을 활용해 보트를 조종했다. 바람을 타고 가며 항로를 유지하고, 역풍을 이용해 이동하기도 한다.

▼ 물이 상어의 입으로 빨려들어 갔다가 몸통 뒤쪽에 난 수직의 틈을 통해 빠져나간다. 이것은 헤엄치는 생물의 동압을 활용한 것이다. 일부 상어는 계속 헤엄치지 않으면 질식해서 죽는다.

악할 수 있다. 그 첫 번째는 강이다. 언제나 한 방향으로 흐르기 때문에 강바닥에 서식하는 모든 생물체가 동압에 의존한다. 특정 곤충의 유충은 자기 몸에서 뽑아낸 실과 조약돌로 U자 모양의 굴을 만든다. 물살이 흐르는 위쪽 끝에는 트럼펫처럼 생긴 깔때기 모양의 입구가 있고 바닥에는 배수구 같은 출구가 있다. 깔때기의 넓은 부분에 감긴 실그물에 작은 먹잇감이 걸린다.

램제트 시스템

유동을 파악할 수 있는 두 번째는 생물 스스로 움직이는 것이다. 더 빨리 헤엄치거나 날수록 앞쪽에서 받는 압력은 속도에 상관없이 증가한다. 전형적인 예가 바로 물고기의 '램 환기ram ventilation'다. 물이 물고기의 입으로 들어와 아가미를 지나서 아가미 뒤로 빠져나간다. 연어를 예로 들면, 물의 유동과 물고기의 근육 운동이 램 환기와 함께 일어난다. 참치나 일부 상어와 같이 큰 물고기들은 램 환기가 생존에 가장 중요한 일로, 호흡하려면 헤엄을 쳐야 한다. 덩치가 큰 곤충도 비행하는 동안 그와 동일한 방식으로 비행 근육을 움직여 공기를 통과시킨다.

다각적 유동 결합

조류처럼 정기적으로 흐름이 바뀌는 지역에서 유동을 이용하려면 또 다른 능력이 필요하다. 외피가 있는 멍게Styela Montereyensis는 해수에서 먹이를 걸러낸다. 멍게는 몸 한쪽을 바위 끝에 붙이고 다른 쪽을 움직여 풍향계처럼 방향을 조절한다. 단지 물의 흐름에 따라 몸을 구부리는 식이라 멋져 보이지는 않는다.

이 방식은 조류를 따라 외피 속으로 들어온 물질을 유동에 따라 배출하는 데 효과적이다. 유동이 발생하면 해면은 조류를 활용해 펌프 작용을 한다. 해면은 조류를 이용하여 5초마다 놀라운 속도로 물을 빨아들인다. 그렇다면 해면은 빨아들인 물을 어떻게 배출할까? 해면의 흡수공에는 한 방향으로 작은 밸브가 나 있어서 내부 압력이 높아지면 흡수공으로 물을 배출해 압력을 조절한다.

유동의 과학적 활용

사람들은 모든 방법을 동원하여 생물과 동일한 구조를 만들었지만 진짜 생물만큼 뛰어나게 작용하지는 못한다. 특정 자동차 엔진은 압력이 약간 상승하면 앞쪽에 있는 개방부로 공기를 받아 그 바람을 자동차의 움직임에 활용한다. 근래에 출시된 자동차의 냉각기는 충분한 공기가 들어올 정도로 속력이 올라가면 (매우 빠르지 않더라도) 냉각 팬이 멈추도록 설계되었다. 이런 작용은 연어와 같은 어류의 램 환기 방식처럼 상황에 따라 조금씩 차이가 있다. 속도가 빠른 비행기는 동압을 크게

▶ 팬제트fanjet 엔진의 팬은 공기를 연소실 안과 주변으로 보낸다. 그로써 비행기가 앞으로 나아가는 데 바람의 도움을 받을 수 있다.

활용한다. 현대 제트 엔진 개발에 지속적으로 영향을 주는 램제트 엔진과 같은 특별한 사례가 있으나 이런 동압은 널리 사용되지 않는다.

유동을 이용할 때 빠른 속도로 밀려들어 오는 공기가 낮은 압력을 동반하는 제약이 생기며, 이는 물속보다 공중에서 더 심하다. 그래서 고유동과 저압을 활용하는 분야에서만 적용할 수 있다.

앞뒤 환기

간헐적 유동과 같은 외부 조류를 활용하는 많은 생물체는 조류가 쓸려가는 방향으로 물을 배출해 체내 압력을 낮추고 밀려들어 오는 쪽의 압력을 높인다. 전복은 상단의 표면을 따라 일렬로 구멍이 나 있다. 중심부의 구멍은 유동을 받는 투입구, 중심에서 멀리 떨어진 구멍은 배출구 역할을 한다. 램 환기를 활용하는 어류도 같은 전략을 이용한다. 헤엄치는 동안 앞쪽으로 입을 벌려 물을 빨아들였다가 몸의 뒤쪽으로 방출한다. 이런 방식을 통해 들어오는 압력을 최대로 활용하고, 나가는 압력을 최소로 줄인다.

바람과 물의 유동 활용

해면은 자연이 어떻게 외부 유동을 활용해서 내부 유동을 만드는지를 보여주는 좋은 예이다. 해면은 투입구 쪽 최상단에 배출구가 있다. 그래서 강한 흐름을 유입하고 이미 걸러낸 음식에 물이 들어오는 것을 방지한다.

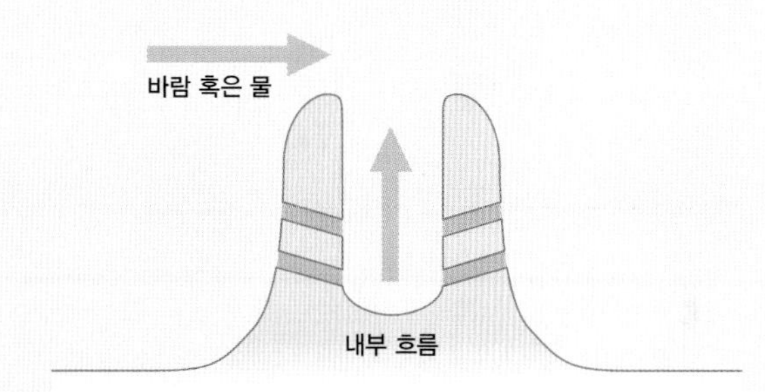

▲ 바람이나 물의 움직임은 상류 개방부의 압력을 높이고 배출구의 압력은 낮추는 양방향 내부 유동을 발생시킨다.

◀ 해면은 1입방미터의 물을 투과해 겨우 먹잇감 몇 그램을 얻는다. 해면은 주변에 조류의 움직임이 발생하면 흡입한다.

흡입과 배출

배출할 때의 낮은 압력은 흡입할 때의 높은 압력과 결합해 에너지를 절약하는 힘을 형성한다. 헤엄치는 가리비를 생각해 보자. 가리비는 껍데기를 여닫으며 조금씩 움직인다. 입이 앞쪽으로 향하고, 껍데기의 접히는 부분이 뒤쪽이다. 이 접히는 부분에 있는 한 쌍의 제트 엔진이 추진력을 제공한다. 껍데기가 닫힐 때 물이 분출되어 앞으로 나가고, 조개관자(우리가 먹는 부분)가 수축하면서 이동을 멈춘다. 가리비 껍데기는 근육이 아니라 접히는 곳 옆에 있는 관자에 의해 움직인다. 껍데기는 열릴 때 들어오는 물살로 더 크게 개방되고, 압력이 줄어들면서 닫힌다. 헤엄치면서 입을 벌려 먹이를 섭취하는 수염고래 역시 앞으로 밀어내는 힘과 안으로(혹은 아래로) 당기는 힘을 활용해 거대한 입을 열고 식도를 팽창시킨다. 눈에 띄게 주름진 식도는 입 근처에 있는 수염을 통해 물과 먹이를 빨아들인다. 수염고래가 근육의 수축 활동을 이용해 헤엄칠 때 압력에 따라 팽창된 식도가 거대한 양의 물을 빨아들인다.

냉기 유지

최근까지도 온화하고 습도가 높은 지역의 가옥들은 냉난방 시스템을 갖추지 않았다. 대신 그곳 사람들은 주변 환경에서 쉽게 볼 수 있는 방식을 활용한 자연 환기 시스템에 관심을 기울였다. 그것은 바로 곤충과 식물들의 방식을 모방하는 것이었다.

더운 지역에는 바닥에서 거의 천장까지 확장된 창문과 중앙 복도가 앞문에서 후문까지 연결된 구조가 흔하다. 창문은 폭이 좁고 긴 직사각 형태로, 더운 공기가 위로 올라가는 열 부력을 잘 활용한다. 창문은 꼭대기와 바닥 부분만 열 수 있게 되어 있다. 그래서 따뜻한 공기가 위쪽 창문을 통해 나가면 차가운 공기가 바닥으로 들어온다. 또 집 주위에 베란다를 두어 직사광선이 창문을 통해 실내로 들어오거나 벽을 달구는 것을 차단한다.

바람에 집중하기

이중 환기 장치는 '집풍기輯風機'를 토대로 구성된다. 일반적인 윈드 터빈wind turbines은 날개가 천천히 돌아간다. 날개는 무겁고 땅에서 상당히 떨어진 위치에 장착되어야 하며, 지속적으로 증가하는 변속기를 달아야 한다. 그 밖에 상단 개방부와 측면 개방부가 있는 원형 혹은 실린더 모양의 환기 장치도 있다. 측면 개방부의 끝 부분은 바닥 쪽으로 나 있어 (마치 해면처럼) 바람이 불 때만 개방된다. 바람은 안에서 더 빨리 회전하므로 집풍기는 지면과 수직으로 빠르게 돌아가는 작은 터빈이 달린 크고 높은 회전자를 대체할 수 있다.

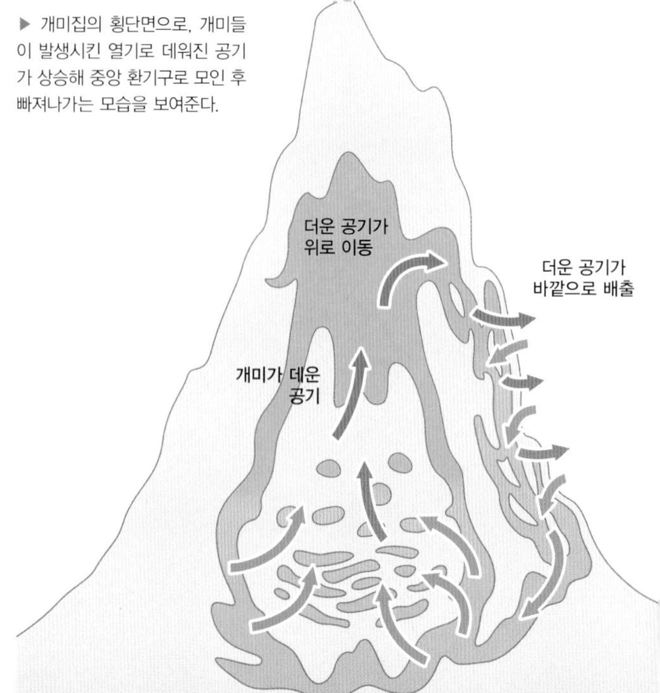

▶ 개미집의 횡단면으로, 개미들이 발생시킨 열기로 데워진 공기가 상승해 중앙 환기구로 모인 후 빠져나가는 모습을 보여준다.

◀ 흰개미가 산소를 소비하고 배출한 이산화탄소로 발생하는 열 부력은 큰 개미집의 환기 시스템을 운영하는 원리로, 뜨거운 공기를 위로 올려서 외부로 배출해 개미집 내 온도를 낮추는 데 도움을 준다. 사람이 많은 고층 건물에서도 이 원리를 활용한다.

뜨거운 공기를 밀어 올리는 환기 시스템

차가운 공기는 가라앉고 뜨거운 공기는 위로 올라가는 것을 열 부력이라고 한다. 아프리카 흰개미 떼의 거대한 집은 열 부력이 어떻게 환기 작용을 하는지 보여주는 좋은 예다. 개미집 안에서는 흰개미 수천 마리가 엄청난 산소를 소비하고 많은 이산화탄소를 배출하면서 동시에 열도 발생시킨다. 개미집 내부는 데워진 열이 중앙의 수직관을 통해 위로 올라가게 하고, 차갑고 밀도가 높은 공기가 표면 바로 아래의 다른 관을 통해 들어오면 더운 공기가 바깥으로 밀려 나가게 하는 구조로 만들었다.

상승 기류의 제약

크고 움직일 수 없는 육지 생물은 어떻게 열을 방출할까? 열 부력으로 작용하는 환기 시스템의 문제는 발생한 열기가 공간이나 시간에 따라 균등하게 배분되지 않는다는 것이다. 사와로saguaro 선인장과 배럴barrel 선인장을 예로 들 수 있다. 이 거대 선인장들은 표면에 수직으로 굵은 주름들이 있고 주름의 산 부분을 따라 가시가 나 있어서 아래에서 상승하는 기류를 막지 않는다. 선인장의 주름은 수분 함유량이 바뀔 때마다 팽창하거나 수축하지만, 데워진 공기가 상승하는 대류 현상에 영향을 미치지 않아 강한 태양열로 식물이 과열되는 것을 막는다.

잎사귀의 자유 대류

너무 크지 않은 생물체는 '자유 대류自由對流'라고 하는 열 부력을 활용할 수 있다. 그 예로, 나무의 얇은 잎사귀는 바람이 없고 태양이 뜨거울 때도 과열되지 않는데, 이는 잎사귀의 열이 주변 축열체thermal mass로 이동하기 때문이다. 얇은 잎사귀는 외부 기온이 20도 이상 상승하면 내부 효소가 파괴될 위험이 있다. 그러나 대부분 뜨거운 공기가 기온을 높일 만큼 오래 머물지 않기 때문에 잎사귀의 열이 빨리 내려가며, 일반적으로 몇 초 만에 가능하다.

우리가 느끼지 못하는 공기의 속도는 초당 20센티미터로, 바람이나 강제 대류가 아닌 자유 대류로 주변 공기를 더 데운다. 오크나무 잎처럼 일반적인 형태의 잎사귀는 잎 표면과 공기 사이의 결합을 강화해 자유 대류를 수월하게 한다. 그렇지 않은 잎사귀는 다른 전략을 사용한다. 이 잎사귀들은 볕이 강하고 바람이 없어 공기가 뜨거우며 물이 희박할 때 잎을 아래로 내려 온도를 조절한다.

열 사이펀 활용

폐쇄된 시스템에서 부력은 데워진 유체와 동일한 양의 차가워진 유체가 아래로 하강할 때 생성된다. 이러한 자연 대류를 '열 사이펀 Thermosiphon'이라고 부른다. 인간은 자연보다 열 사이펀 작용을 활발하게 사용한다. 예를 들어, 우리는 전자 회로를 식히는 용도로 두 종류의 열 사이펀을 쓴다.

열 사이펀은 공기와 중력에 전적으로 의존하므로 우주의 진공 상태나 무중력 상태에서는 작용하지 않는다. 사람과 가전제품에서 발생하는 열이나 태양열 중 하나의 유체를 활용해 열 사이펀의 원리를 적용한 건물의 기본 설계는 18세기 영국 과학자 장 테오필 데자귈리에 Jean-Théophile Desaguliers(1683~1744)의 연구로 거슬러 올라간다.

가옥에 이중 지붕을 설치해 그 사이로 공기가 통과할 수 있게 설계한다. 태양열이 바깥 지붕을 데우면 대류가 생성되어 안 지붕의 온도를 높인다. 또 다락의 천장이 아닌 바닥에 단열재를 더 많이 깔아서 처마 밑 홈통과 바깥 지붕의 환기구로 더운 공기를 배출한다.

태양열 차단하기

태양으로부터 받는 열기를 적절히 활용하면 몸의 환기 시스템을 조절할 필요가 줄어들어 호흡(식물은 광합성)을 통해 가스를 배출하는 용도로 국한할 수 있다. 사막의 동물들도 뜨거운 햇볕에 피부가 노출되는 것을 최대한 줄인다.

반사 자세

그늘을 찾을 수 없는 생물체는 두 가지 방법을 사용한다. 가능한 한 직사광선을 적게 받도록 자세를 취하거나(그래서 아주 작은 그림자를 만든다) 특정한 물질로 피부를 덮어 빛이나 열을 적게 흡수한다. 자세로 체온을 조절하는 것을 '행동적 체온 조

▲ 사막에 사는 도마뱀은 피부가 직사광선을 받는 면적을 최대한 줄이기 위해 태양의 각도에 따라 자세를 바꾼다. 도마뱀의 몸보다 상당히 작은 그림자가 놀랍다.

절'이라고 하며 육지 곤충과 파충류가 대표적인 예다. 날씨가 추울 때 가능한 한 볕을 많이 받을 수 있는 자세를 취하고, 바닥에 꼭 붙어서 바람이 열을 식히는 것을 최소화한다. 날이 더울 때는 곧추서서 머리를 아래로 숙이고 배를 위로 드러내 최대한 그림자를 작게 만든다.

움직이는 식물들

많은 식물이 자세를 바꿔서 태양에 노출되는 정도를 조절한다. 앞서 설명했듯이 일반적인 나뭇잎은 자유 대류에 적합한 형태를 취해 순환 능력을 높인다. 하지만 식물은 물과 이산화탄소에서 당분을 생성하려면 햇빛이 필요한데 이렇게 자세를 바꾸면 표면에 받는 빛의 범위가 줄어든다.

자귀나무는 한 차원 더 높은 방식으로 빛을 흡수한다. 수많은 작은 잎사귀로 구성된 잎은 두드러지는 세 가지 자세를 취한다. 잎에 그늘이 지면 하늘을 향해 작은 잎사귀들을 펼쳐 큰 그림자를 만들며 햇빛을 흡수한다. 밤이 되면 하늘을 향해 펼쳐졌던 잎사귀들이 나무 한가운데로 쏠려 차가운 하늘에 노출되는 것을 최소로 줄인다. 빛이 가장 뜨거울 때 잎사귀는 아래로 늘어져 가능한 한 직사광선을 적게 받으려고 해 그림자가 거의 생기지 않는다.

▲ 그늘진 곳에 있는 잎들은 햇볕을 최대한 받으려 노력한다. 작은 잎사귀들은 제각기 흡수한 햇볕을 잎 전체로 보내기 위해 세로로 순환한다.

그림자 생성

일부 건축물들은 이와 동일한 장치를 오래전부터 사용해 왔다. 여기서 문제는 자연과 마찬가지로 표면에서 흡수해 내부로 전달되는 직사광선을 최소화하는 것이다. 이런 면에서 차양이나 처마가 아마도 가장 단순한 구조인 듯싶다. 잘 배치된 차양은 태양이 높게 떠 있을 때 벽에 그림자를 만들고, 태양이 거의 저물 무렵에는 직사광선이 건축물 안으로 비쳐 들어오게 한다. 그래서 추운 새벽과 저녁에 건축물 안에 온기를 주고, 겨울에도 유용하다.

집은 인간이 직사광선에 노출되는 것을 줄여주는 유일한 도구는 아니다. 주차장에 있는 자동차는 근처에 있는 나무의 그늘에서 직사광선을 피할 수 있다. 전반적인 열 반사율이 높아지면 도시의 전체적인 열기도 줄어들어 냉난방비를 낮출 수 있다. 이것은 고속도로와 일반 도로도 마찬가지이다. 도시 대부분에 표면에 굴곡이 있는 도로를 깔아서 일종의 그늘 효과를 활용한다.

태양열 활용

완벽한 반사경은 복사 에너지를 흡수하지 않으며 적외선, 자외선, 가시광선 등과 같은 특정한 종류의 빛을 반사한다. 반면에 한때 단열용, 원적외선 방출용으로 팔렸던 코트용 은색 안감은 빛을 투과한다.

일반적으로 흰색 천이 검은색 천보다 빛을 덜 흡수한다고 알려졌다. 실제로 태양 아래에서 흰색 차가 검은색 차보다 시원하고, 밝은 색 지붕의 집이 어두운 색 지붕의 집보다 냉 · 난방 장치가 덜 필요하다.

동물의 색상 선택

이런 점을 고려할 때 온대 기후에 사는 동물들은 털 색깔이 밝고 추운 지역에 사는 작은 동물들은 털 색깔이 어두울 것으로 예상한다. 그러나 실제로는 그렇지 않다. 털 색깔은 열을 흡수하거나 반사하는 필요보다 몸을 숨기거나 드러내기 위한 용도로 더 많이 활용된다. 색의 차이는 또한 우리 눈에 보이지

◀ 이 건축물의 흰 외벽은 직사광선의 열 효과를 최소한으로 줄이기 위한 것으로 전통 가옥에서 사용되는 수동적인 기후 조절 방식이다.

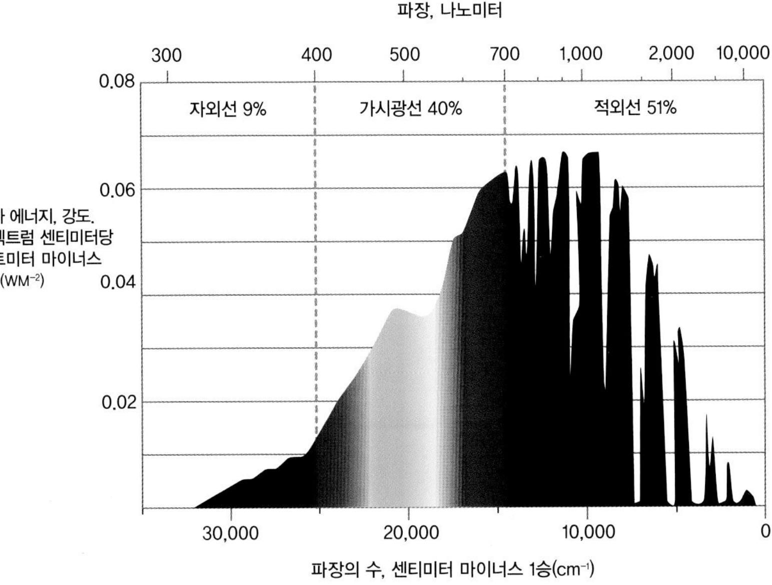

◀ 지구로 도달하는 태양 에너지에는 가시광선보다 적외선이 더 많다. 그리고 지구 표면이 적외선을 흡수하거나 반사해 태양열을 이용한 난방 효과가 크다.

는 않지만 중요한 역할을 하는 다른 요소를 알려준다. 지구에 다다른 열을 스펙트럼에 통과시켜서 나온 그래프를 통해 각 파장에 따른 빛의 강도를 알 수 있다. 스펙트럼 그래프를 보면 햇빛 대부분은 가시광선으로 들어온다. 그러나 이것은 잘못된 상식이다. 열은 빛의 파장과 반대로 분산된다. 따라서 에너지 요소가 태양의 스펙트럼에 따라 다양해질 수 있는지를 살펴보려면 다른 잣대를 사용해야 한다. 이 작업은 에너지 파장 그래프를 만들어서 해볼 수 있으며, 그래프를 통해 파장 범위에 있는 에너지 요소를 확인할 수 있다.

보이지 않는 열

이 그래프는 중요한 메시지를 담고 있다. 지구 표면에 도달하는 대부분 태양 에너지는 가시광선이 아니며, 화상의 원인이 되는 자외선의 비중도 매우 적다. 실제로는 우리 눈에 보이지 않는 적외선 에너지가 가시광선보다 많다. 태양열의 효과 면에서 볼 때 적외선이 영향을 끼친 식물이나 동물의 색상(적외선 파장이 반영되어 보이는)은 가시광선으로 보이는 생물체의 색상보다 진하다. 적외선은 흡수되지 않아서 식물 잎사귀가 하얗게 보이게 한다. 식물은 광합성을 하기에 적합한 파장이 있을 때만 적외선 흡수를 멈춘다. 적외선을 계속 흡수하면 뜨거워져서 단백질이 파괴될 위험이 있다. 한편, 조류의 알은 적외선을 90% 이상 막아내며 사막 달팽이의 껍데기도 마찬가지다.

인공 섬유 소재

대부분 색소 세포, 섬유, 가죽과 털은 적외선을 거의 흡수한다. 그래서 인공적으로 염색한 소재를 적외선 스펙트럼으로 보면 주로 검은색으로 보인다. 전쟁에서 몸을 숨길 때 사용하는 가짜 잎사귀는 적외선 카메라를 사용해서 보면 진짜 수풀과 쉽게 구별된다.

극한 변화를 막는 열 저장법

태양, 대기의 온도, 바람은 모두 초에서 년 단위로 매우 다양하게 변한다. 생물체들은 종종 자체적으로 열을 저장해서 주변 온도의 극한 변화에서 스스로 보호한다. 생물들이 열을 저장하는 시간과 신체 범위는 다양하다.

전형적인 사례로 단봉單峯낙타가 있다. 피할 수 없는 태양 아래에서 움직일 때 몸에서 발생하는 열은 체온을 적정 수준으로 유지하기 위해 수분을 많이 증발시킨다. 하지만 낙타가 공급받을 수 있는 물은 한정되어 있다. 그래서 낙타는 아예 체온을 높여 다음 날 아침까지 추운 사막에서 견디는 방법을 찾았다. 단봉낙타는 포유류로는 이례적으로 체온이 34~40도까지 올라간다.

◀ 낙타는 덩치가 큰 동물이기 때문에 열을 천천히 얻고, 또 그만큼 느리게 잃는다. 이런 느린 속도는 또한 낙타의 체온이 치명적으로 뜨거워지기 전에 밤을 맞이할 수 있게 해준다.

▲ 낙타보다 훨씬 작은 식물인 리톱스Lithops도 낙타와 동일한 열 저장 방식을 활용한다. 이 다육식물은 주변 토양의 열기를 서서히 흡수해서 자체로 얻을 수 있는 것보다 더 많은 열을 확보해 수분을 추가로 사용할 필요가 없다.

식물의 열 저장 전략

작은 식물 중 한 종도 그와 동일한 전략을 쓴다. 그러나 이 식물은 열을 몸에 저장하는 것이 아니라 토양의 능력을 활용한다. 이 식물은 바로 사막과 남아프리카 관목지에서 겨우 몇 밀리미터 높이로 자라는 리톱스이다. 토양은 열을 잘 저장할 뿐만 아니라 전도율이 낮아서 햇볕을 쬔 토양의 온도는 지하로 깊이 들어갈수록 급속히 떨어진다. 즉, 지표 부근의 토양만 뜨겁다. 그래서 리톱스는 반투명의 표면 '창'을 지표면에 배치해

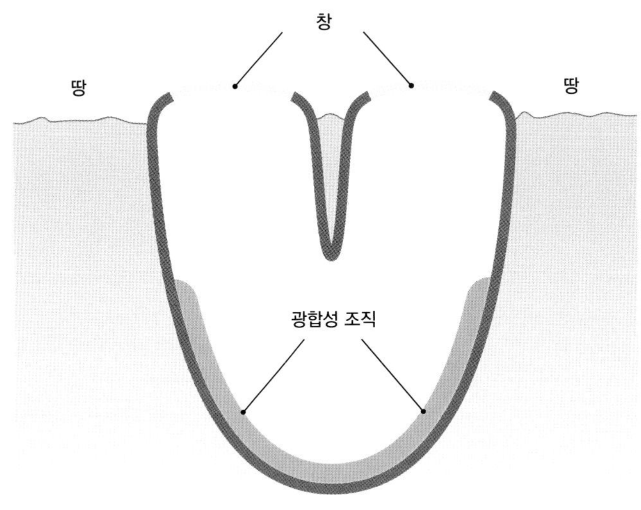

◀ 이 단면은 리톱스의 중요한 활동 조직을 보여준다. 이 조직은 약하기 때문에 서식하는 사막의 아주 뜨거운 토양 표면을 피해 지하로 뻗어나간다.

▼ 우리는 열 손실을 줄이기 위해 철로 만든 큰 라디에이터로 난방한다. 그렇게 하면 라디에이터를 꺼도 방의 온도 변화가 적다.

빛을 받고, 광합성 조직은 서늘한 토양 아래에 자리하게 해 보호한다.

건물의 열 저장

어떤 난방(냉방) 시스템을 가동하고 멈추는 것은 열 저장소에 달렸으며, 저장 공간과 시간에 따라 차이가 있다. 가전제품의 발열 장치는 대부분 주기적으로 가동되고 꺼진다. 그 주기가 얼마나 빨리 돌아오는지는 주로 히터의 용량과 열 저장소의 크기에 따라 차이가 난다.

간혹 우리는 더 명확한 방식의 열 저장소를 사용한다. 태양열 난방을 하는 일부 가옥은 돌을 듬성듬성 쌓은 천장을 만들어 태양이 뜨거울 때는 돌이 그 사이에 열기를 품고 있다가 밤이 되면 차가운 공기를 데워주는 방식으로 활용한다. 그리고 지하 건물은 주변 지열을 흡수해 1년을 사용할 수 있을 정도의 온도를 저장해 놓는다. 대부분 주거용 열 펌프는 외부 공기를 데우고 식히는 용도로 사용한다. 땅속에 파이프를 묻는 방식은 초기 비용이 적게 들면서 효과는 크다. 이 파이프는 낙타와 리톱스의 계절별 열 저장 방식을 모방한 것이다.

열과 유체유동

교환기로 열 유지하기

이상적인 가옥이라면 난방 시스템 없이도 방 온도를 원하는 수준으로 만들 수 있어야 한다. 또 거주자의 몸에서 발생하는 열을 조절할 냉난방 시스템도 필요 없어야 하고, 그 밖의 변동 요인은 열악한 단열로 열이 손실되는 탓으로 돌릴 수 있어야 한다.

그러나 단열이 완벽한 집도 인체의 활동과 음식 때문에 열이 손실될 것이다. 열을 잃지 않으면서 가스나 액체를 온도가 다른 곳으로 이동시켜 이 문제를 효과적으로 해결할 수는 없을까?

이상적인 집에 필요한 것은 바깥의 열기를 집 안으로 들여와(혹은 반대로) 열이 대기 중에서 손실되지 않고 실내로 전달되게 하는 열 교환기다. 이러한 열 교환기를 가장 효과적으로 사용하는 것은 바로 공학자들이 '향류 열 교환기counterflow exchanger', 물리학자들이 '역류 열 교환기countercurrent exchanger'라고 부르는 것이다. 이 열 교환기는 유체를 반대쪽으로 움직이게 한다. 그러면 내부 유동이 끌어들인 외부 유동이 집 안 온도를 높인다. 즉, 안으로 들어온 공기가 외부의 열기를 가져오는 것이다. 교환기를 통해 열 전송이 모두 이루어지면 비록 흐름이 양 방향으로 향하더라도 내부에서 외부로 전달될 열이 없으므로 열을 빼앗기지 않으면서 환기할 수 있다.

▼ 두루미가 털이 없는 발의 체온을 따뜻하게 유지해야 한다면 에너지 대부분을 호수나 바닷물을 데우는 데 쓸데없이 소비해야 할 것이다.

자연의 역류 열 교환기

역류 열 교환기와 같은 방식을 이용하는 생물체를 처음 발견한 사람은 프랑스의 물리학자 클라우드 버나드Claude Bernard(1813~1878)다. 노르웨이계 미국인 물리학자 퍼쇼랜더Per Scholander(1905~1980)는 복잡하게 연결된 동맥과 혈관의 해부학적 구조인 '세동정맥그물rete mirabile'이 역류 열 교환기 역할을 한다고 말했다. 조밀하게 연결된 작은 혈관들은 혈액을 반대쪽으로 보내서 훌륭한 열 교환기가 제 역할을 할 수 있게 해준다.

자연에서 볼 수 있는 이런 그물 구조로는 두루미의 다리 혈관이 있다. 이 혈관은 깃털 바로 아래 다리가 드러나는 부분에 있다. 덕분에 두루미는 차가운 피가 흐르는 다리를 따뜻한 피가 흐르는 몸통과 효과적으로 연결하여 호수나 해양의 물을 데우는 데 에너지가 소비되는 것을 막는다. 대부분 그물 구조에서는 혈액이 더 넓은 혈관으로 혈액을 이동할 수 있어서 열이 너무 많이 발생했을 때 열기를 분산할 수 있다.

교환기의 원리

1922년에 스코틀랜드 물리학자 J. S. 홀데인J. S. Haldane(1860~1936)이 인간의 팔 내부의 마치 자연 열 교환기와 같은 구조가 난방 연소로의 축열 교환기와 기술적으로 비슷하다고 언급했다. 난방 연소로를 구성하려면 불을 피울 공기와 연소용 통기관이 필요하며, 모든 열기를 연소로로 전달할 필요는 없다. 교환기는 열 전달을 하는 통기관으로 외부 공기를 끌어당긴다. 그러면 통기관 속의 가스가 바깥으로 나가고, 연소에 필요한 공기가 안으로 들어온다. 이 구조는 19세기에 확실히 알려졌으나 사람들은 역류 운반의 원칙을 적용한 교환기와 차가운 공기가 데워지는 것을 막는 용도로 설계된 통풍구를 구별하지 못했다. 에너지 효율이 높아지면서 열 교환기는 더욱 널리 사

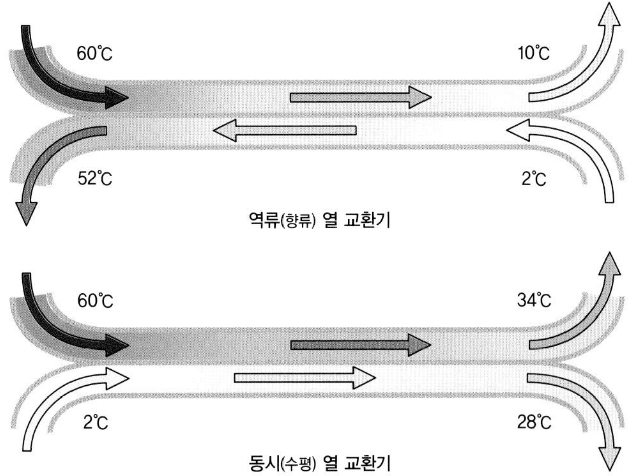

▲ 열이 한쪽 파이프를 타고 다른 쪽으로 이동하는 것처럼 열 교환기는 공기나 물과 같은 유체가 반대쪽으로 움직일 때 최대 효율을 얻는다.

용되었다. 그러나 아직 가장 많이 쓰이는 것은 역류 운반 방식이 아니라 덜 효율적인 직교류 방식이다. 역류 열 교환기는 특이한 방식으로 만든다. 반대 방향으로 향하는 두 유동이 실제로 섞이지 않으면서 올바르게 작용할 수 있어야 하기 때문이다. 이를 가능하게 하려면 아주 긴 한 쌍의 평행 파이프가 필요해 펌프 설계에 적용하기 어렵다. 아니면 평행한 파이프 두 쌍의 끝에 복잡한 세부 파이프를 연결해야 한다. 일부 교환기들은 바깥쪽 관에 제약을 받아 각기 다른 방향으로 움직이는 분리된 파이프 한 쌍을 사용한다. 이렇게 하면 복잡한 관 네 개가 두 개로 줄어드는 효과가 있다. 이와 대조적으로 생물체들은 간단하고 작은 파이프를 적절히 배치해 생산력을 높인다.

열과 수분을 유지하면서 호흡하기

공기를 완전히 들이쉬고 내쉬는 것이 호흡이다. 이 왕복 운동은 인간뿐만 아니라 공기로 호흡하는 모든 육지 동물에게서 이루어진다. 또 덩치가 크거나 비행하는 데 많은 산소가 필요한 일부 곤충도 발생하는 열을 방출하기 위해 이렇게 한다.

▶ 완전히 주입했는데도 피하 주사기에 주사액이 일부 남아 있다. 우리는 이것을 가리켜 호흡 기관의 '죽은 공간'에 있는 '잔류 폐활량'이라고 한다.

들이쉬고 내쉬는 호흡은 근본적인 문제 두 가지가 있어 이상적이지 못하다. 우선 왕복 운동은 공기를 가속하거나 감속시키며 일정한 분량의 펌프질을 하게 해 에너지가 소모된다. 우리는 전체 에너지의 1~3%를 폐의 운동에 사용한다. 둘째로, 호흡은 필연적으로 공기를 완전히 교체할 수 없다. 실제로 교환이 일어나는 폐포 깊숙이 외부의 공기를 전달하는 관을 '죽은 공간'이라고 부른다. 그리고 폐에는 호흡에 쓰이지 않은 공기가 남아 있다. 그 남은 공기는 우리가 호흡할 때마다 생기는 전체 호흡의 잔해다. 인간과 같이 공기로 호흡하는 척추동물은 공기를 폐로 전달하는 현재의 방식보다 더 직접적인 호흡 체계(그래서 소화 체계를 더 단순하게 만들 수 있도록)를 가질 수도 있었지만 그렇게 진화되지는 못했다.

나쁜 유산의 활용

소화기를 거치지 않고 폐와 외부 공기가 직접적으로 닿도록 진화하지 않은 탓에 그 필요성에 대한 욕구가 더 커졌다. 네 발로 걷는 포유동물의 복부 기관은 등뼈에 매달려 있고, 뛸 때마다 앞뒤로 흔들린다. 이때 횡격막이 피스톤과 같은 움직임으로 폐에 펌프질하여 동물은 달리면서 호흡하는 활동을 동시에 진행한다. 캥거루가 그 대표적인 예이다. 일부 새는 흉곽이 유동적이어서 비행 중에 공기를 흡입하기 위해 근육이 흉곽을 압박하기도 한다.

죽은 공간은 공기가 순환하도록 도울 수 있다. 하지만 일방유동은 특히 가스 교환에서 폐에 문제를 일으킬 수 있으며, 폐를 통과하는 모든 혈액을 상당히 차갑거나 건조한 공기와 접촉하게 할 수도 있다. 공기는 반드시 정해진 통로를 따라 폐포 바깥의 긴 관을 통해 이동하면서 데워지고 수분이 더해져야 한다. 물론 이는 체내의 열과 귀중한 수분을 모두 소비하는 일이다.

많은 포유류와 조류, 특히 사막의 작은 생물들은 이 문제를 역류 열 교환기와 같은 방식을 이용해 해결했다.

가벼운 호흡

더위를 타는 개나 다른 포유류, 그리고 조류의 헐떡거림, 즉 추가 호흡은 땀을 흘려 염분을 손실하지 않으면서 남은 열을 발산시킨다. 추가 호흡으로 폐 속으로 들어오고 나가는 공기의 양이 달라지면 혈액 속의 이산화탄소가 너무 많이 제거되어 혈액의 산성도를 위험한 수준으로 떨어뜨린다. 따라서 운동을 하지 않은 사람이 너무 많이 헐떡거리면 의식을 잃거나 다른 문제가 생긴다.

추가 호흡의 부수적인 효과는 활동을 통해 잃은 열기를 보충해 준다는 점이다. 개는 이 두 문제를 모두 해결한다. 아주 얕은 호흡으로 헐떡이기 때문에 죽은 공간에 남아 있는 공기 대부분을 교체할 수 있다. 물론 동물의 흉부가 자연스럽게 반동하는 주기를 맞춰야 하기 때문에 개들이 입을 벌리고 혀를 빼고 달리는 것이다.

추가 주머니

조류는 또 다른 방식으로 호흡 문제를 해결한다. 똑같이 숨을 들이쉬고 내쉬지만, 조류의 숨쉬기는 공기주머니를 팽창시켰다가 수축시키는 것이지 포유동물처럼 폐가 활동하는 것이 아니다. 조류의 폐는 비행하기에 충분할 만큼 크기가 작은 한편 비행할 때 근육의 산소 소비량을 충당할 만큼 효율적이다.

▼ 숨을 들이쉬고 내쉴 때 호흡기 속의 공기를 전부 교체할 수는 없다. 그래서 폐로 들어온 신선한 공기는 이미 산소를 추출해 낸 폐 속 공기와 섞여 희석된다.

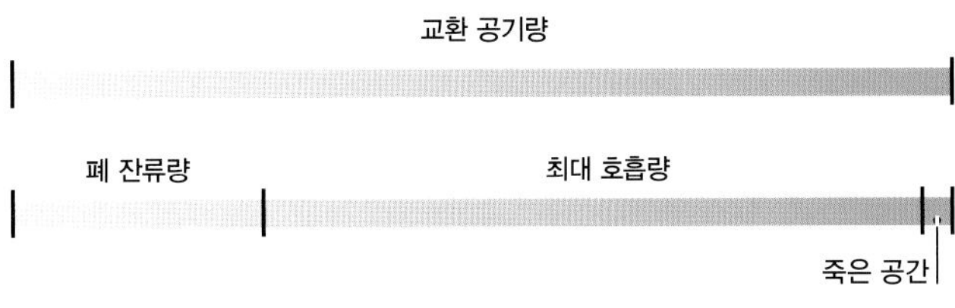

일방통행

인간의 기술은 왕복식 환기 시스템 설계로 발전하지 않은 대신 뛰어난 일방 펌프와 송풍기를 개발했다.

조류의 호흡기에서 볼 수 있는 이런 시스템 밸브는 유체를 끌어올릴 때 널리 적용된다. 가장 흔한 예가 자전거 펌프로, 한 쌍의 밸브가 피스톤을 통해 들어오고 나가는 공기를 변환시켜 타이어 속으로 들어가게 한다.

▶ 개의 헐떡거림은 이산화탄소가 너무 많이 몸 밖으로 배출되어 혈액이 알칼리화되는 것을 막기 위한 것으로, 상당히 얕게 호흡하면서 죽은 공간에 있는 공기만 환기시킨다.

환기 펌프

바람과 조류가 작용할 수 없을 때 생물은 펌프와 같은 방식을 이용하여 자신 혹은 주변 환경에 강제 유동을 일으킨다. 펌프는 자연의 일반적인 기능과 대대로 내려오는 유산을 결합하여 다양화할 수 있다. 그러나 대부분 펌프는 에너지 소비가 필요하고 구성하는 데 비용이 든다.

공학자들은 종종 펌프를 양압 주입positive displacement과 유체역학의 두 종류로 나눈다. 양압 주입 펌프 대부분은 유체를 펌프실chamber에 채운 다음 수축시켜서 유도하는 출구로 유체가 빠져나가게 하는 방식이다. 이 펌프는 양을 증가시키는 것보다 유체에 대한 압력을 증가시키는 데 더 집중한다. 유체역학 펌프는 대부분 날개바퀴를 이용해서 운동에너지를 유체에 직접 투입한다. 이 펌프는 상대적으로 압력이 낮지만 많은 양을 산출한다.

자연 펌프

압력 변화를 측정 기준으로 한다면 뿌리에서 잎 꼭대기까지 수분을 끌어올리는 나무가 자연의 양압 주입 펌프 중 최고일 것이다. 나무 속 압력은 최대 100기압을 초과할지도 모른다. 식물의 삼투압 펌프는 보통 10기압 정도로 매우 놀라운 수준이다.

펌프 역할을 하는 근육관(과 챔버)은 흐름이 없는 저압을 생성한다. 이들은 종류가 다양하며, 일부(인간의 심장)는 자전거 펌프처럼 밸브가 있고 연동 압착기(인간의 장)와 역학 밸브(새의 폐)가 달린 것도 있다.

펌프 혁신

인간이 개발한 연동 압착 펌프는 비효율적이고 이제는 잘 쓰이지 않는다. 그런 한편 이와 비슷하게 움직이는 챔버 펌프chamber pump는 아시아에서 농업에 사용하는 양수기에서부터

◀ 나무는 강력한 양압 주입 펌프로 작은 관을 통해 바닥에서 꼭대기까지 물을 끌어올릴 수 있다.

▲ 벌들은 벌집 앞에 열 지어 서서 날개를 유체역학 펌프로 활용해 퍼덕이며 벌집 안으로 차가운 공기를 들여보낸다. 이와 동일한 기술을 사용한 것이 헤어드라이어다.

◀ 자전거 펌프는 가장 친숙한 양압 주입 펌프이다. 이 펌프에는 펌프실이 있어서 한 쌍의 일방 밸브로 다양하게 양을 조절할 수 있다.

현재 널리 쓰이는 주유 펌프까지 다양하게 활용된다.

유체 역학 펌프

자연의 유체역학 펌프에는 100기압인 것도 있다. 섬모 펌프Ciliary pump는 평균적으로 이보다 압력이 약간 높은 펌프이다. 섬모가 길어질 수는 있지만 두꺼워질 수 없듯이 섬모 펌프도 크기가 확장되지 않는다. 그래서 근육이 모든 작용을 담당하며 추진을 가한다. 일부 벌레와 갑각류의 굴에서 보이는 주걱 모양 환풍구paddle ventilator, 꿀벌이 날개를 퍼덕여 벌집 환기를 시키는 다단계 블로어blower가 그 예이다.

자연과 인간의 기술은 유체역학 펌프에서 가장 큰 차이를 보인다. 인간의 기술에는 동물의 우월한 도구인 섬모, 근육과 비슷한 것이 없고 자연에는 우리의 다양하고 효과적인 바퀴와 축 장치가 없다. 따라서 양쪽 기술은 일반적인 범주가 동일한 반면에 세부 장치는 놀랍게 달라진다.

자연과 과학의 접근법 비교

펌프 기술을 비교할 때 두 가지 문제가 있다. 먼저, 왜 가장 효과 있는 펌프 중 일부를 자연에서는 볼 수 없을까? 인간이 개발한 단순한 양압 펌프 중 수족관에 공기를 주입하는 펌프 같은 것을 자연에서는 찾아볼 수 없다. 자연의 유체역학 펌프 중에서는 세탁기, 식기세척기, 자동차 냉방 시스템과 같이 원심력을 이용하는 것도 찾을 수 없다. 자연은 바퀴와 차축 장치를 만들 수 없기 때문이다.

둘째로, 왜 뛰어난 자연의 펌프 중 일부를 인간의 기술에서 활용할 수 없는가? 우리는 증발이나 다른 수단으로 물을 10기압 이상 끌어올릴 수 없다. 또 미세한 관의 공동 현상(프로펠러 등의 뒤에 발생하는 진공으로 말미암은 장애-옮긴이)은 극복하기 어려운 장애다. 근육이 없는 유동적인 물체에서는 밸브와 챔버 펌프를 사용할 수 없어서 실린더에서 움직이는 피스톤을 사용한다. 또 식물과 같은 섬모cilia가 없으면 펌프질을 하는 도관을 만들 수 없다. 따라서 자연은 여전히 기본적인 가르침과 설명적인 예시와 더불어 기회의 목록을 인간에게 제공한다.

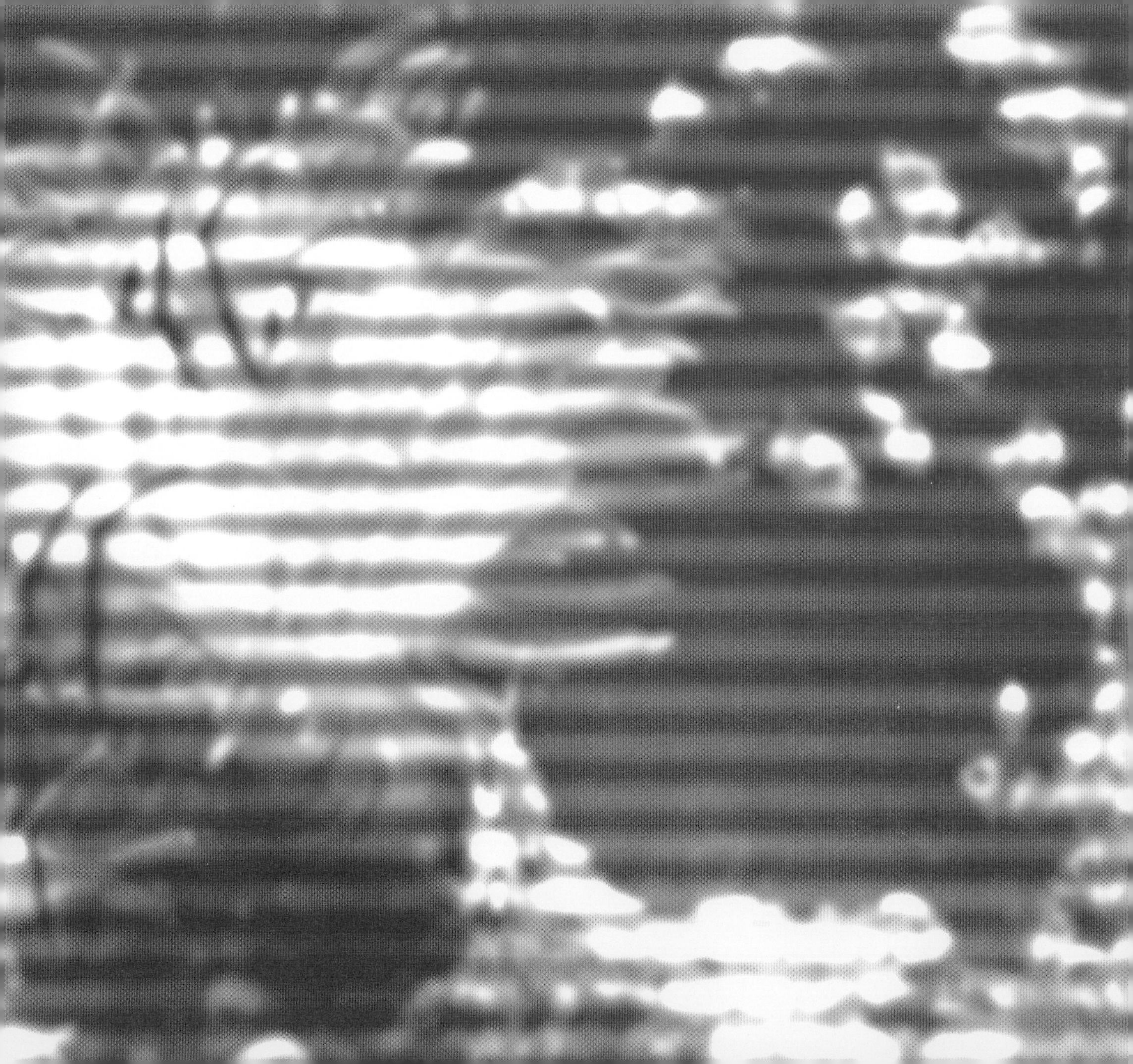

들어가는 말

생물은 과학과 마찬가지로 구성 물질의 성분에 의존하며, 안정적이고 쉽게 구할 수 있는 성분으로 구성된다. 각 생물이 진화를 거쳐 획득한 적합성(과 생존)은 한편으로 가장 쉽게 구할 수 있는 소재를 토대로 한다. 모든 생물이 이런 좋은 자원을 얻어 성공적으로 살아남으려 하기 때문에 생물들은 점점 줄어드는 자원을 서로 확보하려고 치열하게 경쟁한다.

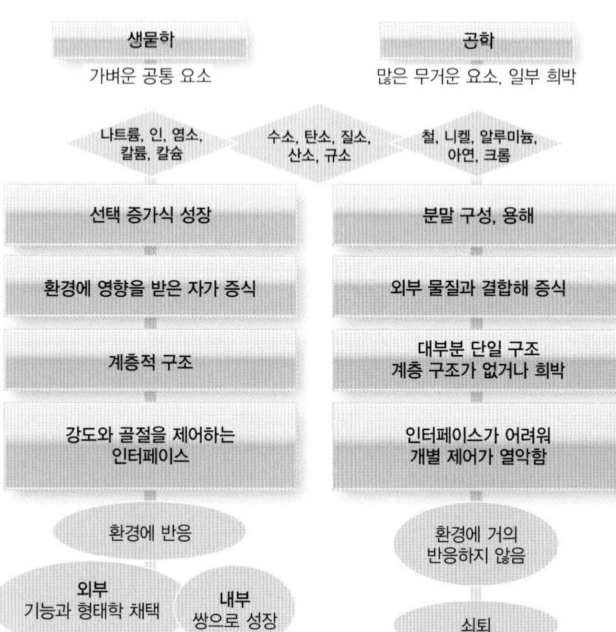

◀ 공학(오른쪽)과 생물학(왼쪽)은 구성 물질과 사용 방식이 매우 다르다.

영국 케임브리지 대학의 마이크 애쉬비Mike Ashby를 필두로 한 과학자들은 구성 물질의 '특성 표'를 만들어 구조물 설계에서 다양한 재료 간의 상관 작용을 정리했다. 자연과 인간이 만든 물질은 밀도가 거의 동일한 것으로 미루어 기술적으로 성질이 같다는 것을 알 수 있다. 그러나 생물학적 구성 물질은 약한 열로 생성되고 중합체(단백질과 다당류) 단 두 개와 세라믹(칼슘염과 실리카) 두 종류에 약간의 금속 물질이 가미되며, 인간이 만든 재료는 그와 달리 고열과 중합체 수백 개가 필요하다.

가장 두드러지는 차이는 생물학적 재료에는 수분이 함유되어 있고 인간이 만든 재료는 그렇지 않다는 것이다. 이로 미루어 수분은 생물학적 재료의 침식 작용을 촉진하는 요소인 것으로 보인다. 물은 자연에서 가장 저렴하게 이용할 수 있는 자원이다. 물은 생물학에서 발생할 수 있는 모든 화학 반응을 중계하는 역할을 하며, 그렇게 만들어진 재료의 자가 조립을 제어한다. 그리고 가소제로 작용하여 다당류와 단백질 층에 공간을 만들어주고 많은 상호 작용이 이루어져 물리적으로 다양한 특성을 띠게 한다. 또 압력을 견디게 하는 귀중한 조직

▲ 딱정벌레는 전체 곤충 가운데 개체 수가 가장 많다. 단단한 껍데기(표피)는 유리 섬유와 같은 미세한 혼합물로 구성되어 있다.

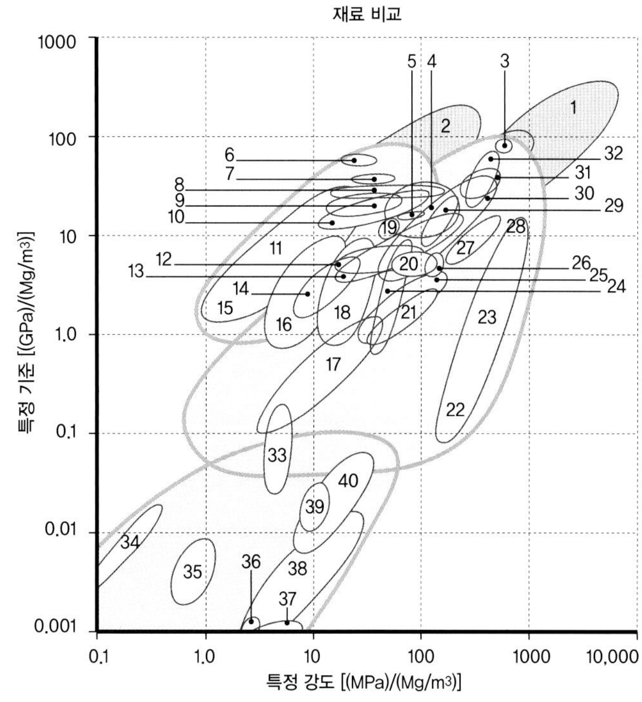

▶ 밀도를 따져보면 생물과 공학 재료는 기준(강성도)과 힘에서 약간 차이가 있다. 생물학적 재료(연한 청색, 특정 재료는 노란색으로 표시)는 거의 모든 공학 재료(어두운 청색)보다 수치가 높다.

고성능 엔지니어링 원재료
1. 세라믹
2. 합금

생물학 원재료
3. 키틴질, 셀룰로오스
4. 나무(II)(입자와 동일)
5. 마른 코코넛나무
6. 방해석(方解石)
7. 선석
8. 수산화인회석
9. 에나멜
10. 패류, 갑각류의 껍질
11. 산호(C)(석회질)
12. 상아질
13. 치밀질緻密質
14. 케라틴
15. 산호(T)(외각층)
16. 나무(T)(입자를 가로지름)
17. 해면질
18. 그린코코넛 Green coconut나무
19. 합판
20. 등나무rattan
21. 울
22. 점착성 실크viscid silk
23. 코쿤 실크cocoon silk
24. 표피
25. 콜라겐
26. (사슴 등의) 뿔
27. 목화
28. 거미줄dragline silk
29. 나무 세포벽wood cell wall
30. 대나무
31. 대마大麻
32. 아마亞麻
33. 코르크
34. 근육
35. 유조직柔組織
36. 레슬린resilin
37. 연골 조직
38. 피부
39. [illegible]
40. 가죽

구성 요소이기도 하다. 예를 들어, 식물 세포는 약 10기압에도 견뎌낸다. 수분이 나사와 같은 형태로 화학적으로 결합해 마치 동물의 연골처럼 식물 내부의 충격을 흡수해 주기 때문이다. 우리가 물을 기반으로 재료를 통합하고 그 통합 프로세스 체제를 구축할 수 있다면 물은 인간의 삶에 많은 혜택을 안겨줄 것이다. 다만, 그러려면 금속과 세라믹 제품을 생산할 때와 비슷한 높은 온도가 필요하다.

과학에는 번호가 있다

원재료가 변형에 저항하는 정도인 강성도(강도는 부서지는 것에 대한 저항이므로 혼동하지 말자)는 뉴턴의 제곱미터로 측정한다. 1제곱미터에 작용하는 1뉴턴의 힘을 1파스칼pascal이라고 한다. 젤라틴으로 만든 디저트의 강성도는 1,000파스칼1kPa 정도로, 고무의 강성도보다 1,000배 강하다(1MPa). 퍼스펙스나 루사이트Lucite로 알려진 폴리메타크릴산메틸과 같은 단단한 플라스틱은 이보다 1,000배 더 높다(1GPa). 각기 다른 유형의 곤충 표피도 이 범위에 속한다.

물을 기반으로 한 생물 재료의 구성 과정은 생산적이다. 예를 들어, 곤충의 표피나 외골격은 단백질 구조에 상당수의 키틴질 섬유(다당류 중합체)가 결합하여 형성된다. 단백질의 실크와 같은 구조는 비슷하게 공간을 차지하는 키틴질의 곁사슬과 상호 작용한다. 단백질이 형성되면 그 속에 상당한 양의 물을 포함하며, 표피가 로드 베어링 외골격으로 단단해지면 수분이 제거되어 단백질 사슬 사이에 뼈가 형성된다. 수분이 포함된 재료를 사용했어도 표피는 방수 능력이 매우 뛰어나고, 수천 년 동안 젖은 토양 속에서 화석화되어도 훼손되지 않는다. 플라스틱은 생물체의 표피층과 기술적으로 동일한 물질이지만 이런 방식으로 형성되지 않으며, 곤충의 표피처럼 강도와 무게의 비율이 높은 물질이 되려면 특별한 처리가 필요하다.

단백질

단백질은 아미노산 사슬로 구성된다. 아미노산은 수천 개에 이르며 그중 약 20개만이 자연 단백질을 형성한다. 많은 화학적 특성을 띠는 단백질은 다양한 방식으로 상호 소통하고 환경에도 즉각적으로 반응한다.

▶ 단백질 섬유인 콜라겐은 부드러운 골격을 구성하는 핵심이다.

단백질의 형태는 구성 요소의 움직임 정도에 따라 결정된다. 단백질을 구성하는 아미노산 20개 중 가장 작은 글리신glycine이 가장 활발하게 움직여 단백질 사슬을 유동적으로 변하게 한다. 반면에 프롤린proline은 사슬에 지속적인 안정성과 강성도를 제공한다. 아미노산은 친수성(물과 결합) 또는 반대로 소수성疏水性(물을 배척)을 띤다.

일부 기본 형태와 특성

콜라겐은 단백질 고리 세 개가 서로 얽혀서 구성되고, 이 사슬의 모양은 아미노산의 화학 작용과 크기에 따라 결정된다. 콜라겐 섬유의 장력은 약 1.5GPa로, 고리 사슬이 잘 배열된 물질치고는 힘이 약한 편이다. 하지만 말미잘과 해파리의 침이 되는 수압 캡슐 벽에서는 단단하고 강한 콜라겐의 형태가 발견된다. 그 단단함은 약 25GPa로, 찌르는 힘이 150기압에 달해 일부 해파리의 침은 갑각류의 껍질을 관통할 정도로 강력하다.

케라틴은 척추동물의 외골격 구성에 많이 포함되는 물질이다. 포유류의 몸에서 케라틴은 털, 깃대, 척추, 뿔, 발굽, 고래수염, 피부 표피층을 형성하며, 사슬 모양의 용수철처럼 생겼다(단단함이 6~10GPa). 조류와 파충류의 케라틴은 늘어나서 뒤

◀ 홍합 수염 타래는 접착력이 아주 강해서 과학적으로 족사足絲(고대 이집트인이 사용하던 질 좋은 천에서 딴 이름)라는 이름이 붙었다.

▼ 거미줄은 강철보다 튼튼하고 강한 실크 재질이다.

▶ 말미잘의 독침은 수압 캡슐에서 나오는 고압 액체의 힘으로 발사된다.

틀린 판재 모양이다. 케라틴은 항상 생성되는 세포 안에 있고, 서로 균일하게 뭉쳐 있다.

실크는 대부분 공학 재료보다 단단하고 거칠며 밀도가 특히 뛰어나다. 실크는 많은 나방 애벌레가 누에를 만들 때와 거미가 줄을 칠 때 생성되며, 판재와 같은 구조의 거대 단백질로 구성된다. 실크는 섬유의 결을 따라 공유결합共有結合(강성도와 힘의 결합이 가장 강한 화학 결합)이 발생해 강성도와 힘이 매우 좋다. 그러나 판재식 결합은 약해서 단백질 사슬이 아주 쉽게 미끄러지며, 강성도가 있어도 섬유가 유연하다.

탄력소彈力素는 모든 척추동물에서 발견된다. 대동맥과 동맥에서 발견되는 탄력소는 탄성 반동을 통해 혈액 순환을 조절하고 심장의 부담을 줄인다. 실험실에서 인대에 약 110도의 열을 가하면 콜라겐과 다른 조직들은 용해되고 순수한 탄력소만 남는다(열 저항력이 있는 교차 결합이 탄력소가 용해되지 않도록 붙잡고 있기 때문이다). 탄력소의 가장 훌륭한 작용은 앨라배마 버밍햄 대학교에서 진행된 댄 어리Dan Urry의 실험에서 나타났다. 그는 탄력소 섬유가 수분 코어가 더해져 펴지는 나선형을 띤다는 것을 증명했다. 탄력소는 추우면 갑자기 수축하는 특이한 성질이 있어서 작은 기계를 가동하는 분자 열 엔진에 사용될 수 있다.

홍합을 바위에 고정시키는 수염은 콜라겐, 실크, 탄력소가 체계적으로 결합된 것이다. 수염은 강하고 단단하지만 파도에 떠밀려가지 않기 위해 파도가 밀려올 때는 하나의 선처럼 길게 확장된다. 이렇게 하면 바위에 고정하는 힘이 더 강해진다. 파도 속에서도 바위에 잘 달라붙는 성질이 있는 홍합의 수염은 의료용 접착제를 개발하는 용도로 연구되고 있다(제1장 참조).

구조를 이루는 다당류

다당류는 일종의 탄수화물 혹은 당으로, 많은 생물의 기본 체계를 형성하는 분자 물질이다. 당분이 서로 결합하여 견고한 섬유나 수분이 많은 공간을 메우는 젤을 형성한다. 그 예로, 식물의 셀룰로오스 섬유와 동물의 뼈 사이 이음매에서 발견되는 연골이 있다.

▶ 포도 덩굴은 섬유 재질이고 장력이 강해서 생성되는 곳에서 곧장 아래로 셀룰로오스 분자 섬유를 생성한다.

이 다당류 사슬 속 분자들은 서로 결합하여 나노 섬유 결정체를 이룬다. 키틴은 화학적으로 만들어졌기 때문에 안전한 의료용 교체 조직을 개발하는 데 사용할 수 있다. 나노 섬유는 짧고 단단한 분자가 서로 긴밀히 배열되어 더 크고 단단한 구조를 이룬다. 실제로 모든 자가 조립(과 그에 기인한 성장)은 액상 수정화의 형태라고 볼 수 있다. 섬유의 위치와 단백질 구조의 수분 함유량에 따라 다당류의 수분 비율이 다양해져 광범위한 특성을 얻을 수 있기 때문이다. 곤충의 표피는 침(약 1kPa)처럼 부드러울 수 있거나 유리 섬유(약 20GPa)보다 단단할 수 있다.

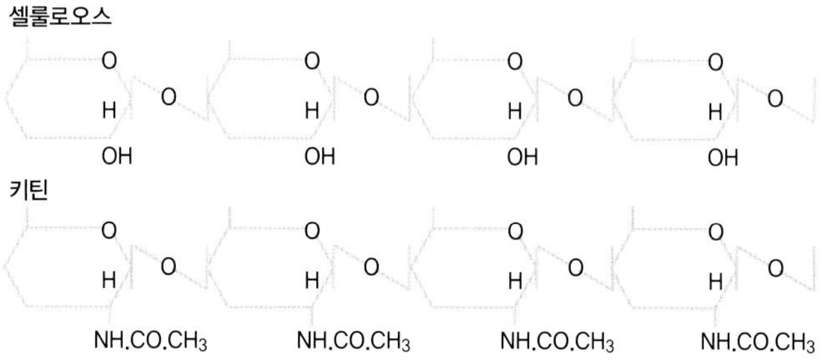

셀룰로오스

O O O O
H O H O H O H O
OH OH OH OH

키틴

O O O O
H O H O H O H O
NH.CO.CH_3 NH.CO.CH_3 NH.CO.CH_3 NH.CO.CH_3

◀ 셀룰로오스와 키틴은 당으로 형성된다. 이들은 조직이 매우 비슷하고, 아주 흔하며, 상당히 강한 성질을 띤다.

셀룰로오스의 구조

셀룰로오스 통합체의 최적 모델은 영국 리드 대학Leeds University의 생물물리학과 식물학 교수인 R. D. 프레스턴Preston이 제안한 것으로, 그는 셀룰로오스가 세포막에 떠다니는 장미꽃 모양 효소의 중심에서 나온 실이라고 주장했다. 이 효소는 100개 혹은 그 이상이 육각형으로 배열되어 세포막 주변을 돌아다니며 막 뒤 미소섬유 속으로 집합하는 셀룰로오스 나노 원原섬유를 길게 배열한다.

세포벽에 셀룰로오스가 자리하는 위치는 세포 내부 표면(피질)에 배열되는 미세소관의 구조에 따라 결정된다. 어린 식물이 자라는 형태, 크기, 강도는 세포 외피층 벽에 들어 있는 물리적 특성에 따른다. 이 벽은 생장하는 다른 세포벽보다 몇 배나 두꺼워 물리적 영향도 더 크다. 미세소관의 위치는 빛과 옥신(식물 생장 호르몬) 같은 외부 자극과 구부러지는 기술적 제약 등으로 달라질 수 있다. 이런 자극은 증가성이 있다. 소량의 옥신은 다른 자극에 대해 세포가 더 민감해지게 하는 동시에 생장률에도 영향을 미친다. 따라서 미세소관과 셀룰로오스 미소섬유의 위치가 재배열되는 작용이 중개자가 되어 성장과 형성을 조절한다.

셀룰로오스의 결합 물질은 한 가지만이 아니다. 펙틴은 가장 중요한 세포벽 구성 물질로, 특히 육지 식물에서 목질이 아닌 부분에 많이 함유되어 있다. 또 식물의 세포들 사이에 중간막을 형성해 세포가 하나로 결합하도록 도와준다. 펙틴은 크고 많은 곁사슬이 있어서 미소섬유와 세포 사이의 공간을 채우고 세포를 하나로 붙여준다. 익어가는 과일 속에 함유된 펙틴은 쉽게 용해되고 매우 잘 결합하여 세포의 질감이 변형되도록 도와준다. 또 다른 결합 물질은 소수성을 토대로 한 불활성 알코올 중합체 목질소木質素다. 목질소는 페놀 링phenol ring이라고 알려진 고도로 안정된 탄화수소 결합체를 구성해 세포벽 섬유의 이동성을 줄이고 세포벽을 건조하고 단단하게 한다.

공간을 채우는 물질과 젤

다당류는 공간을 채우는 구조를 만든다. 하부 단위 사이에 한 종류의 연결만 있는 단백질과 달리 대부분 다당류에서 6탄당은 거의 모든 탄소 원자와 결합할 수 있다. 또 많은 양의 물과 함께 2% 이하의 고체 물질과 결합해 안정적인 젤을 형성한다. 이런 젤은 동물의 몸에서 콜라겐, 다른 단백질과 결합하여 뼈 사이의 이음매를 구성하는 반투명 흰색 물질 연골을 이룬다. 더 많은 수분을 함유한 유사 물질을 활용하여 작은 해양 생물체 대부분의 골격과 형태를 만들 수 있다.

이런 방식으로 물질과 구조를 설계하는 것은 인간이 만든 대부분 재료에는 적용되지 않는다. 인간은 아직 물을 구성 요소로 사용하는 방법을 이해하지 못했기 때문이다. 우리의 재료과학은 대부분 기름에서 발견한 화합물을 통해 발전해 왔으며, 물과 기름은 서로 섞이지 않아 자연을 모방하기가 어렵다. 인간이 만든 물질 중에 유리 섬유와 같은 섬유 조직이 생물학적 재료와 가장 유사한데, 실제 생물학적 재료들은 더 정교하고 이해하기 어렵다.

▶ 자두가 익으면 질감이 부드러워지는 것은 세포 사이의 점성이 부분적으로 용해되어 세포가 서로 미끄러지기 때문이다.

특이한 액체

물은 생물학에서 가장 중요한 물질인 동시에 가장 이상하고 이해하기 어려운 것이기도 하다. 물은 생물 분자들이 서로 결합하고 상호 작용하도록 돕는 매개이다. 그리고 단백질과 다당류를 부드럽게 하는 한편 대부분 식물과 동물의 골격이 지탱되게 하는 역할도 한다.

많은 젤은 특정 고체 물질 1~2%에도 잘 희석되면서 강성도와 안정성을 유지하는 특징이 있다. 어떻게 이런 적은 양의 물질 속에 그 정도로 많은 수분이 응축되어 있을 수 있을까? 과학자들은 물이 작은 분자 형태이므로 좁은 영역에서 작용하며, 특히 소금이 물 분자의 상호 작용에 영향을 미칠 수 있다고 말한다. 그럼 안정적이면서도 잘 희석되는 젤은 어떻게 탄생했고 또 빗방울은 어떻게 주변의 작은 입자와 결합하는 것일까? 시애틀 워싱턴 대학의 생물물리학자 제리 폴락Gerry Pollack은 친수성 표면에서는 물 분자의 활동 반경이 수백 마이크로미터 거리까지 확대된다고 설명한다. 이런 표면은 지름이 2마이크로미터(적어도 일반 용해된 입자보다 100배 더 큰) 이상

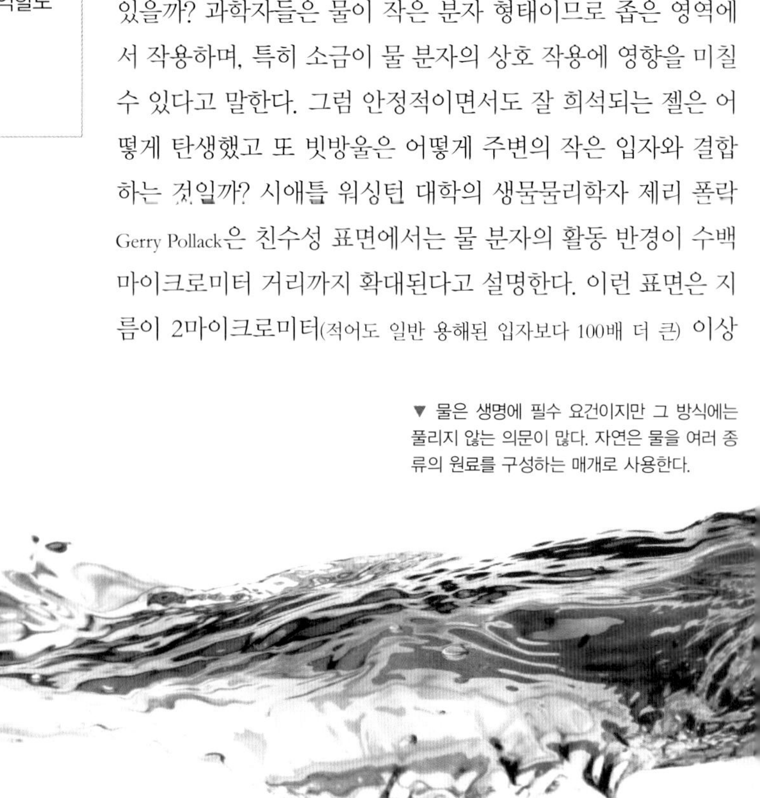

▼ 물은 생명에 필수 요건이지만 그 방식에는 풀리지 않는 의문이 많다. 자연은 물을 여러 종류의 원료를 구성하는 매개로 사용한다.

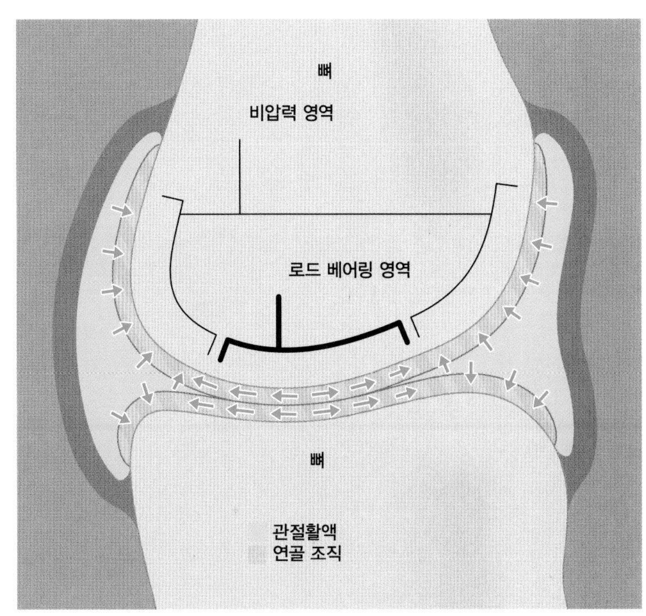

◀ 무릎 관절 주변에 있는 관절활액 막은 윤활유 역할을 하는 관절활액을 분비하고, 활액은 관절 표면 사이의 접촉 면이 없는 부드러운 연골 조직 속으로 침투한다. 이 활액은 관절에 하중이 실리면 분비된다.

되는 거대한 입자로부터 영역을 형성한다. 조직 속의 수분은 느리긴 하지만 흐름이 있다. 이 영역이 외부 압력을 견디는지는 아직 실험을 통해 증명되지 않았지만 윤활의 관점에서는 흥미를 제공한다.

첨단 윤활유

생물 윤활유에 대한 현재의 이론은 거대한 분자(일반적으로 히알루론산)가 표면에 묶여 있다고 주장한다. 이것이 무릎과 엉덩이에 있는 관절활액에 대한 인간의 이해이다. 관절이 움직이면 연골 조직에서 물과 같은 성질의 용액이 나온다. 히알루론산은 연골 조직 표면의 브러시 같은 털에 있으며, 많은 양의 수분을 젤처럼 묶어놓고 두 관절의 표면 사이에 윤활유를 제공한다. 인간의 인공 관절 기술은 아직 미끄럼마찰이 적은 생물 관절활액의 특성을 모방하지 못하고 있다.

대신 나노미터보다 얇은 두께의 막을 사용하면 비슷한 효과를 낼 수 있다. 이 막은 조류의 거대 다당류가 수용성 용액에 흡수된 것이다. 이 실험적인 구조는 충돌이 적어서 고압에서도 닳지 않는다. 원자력 현미경 검사를 통해 생물 중합체가 고무 같은 표면에 고정되어 있다는 것을 알 수 있는데, 그 표면은 잘 움직이고 쉽게 찢어진다. 이 다당류는 표면에 흡착하는 성질, 낮은 마찰력, 강도, 미끄러지는 속도와 상관없는 접착성 마찰력이 있어서 물을 기반으로 한 윤활유를 만들기에 더없이 좋은 소재이다.(공학 분야에서 접착성 마찰력은 표면을 미끄러지는 속도에 비례하므로 속도가 증가하면 마찰력도 커진다.) 심지어 무릎과 같은 접합부의 관절활액에 첨가할 수 있다. 이런 놀라운 효과가 있는 이 얇은 막은 물이 다당류에 의해 형성된다는 것을 증명하여 일반적으로 윤활유는 두꺼운 중합체 브러시 층을 토대로 한다는 설명과는 상당히 다른 관점을 제시한다. 그렇다면, 얼마만큼의 윤활유가 물 결정화 구조의 찢어짐을 조절할까? 그 갈라지는 힘이 분자의 안정화에 어떤 영향을 미칠까? 그 해답을 얻으려면 표면에서 발생하는 물의 작용과 생물학적 분자의 영향력에 대한 관찰이 필요하다.

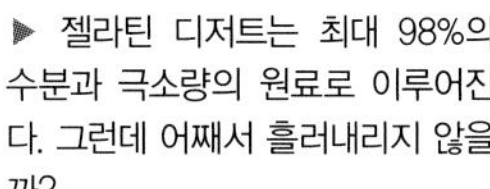

▶ 젤라틴 디저트는 최대 98%의 수분과 극소량의 원료로 이루어진다. 그런데 어째서 흘러내리지 않을까?

신소재와 자연주의적 설계

물 밖에서의 강도

물은 쉽게 압축되지 않아서 뼈처럼 힘을 전달할 수 없지만 단단한 소재로 된 풍선 속에 있다면 가능하다. 벌레와 구더기는 몸 전체가 하나의 저압 '풍선'이라고 할 수 있다. 식물을 이야기할 때 '풍선'은 세포를 가리키며, 지름이 0.1밀리미터이고 내부 압력이 10기압 이상이어야 한다.

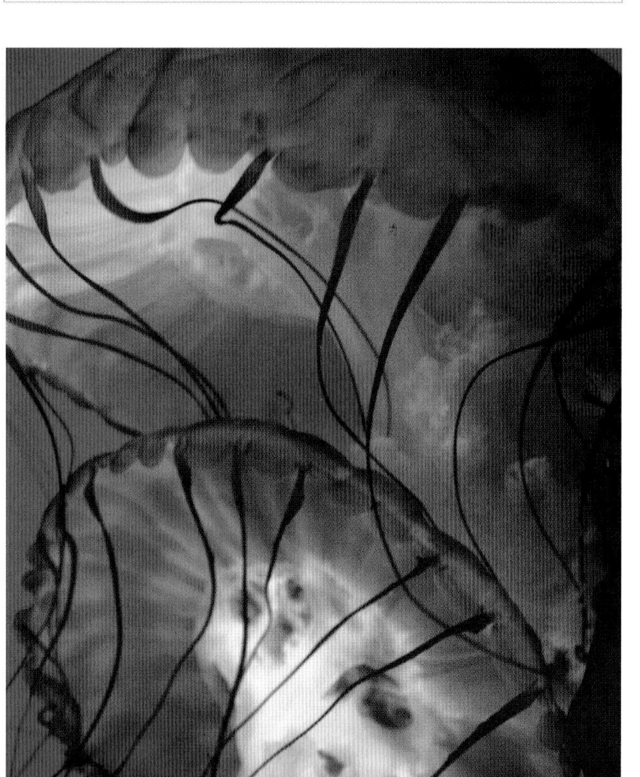

식물의 세포는 서로 붙어 있고 힘을 전달해서 사과와 같은 과일을 단단하게 하고 민들레 같은 비목질 식물에 강성을 제공한다. 민들레 꽃줄기는 바람의 힘을 견뎌야 하기 때문에 가볍다. 그런데 민들레 꽃줄기가 꼿꼿하게 선 자세를 유지할 수 있는 것은 줄기를 구부릴 때 넘어지는 쪽으로 받게 되는 압력을 견디는 힘 덕분이다. 줄기는 셀룰로오스가 매우 강한 장력을 발생시켜서 바람에 한쪽으로 꺾이지 않는다.

팽창

꽃줄기는 표면에 두꺼운 벽의 작은 세포가 있고, 줄기 내부에 더 크고 얇은 벽의 세포가 있다. 팽압膨壓이 증가할수록 내부 세포가 팽창해 줄기 덩굴 바깥쪽 표면이 갈라지면서 가늘고 긴 조각strip이 생겨난다. 팽압이 지속적으로 작용하여 얇은 벽이 받는 응력이 커지기 때문이다. 다 자란 줄기는 바깥쪽 표면에 모든 가늘고 긴 조각이 원 혹은 사슬 모양으로 생성되어 어느 쪽으로 힘을 받든 구부러지는 쪽으로 높은 응력이 발생하여 줄기를 지탱한다. 식물 줄기의 세포벽을 구성하는 물질이 줄기 표면으로 이동하면 줄기에서 압축 응력이 가장 큰

◀ 해파리는 기본적으로 말미잘을 거꾸로 놓은 것이다. 해파리는 근육의 운동에 반응하는 부드러운 골격이 있다.

▲ 민들레는 줄기를 잘라 화병에 꽂아놓아도 줄기세포가 물을 흡수하며 확장해 나간다.

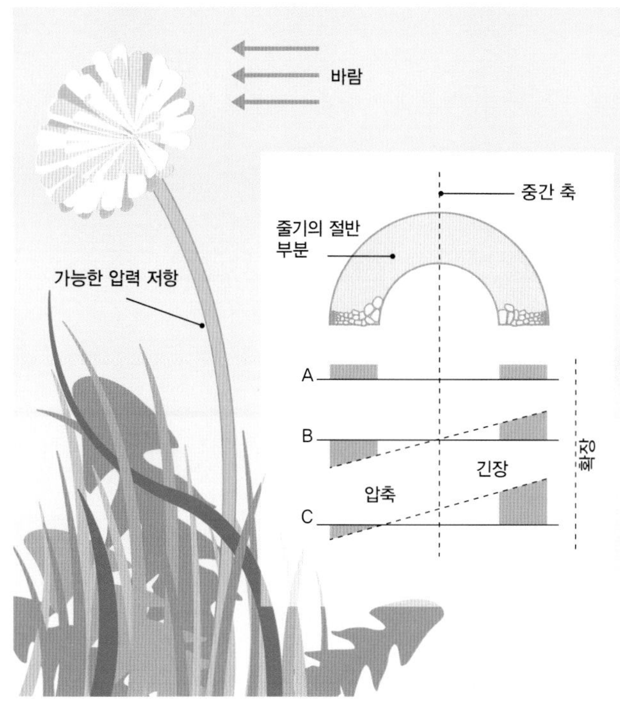

◀ 팽압은 줄기세포를 확장시키고(A), 바람의 하중이 줄기의 한쪽으로 실려 다른 쪽을 압박한다(B). (A)와 (B)를 더하면 (C)가 된다.

중심부의 반대쪽으로 장력이 극대화될 것이다. 그러면 세포벽 구성 물질이 모인 줄기 표면에 장력이 더 커지지만 세포벽의 셀룰로오스가 1GPa의 응력을 견뎌 부러짐을 막는다. 이런 설계의 이점은 높은 압력을 받을 때 줄기 표면의 작고 두꺼운 벽의 세포가 줄기 중심부의 더 크고 얇은 벽의 세포보다 구부러짐이 적다는 데 있다. 따라서 표면 및 내부 세포벽과 줄기 자체가 이중으로 줄기에 가해지는 압력을 견뎌낸다. 우리는 구부러짐과 압축에 견디는 버팀목과 기둥을 만들 때 이와 비슷한 원리를 이용하여 구조의 외부 가장자리로 힘을 분산시킨다. 그러나 자연의 구조는 상대적으로 가공되지 않은 것이라 조립 과정을 파악하기가 쉽지 않다.

관의 구조

동물은 식물보다 활동적이고 모양을 재빨리 쉽게 바꿀 수 있어서 외부로부터의 압력이 훨씬 낮다. 동물의 몸속에 있는 다양한 관(인대, 내장, 혈관, 근육과 신경을 둘러싼 조직)은 자연을 통틀어 거의 같은 방식으로 구성된다. 생물의 관은 구부러질 뿐만 아니라 길이와 지름이 변경될 수 있어야 한다. 이 문제의 공통적인 해결책은 압력 용기를 설계하는 방식과 유사하다. 교차한 나선형의 콜라겐 섬유가 그물망 구조를 이루는 것이다. 이 구조는 점진적으로 다양한 형태로 변한다. 지름이 일정한 관은 최대로 늘렸을 때 섬유 사이의 각도가 54도 45분이다. 관은 짧고 뚱뚱한 것에서 길고 가느다란 것까지 모양이 다양하다. 그러나 카멜레온의 발포식 혀처럼 특성은 그대로 유지된다. 늘어나는 이런 이중 나선형 관은 콜라겐 섬유가 지름이 일정하게 연장되어 강한 탄성 에너지를 저장하고 있다가 필요한 순간에 입 밖으로 혀의 무거운 끝을 쏜다. 이 특성은 오래전에 발견되어 대포와 로켓 엔진과 같은 압력 용기 설계에 적용되었다. 이 원리를 활용하여 기술적으로 움직임을 제어하는 작업은 크게 주목받지 못했지만 전기 장치에 피복을 입히는 작업에서 흔히 볼 수 있다.

▶ 카멜레온의 혀는 확장되는 콜라겐의 작용으로 먹이를 잡을 때 멀리 앞으로 뻗어나간다.

부드러운 합성물

피부는 생물의 형태를 결정하고, 외부 충격에서 생물을 감싸고 보호하는 역할을 하며, 방해받지 않고 모든 형태의 의사소통(감지, 영양 섭취, 호흡, 배설)을 지속할 수 있게 해준다. 포유류의 피부는 기술적으로 가장 복잡하며, 곤충의 피부(표피층)는 가장 다채롭게 변화한다.

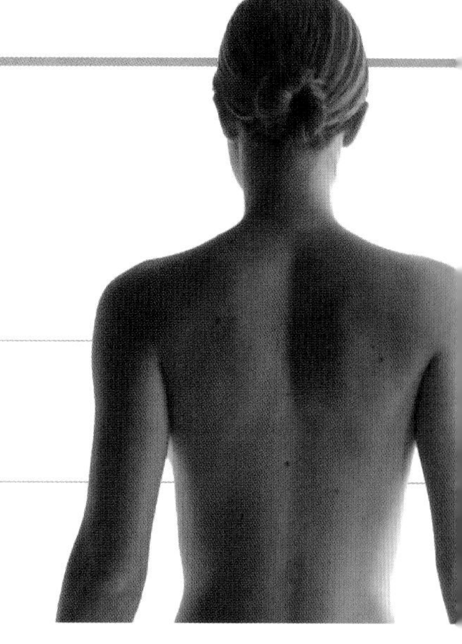

인간의 피부에서 진피층은 단백질과 다당류 구조에 콜라겐 섬유와 일부 탄성소가 결합하여 구성된다. 진피(표피)는 용수철과 같은 나선형의 케라틴 단백질로 가득 찬 세포층의 보호를 받는다. 인간의 피부는 일반적으로 비선형이고, 이방성異方性(방향에 따라 변하는 물질의 특성–옮긴이)을 띠며, 변형률strain rate에 의존한다. 콜라겐 섬유의 기원은 1880년에 오스트리아인 해부학자 칼 랑게르Karl Langer(1819~1987)가 처음 연구하기 시작하여 시체의 피부에 둥근 구멍을 내면 타원 형태가 된다는 것을 밝혀냈다. 피부가 특정 방향으로 당겨질 때마다 그 방향으로 콜라겐 섬유가 자리를 바꿔서 거의 모든 콜라겐 구조에 J자 모양의 응력 변형 커브가 나타난다. 피부 속 콜라겐의 위치는 2차원의 피부 단면에 국한되긴 하지만 세 방향으로 다양하게 움직인다. 콜라겐 섬유는 힘을 거의 들이지 않고 광범위하게 이동하기 때문에 기술적인 테스트를 할 때 시작 지점을 결정하기 어려운 단점이 있다.

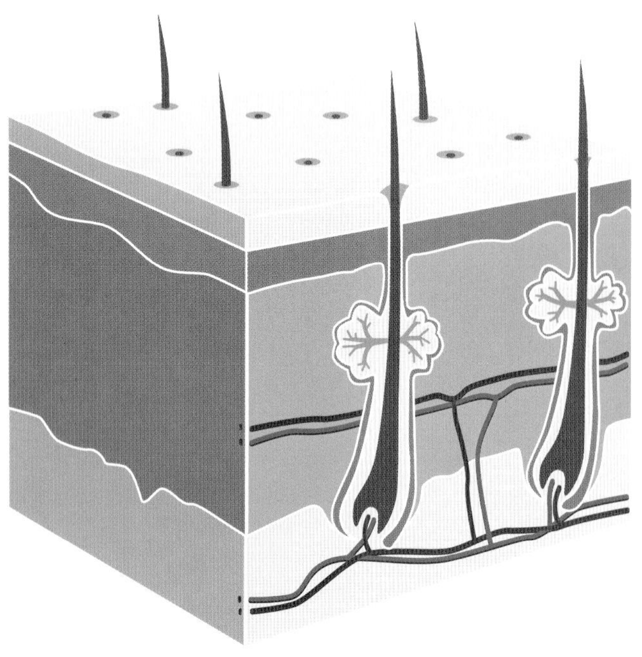

◀ 피부는 기술적으로 매우 복잡하고 여러 층으로 이루어진다. 진피층이 떨어지면 그 아래의 더 많은 세포가 그 자리를 채운다.

피부의 강도

생물의 피부는 한 번에 여러 방향으로 늘릴 수 있다. 이것은 고리를 부착했을 때 한 번에 열 개 이상의 방향으로 움직일 수 있다는 것을 의미한다. 가장 정교한 컴퓨터로 분석해도 피부의 기술적인 행동 모델은 구현할 수 없다. 예를 들어, 일정한 요소로 구성된 실험 모델이 있다면 각 구성 요소가 상호 작용하면서 드러나는 특징에 따라 이들 요소를 간단한 용어로 분류한 후 모델의 소재나 구조를 설명할 수 있다. 그리고 이를 활용하여 비선형적 특성을 띠는 복잡한 형태도 단순한 선형 모델로 결합할 수 있다. 하지만 인간의 피부는 샘플을 가지고 테스트하는 과학자를 비웃듯 개인, 성별, 몸의 부위 혹은 환경에 따라 강성도와 확장 정도가 다르다. 이런 상황에서 과학자들은 이론보다는 관찰을 통해 '본질적인 원리'를 얻으려 한다(물론 이론도 따른다). 로버트 훅Robert Hooke은 '잡아 늘이는 만큼 힘도 커진다'는 법칙을 발견했다. 그러나 그는 이 상관관계의 주체가 무엇인지 알지 못했다.

피부를 거친 소재로 만들려면 여러 요인을 결합시켜야 한다. 조금 늘였을 때 강성도가 작으면 피부 변형이 부분적으로 일어나 손상을 줄인다는 의미이다. 피부가 칼에 찔리면 상처 때문에 긴장감이 풀어지고, 베인 부분 표면의 섬유가 상처가 생길 것으로 예상하는 쪽으로 재배치되어 손상에 대응한다. 이와 가장 유사한 원리로 만들어진 합성 원료는 니트를 직조할 때 올이 잘 풀리지 않게 해주는 소재와 거친 덮개를 만들 때 사용하는 플라스틱 섬유가 있다. 그러나 자연의 시제품을 모방해 독자적으로 변형한 이 발명품은 제품의 품질을 향상시키는 것보다 장비를 교체하는 데 비용이 더 많이 들어서 산업 경제에서 활용하는 데 제약이 있다.

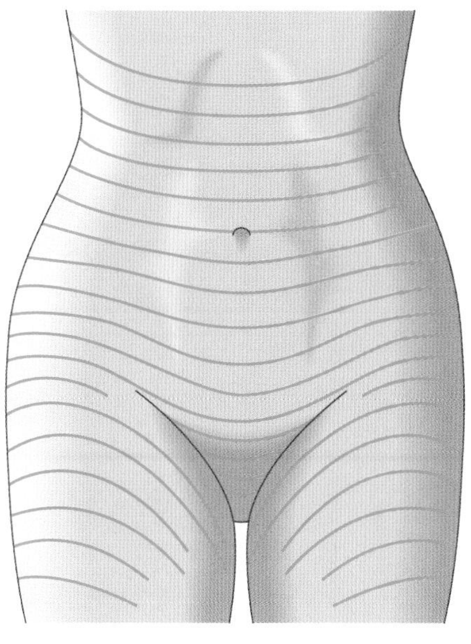

▲ 동물은 피부에 콜라겐 섬유가 포함되어 있어서 몸을 자유롭게 움직일 수 있다. 이들은 '랑게르선langer's line'이라 불린다.

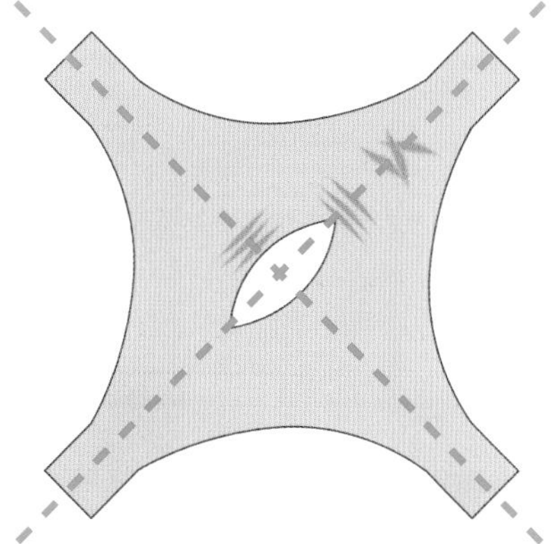

▲ 콜라겐 섬유는 상처에 반응하여 자리를 재배치한다. 이 그림에서처럼 손상이 계속 진행되어 피부가 더 찢어지지 않도록 배열한다.

피부는 그저 부드러운 섬유 소재인 것만은 아니다. 기생충부터 인간에 이르기까지 피부에는 다양한 관이 있어서 외부의 공기와 수분을 동물의 체내로 전달한다. 이런 동물의 피부 조직은 그 구성 성분이 매우 유사하다. 그러나 섬유의 위치는 체내의 기술적 용도와 밀접하게 관련된다. 장기를 보호하고 고정하는 내부의 결합 막은 피부보다 더 욱 섬세하다. 이 모든 조직(콜라겐)의 주요 부분은 체내 전체 단백질의 4분의 1을 사용하여 만들어진다.

단단한 합성물

물은 생물학적 합성물을 생산하고 조립하는 데 반드시 필요하다. 단단한 재료를 만드는 방법의 하나는 단순히 수분을 제거하고 단단한 섬유들이 한데 뭉치게 하는 것이다. 이것은 마치 가죽을 무두질하는 것과 매우 흡사한 화학 작용이다.

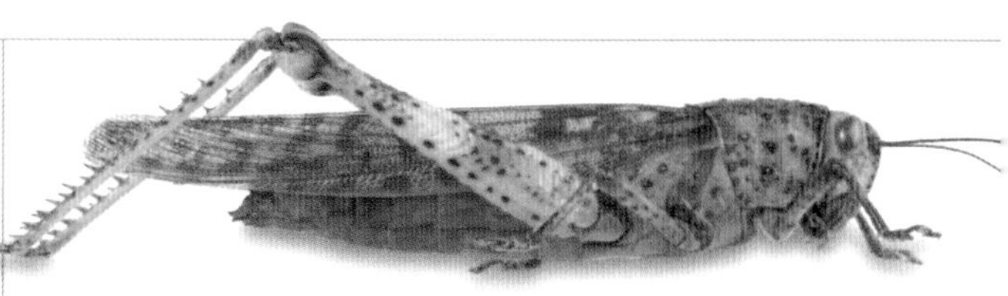

▲ 이 암컷 메뚜기는 다른 곤충들과 마찬가지로 표피가 단단하다. 한편, 메뚜기와 많은 곤충이 갈색 혹은 검은색을 띠는 것은 이들의 몸에 있는 페놀이 공기 중에 노출되었기 때문이다.

곤충의 표피는 상대적으로 원료들이 간단하게 합성하여 형성된다. 구성 물질의 다양성은 키틴질의 양, 단백질의 유형, 수화水化와 다른 하위 물질들(멜라닌, 아연, 망간 및 일부 염분)의 함량 정도와 속한 위치에 따라 달라진다. 곤충의 표피는 수분이 매우 적은 일종의 수소 결합 물질로 구성된다. 수분 몇 퍼센트만으로도 그 강도에 엄청나게 큰 변화를 줄 수 있으며, 표피의 수분 함량이 약 25%에 이르면 강도에 변화가 생긴다. 그래서 표피는 단백질층 표면에 밀도가 더 높은 수분층 하나만 남겨서 단백질 분자가 서로 매끄럽게 움직이지 못하게 한다.

이러한 변화 가운데 가장 분명한 것은 곤충이 오래된 외골격을 벗어버리면 새로운 표피층이 단단해진다는 것이다. 대체 그 원인은 무엇일까? 대개 그 해답은 아주 일반적인 원리에서 찾을 수 있다. 바로 페놀을 첨가하는 것이다.

페놀

진한 블랙티나 드라이한 레드와인을 마시면 혀가 텁텁하고 불쾌한 느낌이 든다. 음료 속에 들어 있는 페놀 혼합물이 침에 닿아 수분을 빼앗아가기 때문이다. 페놀은 공기에 노출되었을 때 갈색을 띠므로 이것이 함유된 많은 차, 나무, 동물의 표피가 갈색이다. 페놀은 고리 모양의 탄소(C)와 수소(H) 분자에 산소가 결합한 것으로, 생물학적으로 효소와 접촉하면 더욱 활발해진다. 화학적 욕망이 충족되면 물이 섞인 소재는 대부분 차단되어 중앙의 방수 페놀 링과 결합하고 전체에 탈수 작용을 한다. 수분이 빠지면 남은 부분은 상호 작용해 더 긴밀한 결합을 구성하고 불용성으로 바뀐다. 물은 서로 협력해서 이차적 결합을 하는 체제를 통과할 수 없기 때문이다. 이렇게 화학적으로 진행된 탈수는 수중에서도 일어날 수 있으며, 이것이 바로 수용성 콜라겐 섬유인 홍합의 수염 타래가 강하고 단단한 이유이다.

나무의 성질 이해하기

나무는 갈색이니 페놀이 많이 포함된 것이 당연하다. 목질소는 복합 페놀 물질로 수분을 모으고 셀룰로오스 섬유를 하나로 뭉쳐서 모든 틈을 메운다. 목질소는 플라스틱과 비슷해서 약 100도에서 유연해진다. 그래서 열을 가한 목재를 구부려 모양을 잡고 그대로 식히면 그 형상을 유지한다. 반면에 셀룰로오스 나노 섬유를 함유한 목재는 낮은 온도에서 녹지 않으므로 균질 플라스틱보다 복잡하다. 게다가 사람이 만든 유리 섬유보다 까다로워서 현재의 재료과학으로서는 그 모든 특성을 예측할 수 없다. 기존에 많은 기술적 모델이 드러낸 문제점은 생물학적으로 거대한 분자를 생산하는 규칙적이고 정확한 구조를 이해할 만큼 세부사항을 충분히 파악하지 못했다는 점이다.

이를 해결할 가장 좋은 방법은 물리적 모델을 구축해 실험해 보는 것이다. 이 작업에 나무는 더없이 좋은 재료이다. 셀룰로오스는 약 15도 기울기로 나무의 세포를 돌돌 감는다. 셀룰로오스 대신 지푸라기처럼 길고 가는 종이를 나무에 나선형으로 감은 모형을 만들어봐도 좋다. 당기는 힘을 받으면 결이 나선형으로 찢어지면서 폭이 점점 얇아진다. 지푸라기 여러 개를 연결해서 실험했을 때(이때 부드러운 나무를 사용하는 것이 더 좋다) 지푸라기들은 서로 당기면서 균열이 점차 증가하고, 그만큼 찢어지는 힘을 분산시켜 흡수할 것이다. 이러한 특성은 무게를 견디고 충격을 받는 힘이 일반 섬유보다 다섯 배는 더 강한 훌륭한 유리 섬유와 수지합성물을 만드는 데 적용하여 고속 충격이나 칼 등의 공격에 저항할 수 있는 갑옷을 만들 수 있다.

페놀 이해하기

페놀은 벤젠고리①를 토대로 하며 항상 속에 링이 들어 있는 육각형 모양이다②. 벤젠은 물과 섞이지 않는다. 하나 이상의 질소에 산소가 더해지면 페놀③이 되어 물에 용해된다. OH 그룹이 안쪽으로 보이면 분자는 균형을 잃고(화살표) 화학적으로 반응한다. H 두 개를 제거하면 퀴논quinone 형태④를 구성하며, 균형은 더 떨어진다. 이것이 활발한 반응이다. 더 많은 R(C와 H 원자들로 만든)을 더하면 분자는 균형이 더 떨어진다(⑤, ⑥). =O 원자가 다른 분자와 결합하면 용해도가 떨어지고 벤젠 링은 물을 배출한다. 그래서 물속에서도 화학적 탈수를 진행할 수 있다!

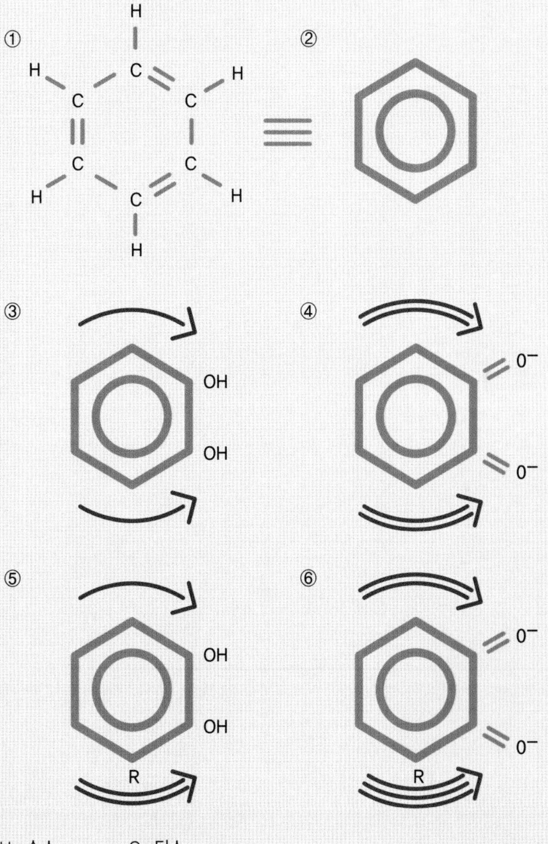

H=수소 C=탄소
O=산소 R=탄소와 수소 원자

무척추동물의 세라믹 구조

동물이나 식물의 일정 부분은 보호와 지지를 위해 강하고 단단해야 할 필요가 있다. 그리고 교차 결합한 단백질과 섬유로 단단하게 구성된 나무, 곤충의 표피 등은 생성되는 데 에너지가 필요하다. 이런 단단한 구조를 형성하는 물질은 에너지를 섭취하고 소화한 후 통합해서 얻는다. 석회와 실리카silica는 성질이 단단하고, 만드는 데 에너지가 적게 들어가는 물질이다.

딱딱한 표피를 만드는 데 가장 풍부하고 쉽게 사용할 수 있는 소재는 탄산칼슘 결정crystalline calcium carbonate이다. 이 결정은 종종 칼슘 인산염과 마그네슘, 일부 오팔과 수화한 실리카 형태로 바뀌기도 하는데, 잘 농축된 용액에 탄산칼슘 결정을 침전시키고 그대로 놔두면 다시 녹는다. 이 과정의 시작과 끝은 필요할 때 미네랄을 결정화하는 것과 결정이 충분히 자랐을 때 성장을 멈추게 하는 방법에 따라 정해진다. 그 방법은 상대적으로 단순한 무기물을 만들어서 내구성이 강하고 단단하며 명확한 형태를 갖추게 하는 것이다.

석회의 강도

달팽이껍데기는 석화 구조 연구에 널리 사용된다. 생물 석화 작용에 대한 연구는 진주층에 초점을 맞추는데, 그것이 상대적으로 큰 판(다각형이 약 8밀리미터이고 0.5밀리미터 두께)이면서 매우 단순하기 때문으로 추정된다. 판은 조밀한 수정 형태의 탄산염인 아라고나이트로 만들어졌으며, 층을 구분하는 단백질 막에 난 작은 구멍을 통해 서로 연결된다. 개별 판이 차츰 석화되어 결정이 되고 완전해지면서 하나의 큰 층을 이룬다. 진주층 사이의 접착성은 아주 약하다. 진주층이 쪼개지면 외투막이 실크 같은 섬유를 뿜어내 판 사이의 공백을 덮고 계속 자랄 수 있게 한다. 진주층이 재료로서 흥미를 끄는 것은 구조는 단순한데 층을 구성하는 원료인 아라고나이트보다 3,000배는 더 단단해진다는 점 때문이다. 그렇게 되는 이유는 아직 분명하게 밝혀

▲ 앵무조개껍데기의 진주층은 원료인 석회보다 3,000배 더 단단하다. 쪼개면 껍데기는 마이크로미터보다 얇은 실크 같은 타래로 갈라진다.

▶ 성게는 껍데기가 석회로 만들어졌지만 산호초에 몰아치는 매서운 폭풍우도 견뎌낸다. 게다가 자생 작용을 하는 이빨은 자연에서 가장 강한 소재이다(아래 참조).

지지 않았다. 또 쪼개짐이 발생하면 항상 한 층에서 다른 층으로 넘어가지만 표면 영역(골절이 일반적으로 진행되는 부분)의 증가가 이 범위의 강도 증가에 영향을 주지 않는다는 점 때문이기도 하다. 층이 굳으면서 접착 물질이 균열을 막아주고 실크 섬유가 생성되는 것을 막아 강도를 조절한다. 인간이 진주층과 같은 물질을 만든다면(사람들은 적어도 지난 20년 동안 이를 시도해 왔고, 간혹 부분적으로는 성공했다), 현재까지 나온 세라믹 소재보다 적어도 100배는 더 단단하며 현재 사용하는 플라스틱보다 열 배는 더 튼튼한 소재가 될 것이다.

자생 작용self sharpening(표면 입자가 마모되면 그 하위 입자가 연속적으로 나타나는 작용–옮긴이)을 하는 성게의 이빨은 자연에서 가장 단단한 재료로, 탄산칼슘(방해석) 구조에 탄산마그네슘(백운석) 판과 섬유로 구성된다. 성게는 흥미를 끄는 외관 외에도 현재 우리의 기술과 반대되게 자연 구조가 물질보다 저렴함을 다시 한 번 알려준다.

▶ 성게는 부드러운 층(방해석)과 딱딱한 원료(백운석)를 두루 포함하여 형성되었다. 이 두 원료는 각기 다른 비율로 떨어져나가기 때문에 지속적으로 연마되어 뾰족한 모양을 형성한다.

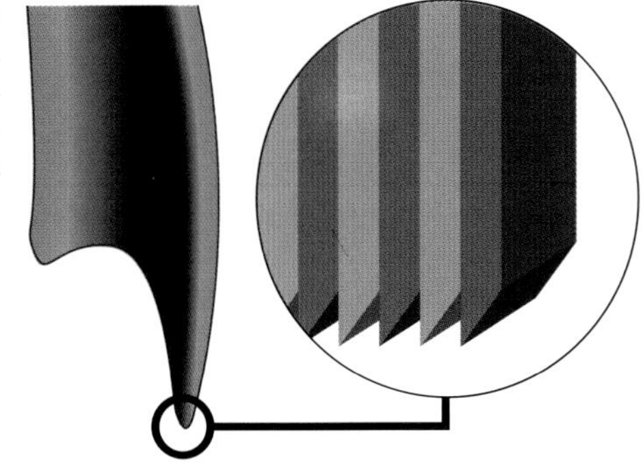

척추동물의 세라믹

뼈는 세라믹 합성물로, 다양한 형태를 띠며 몸을 지탱하고 보호하며 움직이게 하고 백혈구와 적혈구를 생산하며 미네랄을 저장하고 뿔을 만든다. 뼈는 단단하고 강하며 강성도가 높고 스스로 증식할 수 있다. 치아도 뼈와 비슷한 원료로 구성된다.

뼈의 약 3분의 1은 콜라겐 섬유로 나노미터 크기의 수산화인회석 판(칼슘인산염에 수분이 함유된 형태)으로 구성되어 최대 50%까지 확장된다. 이 콜라겐과 인회석 섬유는 지름이 약 50나노미터이다. 뼈의 나머지 부분은 연결 조직과 세포로 구성된다. 뼈 조직은 너무 조밀해서 연구하기가 어렵다. 개별 판의 자라는 부분을 살펴보면, 석화 작용이 막 시작되거나 작은 V자로 갈라지기 시작해 가장자리가 매우 얇고 오직 한두 층의 판으로만 이루어진 것을 볼 수 있다. 콜라겐 미네랄 합성 섬유가 뼈 구조의 기본 토대로 보이지만 그 크기에 대해서는 정확하게 말할 수 없다. 콜라

▼ 사슴뿔은 특별하며 매우 단단한 뼈로 만들어졌고, 발정이 난 수컷 사슴의 목 근육은 싸움에서 충격을 흡수하는 역할을 한다. 전자망원경을 이용하여 주요 뼈 섬유를 볼 수 있다(사진 참조).

▶ 달걀 속으로 들어가는 것은 달걀을 깨고 밖으로 나오는 것보다 훨씬 어렵다. 병아리에게는 다행스럽게도!

겐의 자가 조립과 그 형태는 단백질과 다당류 결합물의 특정 반응에 영향을 받을 수 있기 때문이다. 그러므로 섬유의 크기 차이가 곧 콜라겐 섬유의 크기 차이를 의미하는 것은 아니다.

뼈는 섬유로 구성되고 그 구조는 대부분 단단하다. 하지만 이것은 단점이 될 수 있다. 구조의 다양성을 활용하면 이 문제를 해결할 수 있다. 즉, 콜라겐 섬유를 평평한 판재로 쌓거나 집약적으로 배열하기도 하고 혹은 이 두 방식을 혼합해 직조하는 방법이 있다.

부서지지 않는 뼈

사슴뿔의 단단함에 대해서는 많은 연구가 진행되고 있고, 상대적으로 결정화 정도(약 63%)가 낮아 강도는 약한 편이다(약 10GPa). 한편, 조류의 뼈는 미네랄 함유량이 더 많고(70%) 강도도 높다(25GPa). 그래서 '조류의 뼈는 어떻게 비행하기에 적합하도록 가벼우면서도 장애물에 부딪혔을 때 부서지지 않을 만큼 단단할까?' 하는 고전적인 문제를 우리에게 던져준다. 영국 레딩 대학교Reading University의 엠마 제인 오리어리Emma-Jane O'Leary는 조류의 골절 연구의 일환으로 닭 뼈의 단단한 구조를 조사했다. 그녀는 낮은 결정화 때문에 뼈에 균열이 생기면서 뼈의 생산적인 특성이 극대화된다고 주장한다. 이 원리는 비행기 구조 설계에 영감을 주었다. 이것은 미소 균열의 개념과 일치한다. 미소 균열은 5밀리미터 길이로만 진행되면서 그와 함께 형성되는 거대한 골절로 흡수된다. 미소 균열은 뼈의 강도를 줄이지 않으면서 뼈가 더 순응하게 한다. 미소 균열 작용은 가해진 힘보다 변형이 더 생길 수 있게 하여 뼈를 더 단단하게 만든다(그래서 약한 뼈에서는 미소 균열이 잘 발생하지 않는다). 뼈 구조 연구에서 해결해야 할 과제는 균열이 어떻게 시작되느냐가 아니라 어떻게 멈추느냐에 달렸다. 균열은 변형 에너지를 흡수하지만 더 큰 균열로 발전하지 않고 뼈가 갈라지게 한다. 따라서 균열을 막는 것이 기술적으로 가장 중요한 부분이다. 미소 균열이 발생할 때 특정 음향 효과가 나도록 실험을 준비하고 모니터해 보면 균열 작용이 어떻게 진행되는지 알 수 있다. 뼈가 균열에 점차 순응할수록 소리도 커지기 때문에 이 두 효과는 서로 긴밀한 관련이 있다. 사슴의 뿔은 부서지는 대신 미소 균열을 잘 분산, 분리시켜 뒤틀림을 일으키기 때문에 균열에 저항하는 강도가 세다. 이는 수컷들이 뿔을 맞부딪치며 결투하는 발정기에 꼭 필요한 작용이다. 일련의 단계에 따라 균열이 발생해도 뼈 자체의 계층 구조가 이를 막는다.

재활용과 계층 구조

플라스틱 병은 스웨터를 만드는 용도로 재활용할 수 있다. 그다음에는 또 어떻게 될까? 프랑스 과학자이자 철학자인 르네 데카르트 Rene Descartes(1596~1650)는 "나는 생각한다. 고로 존재한다"라고 말했다. 필자는 이 말을 "나는 썩었다. 고로 다시 태어날 것이다"라고 바꿔 말하고 싶다. 생물은 최고의 재활용을 선보이며, 우리는 그들로부터 배우고 모방할 것이 많다.

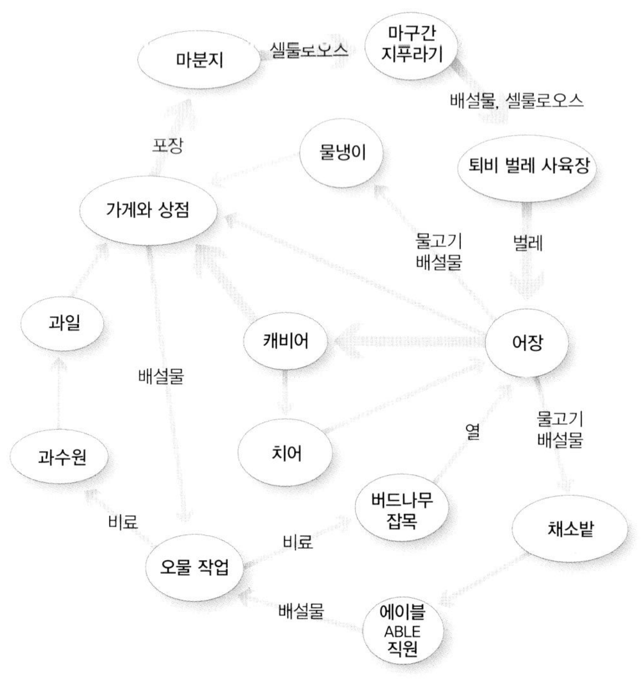

생물학적 재료(혹은 비슷한 것)를 기술적인 프로세스에 적용해서 얻을 수 있는 주요 이점은 화학적으로 발생하는 문제를 자연적으로 해결할 수 있다는 것이다. 예를 들어, 2002년에 영국에서 시작된 '마분지를 캐비어로' 프로젝트('에이블ABLE 프로젝트'로 알려진)는 지역 상가에서 버려지는 마분지를 거둬들여 지푸라기처럼 갈기갈기 찢고 가축우리의 바닥에 깔아준다. 여기에 가축의 배설물과 털이 묻어 혼합되면 미생물이 분해하기 시작한다. 이 분해된 지푸라기에서 나온 벌레는 수조에서 양식하는 철갑상어의 먹이로 활용된다. 이러한 철갑상어는 일부는 수산 시장으로 팔리고 일부는 캐비어를 생산하는 용도로 양식된다. 처음의 마분지가 더 많은 단계를 거치면서 생성되는 자원을 더 많은 사람이 활용하고, 더 큰 가치를 얻는다.

아쉽게도, 현재로서는 건설적으로 생물학적 방식을 채용한 재활용을 실천하기가 어렵다. 인간이 사용하는 원료는 고에너지 결합체(필수적으로 고압을 사용)여서 생물학적으로 활성화되지 못하기 때문이다. 생물은 효율적으로 재활용되도록 진화해 왔기 때문에 안정성과 결합력이 우수한 생물의 분자는 일정한

◀ 재활용은 모든 분야에 적용되어 이익을 줄 수 있다. 생물의 재활용을 자세히 살펴보면 사랑이 아니라 배설물이 세상을 돌아가게 한다는 것을 알 수 있다! 이 도식은 재활용 마분지가 다양한 단계를 거쳐 캐비어 생산을 돕게 되는 과정을 보여준다.

◀ 해저 화도의 뜨거운 황화물 맨틀 융기에서 김이 올라오고 있다.

온도를 유지하고, 기술적으로도 예측할 수 있는 상태이다.

재료와 구조의 계층 관계

생물학적 재료(와 구조)는 계층적이며, 분자 단계에서 자가 조립해 기본적인 생물 체계의 토대를 구성한다. 생물학적 구조에서 힘을 가해 영향을 줄 수 있는 곳은 분자 간의 틈뿐이다. 기술적인 원료 처리 과정과 비교하면 생물에 가해지는 이 외부의 힘은 아주 약하고 적용 범위가 협소하다. 그러나 공학자들이 제기하는 의문은 '구조적 계층 관계는 어떤 역할을 하는가?'로, 그 점과는 별로 상관이 없다. 계층 관계는 생물체 내에서 어떤 역할을 하지는 않지만 생물체가 거대한 조직을 이룰 수 있는 유일한 방법이자 본질이다. 더 적절한 질문으로 '생물의 구조를 형성할 때 다양한 계층 단계에서 행해지는 조립 방법은 무엇인가?'와 '생물이 이러한 구조로 얻는 장점은 무엇인가?'가 있다.

계층 구조는 생물을 구성하는 재료와 특성에 널리 영향을 미친다. 상대적으로 강도는 생물체의 크기와 상관이 없으며, 섬유와 세라믹 그리고 이 두 물질의 상호 작용과 같은 구성 요소 간의 소통에 의존한다. 반면에 균열에 대한 저항력은 단단한 물질일 경우 크기와 형태에 크게 의존하므로 크기와 계층 구조의 인터페이스가 중요하다. 다른 부분보다 부드러운 층 또는 영역은 균열을 멈추거나 분산시키면서 약한 부분에 큰 영향을 줄 수 있다. 이 원리를 이해하려면 모든 균열은 작은 힘이 한 부분에 정확히 가해져서 시작된다는 점을 먼저 인식해야 한다. 약한 균열이 발생하면 그것이 더 진행되어서 큰 균열을 일으킬 수 있다. 그러나 균열이 진행될수록 힘이 분산되므로 날카로운 끝 부분이 무뎌져 큰 균열은 결국 멈춘다. 이런 현상은 생물학적 재료에서 더 많이 발생한다.

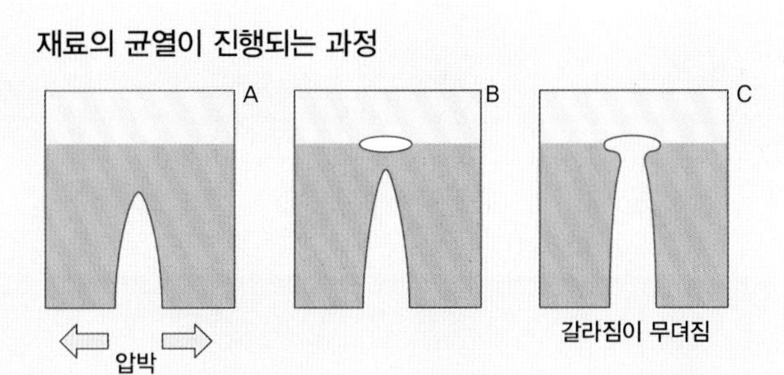

▶ (A) 물질은 균열이 수평으로 진행되며 발생하여 그 아래쪽의 약한 부분으로 퍼진다. 약한 층에 도달할 때 균열은 (B)와 같이 위로 개방되고, 이것이 큰 균열의 흐름을 무디게 해 멈춘다(C).

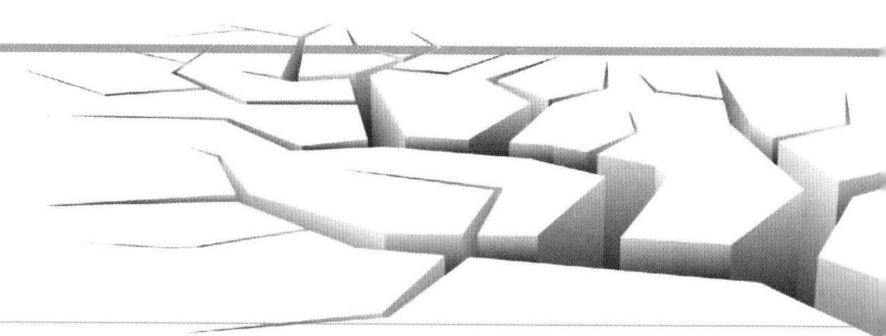

소형 계층 구조

일반적인 균열은 세라믹이나 결정체에서 10~30나노미터 길이로 시작되며, 생물학적으로 강화된 세라믹 혼합물은 이보다 균열의 크기가 작아서 금이 가거나 깨지는 일이 적다.

▼ 사슴의 뿔(아래 오른쪽)은 섬유(콜라겐과 미네랄)로 이루어져 단단하다. 반면에 소뼈(아래 왼쪽)는 섬유가 여분의 미네랄 사이에 갇힌 형태라 잘 결합하지 못해서 균열이 곧바로 전해진다.

공학자들에게 가장 심각한 문제는 무언가가 부러지는 것이다. 부러지는 것은 항상 작은 금에서부터 시작된다. 깨지기 쉬운 물체는 아주 작은 금만 생겨도 부서지고 만다. 뼈를 튼튼하게 해주는 수산화인회석 판은 몇 나노미터의 두께로 매우 얇아서 하중을 받을 때는 뼈에 영향을 미치지 않는다. 이 말은 바로 깨지기 쉬운 그 얇은 판이 뼈를 단단하게 지켜준다는 것이다.

균열이 되기 전 단계에 마이크로미터 길이로 금이 몇 개 생겨나 뼈 주변으로 진행된다. 그 크기는 뼈를 구성하는 계층 구조의 각 층을 형성하는 섬유보다 크다. 따라서 뼈의 부러짐에

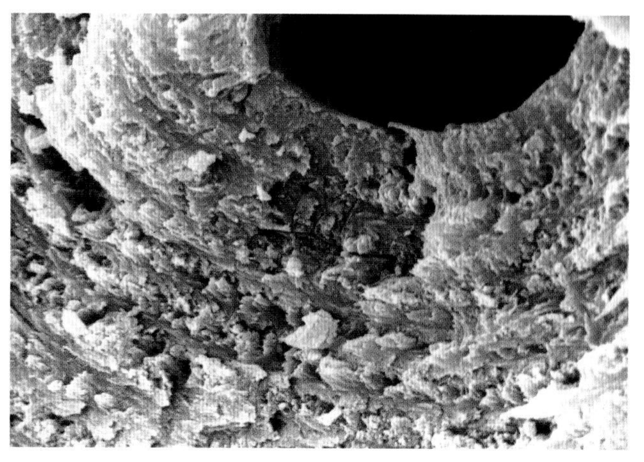

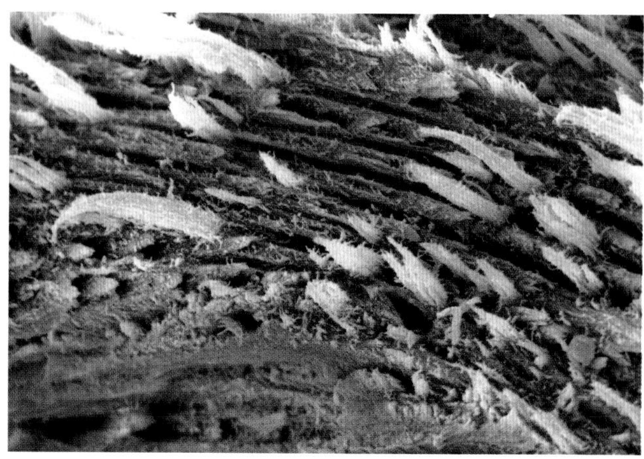

▶ 뼈의 계층 구조로 n을 원료와 혼합한다. (A) 콜라겐과 인회석 결정이다. 결정은 무작위로 직조된 뼈(B)나 얇은 판 뼈(C)를 구성한다. 이 작용은 주로 직조된 뼈(D), 얇은 판 뼈(E)와 섬유 모양osteate 뼈(F), 얇은 판 뼈(G)에서 발생한다. 검은 점은 혈관이 지나는 부분이다. 이 구조는 더 진행되어 소형 뼈 혹은 단단한 뼈(H)와 주요 뼈 사이의 공간을 채우는 다양한 섬유주 뼈(I)를 구성한다.

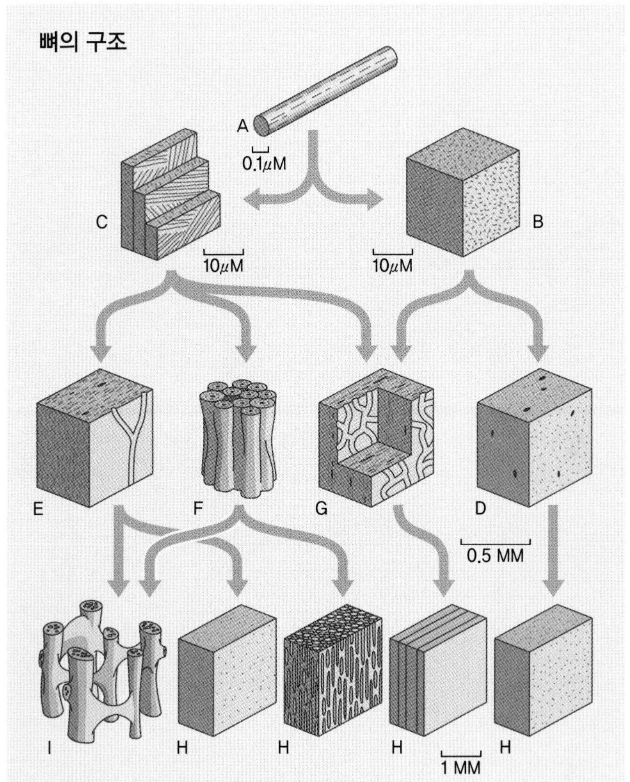

대한 저항성은 구부러짐 혹은 강도에 저항하는 각 계층 구조의 크기에 따라 달라지고 그래서 구조 자체에서 부러짐을 억제하도록 한다.

하나의 재료인 뼈는 콜라겐(물을 포함한다는 사실을 꼭 기억하자!)과 수산화인회석의 비율, 계층 구조 사이의 자연적인 상호 작용에 따라 특성이 다양해진다. 예를 들어, 소뼈는 수산화인회석의 비율이 높고, 섬유는 다른 칼슘염과 결합한다. 이와 대조적으로 사슴의 뿔은 수산화인회석이 적고, 섬유는 칼슘염과 결합하지 않아 다른 방식으로 쪼개진다. 더 단단한 소재로 이루어진 사슴뿔 표면에 균열이 생기면 콜라겐 혹은 수산화인회석 섬유가 분리된 형태로 나타나는데, 이는 모든 뼈를 구성하는 섬유 합성물의 주원료가 이 두 물질임을 증명하는 것이다. 이 계층 단계에서의 균열은 소의 다리뼈보다 사슴뿔에서 더 약하게 진행된다. 그래서 사슴뿔의 균열이 더 빨리 멈춰 부러짐을 막는 것이다.

입자의 크기와 고성능 소재

단단한 입자의 크기를 조절하여 더 단단하고 내구성이 강한 혼합물을 만들 수 있을까? 나노 입자에 대한 호기심이 고성능 바이오미메틱스 소재의 개발을 고무했으나 현재 이 분야의 개발은 실질적으로 열악한 수준이다. 나노 입자로 구성되는 재료는 극소수에 불과하다. 대부분 입자는 보통 수백 나노미터로 측정되며, 세라믹처럼 단단한 입자는 부러지지 않을 경우 최대 수십 나노미터다. 게다가 사람이 만든 세라믹 혼합물의 입자는 뼈와 다를 뿐만 아니라 뼈가 이 혼합물보다 열 배는 더 단단하다.

많은 나노 기술이 자가 조립에 의존하는데, 실질적으로 자가 조립은 개별 분자나 분자의 집합체와 같은 아주 작은 크기에서만 가능하다. 이 크기를 넘어서면 전기방사electrospinning(전하 차이를 이용해 섬유를 제조하는 기술－옮긴이)를 비롯해 제지 및 직물 산업에서 이용되는 여러 섬유 가공 기법이 필요하다. 이런 기술들은 펠트나 밧줄 같은 소재에 생물학적 재료에서 볼 수 있는 인터페이스 작용을 더한 것을 생산할 수 있게 해준다. 이와 함께 골절 제어, 강도와 내구성 조절도 가능해졌다.

대형 계층 구조

생물학적 재료에 대한 연구는 적합한 크기에서 이질성과 통합이 시작됨을 증명하여 로드 베어링에 크게 영향을 받지 않고 내구성을 높일 수 있다고 설명한다. 이제 인간이 할 일은 다양한 크기의 물질에 이질성을 접목하는 것이다.

인공 재료 분야의 목표 중 하나는 예측할 수 있는 특성을 포함하는 동일한 소재를 생산하는 것이다. 그중에 철은 다양한 용도로 활용되는 소재다. 대장장이가 만든 모양에 따라 각기 다른 이질성을 띠기 때문에(모든 종류의 강철을 생각해 보면 각기 다양한 특성이 있다) 결정 사이에 저마다 다른 요소의 원자가 배치되어 기술적 성과에 중요한 차이와 개선점을 만든다.

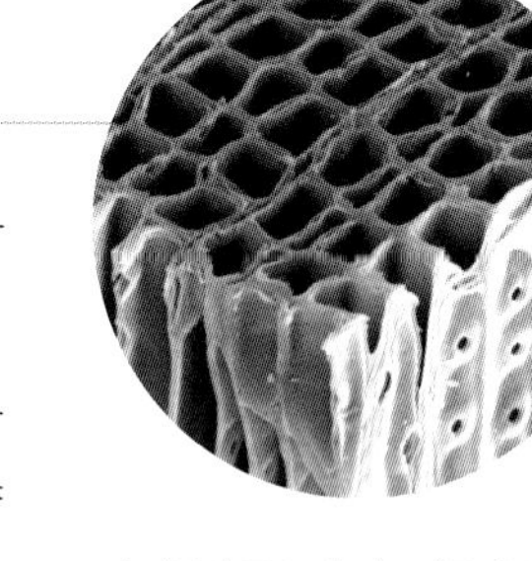

▲ 소나무의 주요 세포는 지름이 약 20마이크로미터로, 밀리미터 길이 이상으로 커질 수 있다.

강도의 계층 구조

계층 구조는 큰 생물체의 구조에서 확실하게 드러난다. 예를 들어, 잎사귀가 넓은 나무의 줄기로 물을 전달하는 관은 대부분의 나무 세포(지름 50마이크로미터)보다 크다(500마이크로미터). 세포가 입자로 압축될 때 이 거대한 관이 먼저 붕괴하고, 점차 주변의 세포들이 붕괴하기 시작한다. 위스콘신 대학의 로더릭 레이크Roderic Lakes 교수는 작은 세포층으로 구성된 벌집을 일렬로 세우고 접착제로 붙여 거대한 계층 구조를

▼ 콜라겐의 계층 구조는 분자에서 시작해 힘줄로 진행된다.

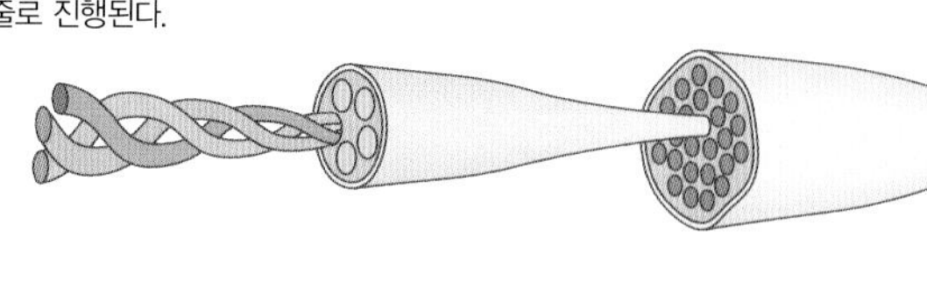
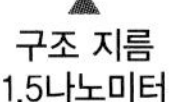

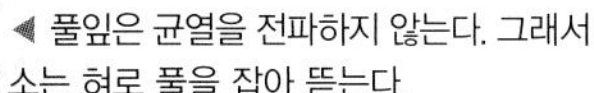

◀ 풀잎은 균열을 전파하지 않는다. 그래서 소는 혀로 풀을 잡아 뜯는다.

만든 다음 잡아 늘여 보았다. 그랬더니 개별 벌집이 떨어지지 않고 하나의 큰 세포로 이루어진 것처럼 움직였다. 이 구조물은 마치 하나의 단단한 나무처럼 보였다. 로더릭 레이크는 압축한 계층 구조의 벌집이 견디는 힘은 일반 벌집보다 약 3.5배 더 세다는 사실을 발견했다.

기술적 소재와 계층 구조를 적용한 한 예로, 중합체나 금속 섬유를 마주 보게 놓고 복잡하게 꼬아 만든 밧줄이 있다. 밧줄이 매우 단단한 이유 중 하나는 섬유가 계속 분리되어 있어서 갈라짐이 구조를 타고 전파되기 어렵다는 점이다. 밧줄과 동일한 원리의 생물학적 재료로는 섬유가 분리된 덩굴 식물과 풀이 있다(밧줄이 원래 식물 섬유로 만들어진 점은 우연의 일치가 아니다). 풀은 소와 같은 큰 동물도 뽑기가 매우 어려워서 혀로 잡아 뜯어야 한다. 곤충과 같은 작은 동물들은 가위처럼 생긴 입으로 식물의 섬유를 자른다.

적응성 계층 구조

계층 구조는 생물학에서 자가 조립의 직접적인 결과물로, 원자 배열 정보에 따라 구성된다. 소재는 각 계층 구조의 단계가 늘어나면서 점점 다양해져 단계가 복잡해질수록 적응성이 커진다. 바이오미메틱스 소재는 이보다 적응성이 높다. 생물은 에너지를 절약하기 위해 제한된 범위에서 화학 물질을 사용하지만 인간은 그 범위와 혜택을 더 늘릴 수 있다. 예를 들어, 생물은 체내에 아미노산이 20개 이상 있어서 다양한 종류의 단백질을 생산하면서 생물학적 시스템의 장점을 유지할 수 있다. 나아가 외부 에너지 공급원을 활용하여 반응 속도와 온도를 제어할 수 있다. 그리고 원자를 섬유로 바꾸고 복잡한 형태로 조직하는 기기를 이용하여 소재의 낭비를 줄이는 방식으로 생산한다.

▲ 섬유는 하나로 꼬여 큰 섬유를 구성하고, 이것이 더 큰 섬유를 형성하고 더해져서 결국 밧줄이 된다.

작은 조직을 만드는 법

마이크로 전자 장치를 만들려면 일단 구성 원료를 잘 배열해야 한다. 그다음 저항성 소재로 만들어진 이미지나 패턴을 겉면에 씌워 입히거나 부식동판술(박막을 입히는 기술의 일종–옮긴이)로 접합한다. 이 과정을 여러 차례 반복하면 아주 섬세한 구조를 만들 수 있다.

이러한 기술은 물론 매우 놀랍지만 생물학적 재료의 분자 수준에서 구조를 형성하고 주변 세포에서 적당한 접착력을 생성하며 힘이 강화되는 능력을 따라갈 수는 없다. 이것은 현재 인간의 기술로 해낼 수 있는 수준보다 적어도 두 단계는 더 세분화된 것이다. 인간의 흥미를 자극하는 대표적인 생물학적 재료의 예로 도마뱀붙이의 발바닥에 난 강모의 접착 구조가 있다. 나노미터 크기인 강모는 부식동판술로 생산한 어떤 소재보다 더 섬세하다.

사진석판술

사진석판술의 원리는 여러 차례 반복하는 과정을 통해 복잡한 구조를 생성하는 것이다.

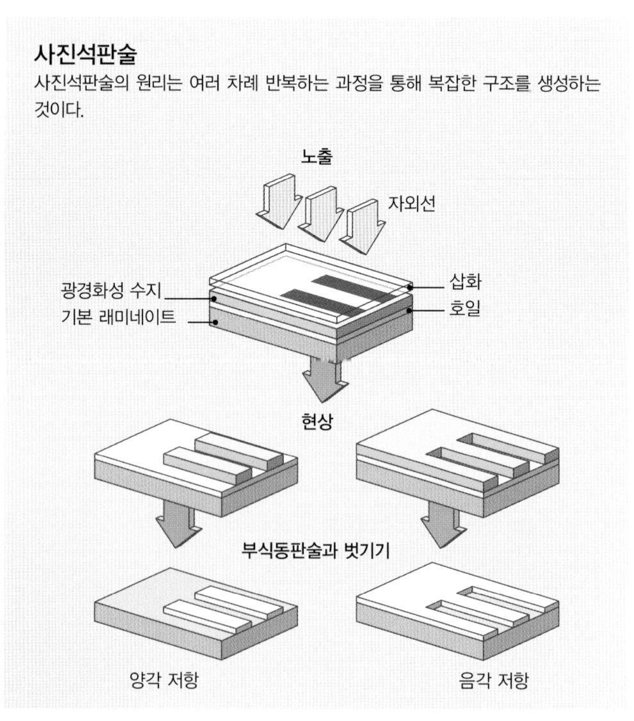

뒤집는 것이 더 낫다!

한 액체가 점도가 낮은 다른 액체 위로 흘러내릴 때 생성되는 작은 물방울을 활용하여 도마뱀붙이 발바닥의 강모와 비슷한 구조를 만들 수 있다. 이 방식을 이용하면 더 저렴하고 빠르게 분자 크기의 강모를 생산할 수 있다. 표면의 상호 작용과 표면 에너지를 토대로 한 물리적 처리 과정을 활용해 소재 형성에 다양하게 접근할 수 있다. 그 예로, 14일 된 닭의 배아에 힘줄을 발달시키면 세포막이 접혀 새로 공간이 생성되는 방식으로 세포 바깥쪽에 적어도 세 유형의 구획이 형성된다. 첫 번째 구획은 지름이 약 150나노미터로, 좁은 일련의 관다발로 구성

▶ 닭의 배아처럼 자가 조립하는 생물체는 분자 사이에서 작은 크기로 만들어지고 중력과 같은 외부 힘에 의해 점차 크게 성장한다.

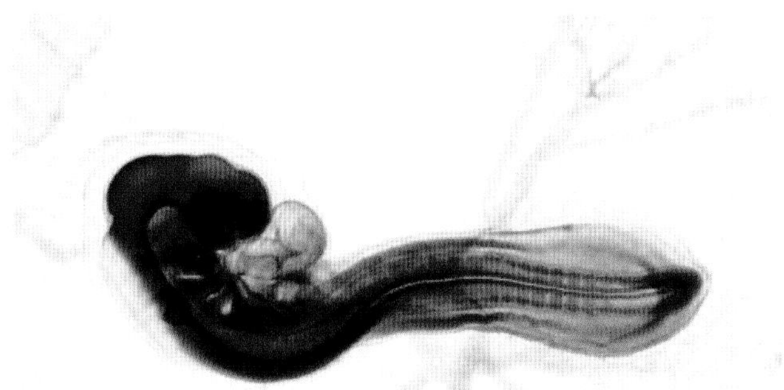

되어 체내 세포의 깊숙한 부분에 자리하며, 최대 두 개 혹은 세 개의 원섬유를 포함한다. 이 관들이 좌우로 비스듬히 접혀서 두 번째 구획을 생성한다. 이 구획은 지름 2~3나노미터의 섬유모세포 한 개 또는 한 쌍으로 이루어지며, 원섬유가 섬유 묶음을 이루는 곳에 자리한다. 세 번째 구획은 더 크고, 섬유모세포 두 개 또는 세 개로 연결되어 형성되며, 이제 섬유 묶음이 형태를 갖춘 힘줄처럼 보이기 시작한다. 이 구획화는 각기 다른 구조에서 콜라겐 조직의 연결을 조절하기 위한 일반적인 구성 방식으로 보인다. 힘줄의 유형에 따라 원섬유가 좌우로 접힌 상태는 동물이 태어나고 자라며 성숙하는 동안 지속된다. 이 시스템은 일정한 단계를 통해 섬유를 생성하는 방적 공장과 같은 현장에서 적용할 수 있다. 그 원리는 더 넓은 상호 작용을 통해 형태를 만드는 생물의 자가 조립에서 착안한 것이다.

자가 조립을 돕는 또 다른 예는 홈이 파여서 바위에 잘 달라붙는 홍합의 단백질 수염 타래다(136쪽 참조). 이 부드러운 수염 타래의 길이에 맞춰 섬유 단백질이 생성되어 자가 조립을 돕는다. 나방을 예로 들면, 번데기가 동일한 역할을 한다. 번데기가 자라는 모습은 외부에서 볼 수 있으며 번데기에 다리, 날개, 다른 조직이 직접 형성된다. 이런 방식은 분자가 조립할 수 있는 환경을 제공하고, 계층 구조의 한 단계에서 생성 속도를 높이고 단순화해준다. 이는 산업에 적용하기에는 생물학의 진행 과정이 너무 느리다는 비평을 잠재울 좋은 본보기다.

◀ 도마뱀붙이의 발바닥은 조밀한 강모로 덮여 있다. 이 강모는 나노미터 크기이며 끝 부분이 평평해서 아주 약한 힘으로도 표면을 잘 붙잡고 지탱할 수 있다.

바이오미메틱스 소재로 만든 피부

바이오미메틱스 소재로 만든 피부는 부드럽다. 수술용 막(뼈대)은 올이 거친 질감이며, 수분을 함유한 젤이 세포를 형성해 부드러운 피부를 만들도록 도와준다. 이 밖에도 나뭇잎과 곤충의 표피에 자체 정화 기능이 있다는 점이 흥미를 끈다.

바이오미메틱스 소재의 피부는 개발되고 나서 그다지 주목을 받지 못했지만 바이오미메틱스 소재의 중요성이 높아지면서 현재는 흥미로운 분야가 되었다. 한 예로, 초超소수성과 연잎에 물방울이 떨어졌을 때 볼 수 있는 '연꽃잎 효과'를 토대로 자체 정화 표면이 개발되었다. 이것은 두 가지 특징이 있다. 바로 결정 상태인 탄화수소층으로 표면을 만들

◀ 소금쟁이는 다리에 방수 처리된 짧은 털이 나 있어서 표면장력을 이용할 수 있다.

어 소수성을 띠며, 약 10마이크로미터 간격으로 돌기를 생성해 오염 물질이 들러붙지 않게 하는 것이다.

곤충의 복갑plastron은 마이크로미터 길이의 털이 제곱센티미터당 10의 7승(10^7) 혹은 그 이상의 밀도로 배열되어 표면의 질감이 뛰어나다. 또 물을 잘 내보내도록 설계되어서 복갑 바로 아래 얇은 공기층을 유지하고, 공기와 물이 접촉하는 털의 끝 부분에서 가스를 교환해 물속에서도 숨 쉴 수 있게 아가미 역할을 한다. 이것은 분명히 물속, 수면, 물가에 사는 곤충들의 진화에서 드문 현상이며, 동물의 피부를 건조하게 유지하고(물이 털에 들러붙지 않으므로) 추위로부터 체온을 보호하는 기술이다.

영국 스포츠웨어 업체 피니스테레Finisterre사에서 통풍성이 좋고 따뜻한 벨벳과 비슷한 성질을 띠는 방수 소재로 서핑용 의류를 만들었다. 이 직물을 개발한 톰 포드콜린스키Tom Podkolinski는 물개와 수달의 방수 모피를 기본 콘셉트로 삼았으며, 결과적으로 자신이 곤충의 복갑을 재해석했다는 사실은 미처 몰랐다. 이 밖에 이 구조를 모방해서 완전히 방수가 되는 표면을 만들어 탄산수에서 산소를 직접 추출하는 기술을 개발한 성과도 있다. 그리고 수면에 떠 있으면서도 물에 젖지 않는 소금쟁이(반대쪽 상단 참조)의 발바닥에서 영감을 얻어 수면을 걸을 수 있는 장치도 개발되었다. 제1장에서 이러한 로봇 장치에 대한 더 많은 사항을 볼 수 있다.

◀ 현미경으로 관찰한 연잎 표면이다. 육안으로는 볼 수 없는 소수성 돌기가 표면을 덮고 있어서 다른 입자가 들러붙는 것을 막는다.

◀ 연은 늪지대에서 자라지만 늪의 더러운 물에 오염되지 않는다. 빗물이 연의 표면을 깨끗하게 씻어준다.

연꽃잎 효과 이해하기

일반적인 효과

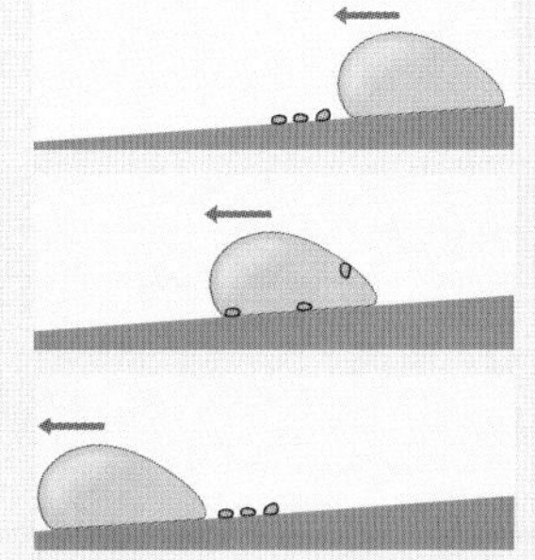

부드러운 표면에 물방울이 떨어져서 작은 운동으로 반구를 형성한다.

물방울은 작은 오염 입자 위로 미끄러지지만 물방울이 움직여도 더러운 입자는 그대로 남는다.

따라서 표면이 말라도 더러움은 그대로이다.

연꽃잎 효과

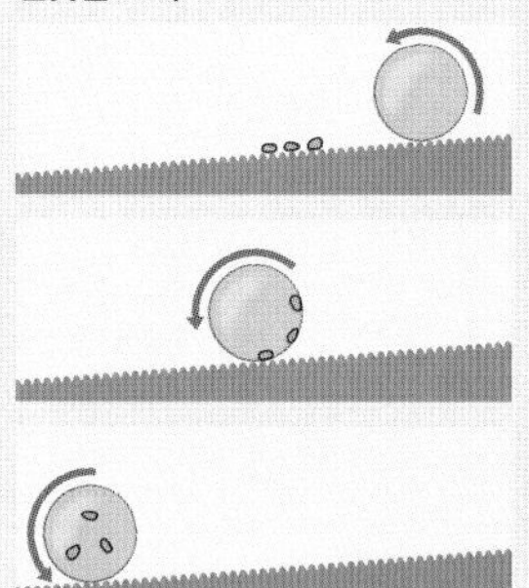

거친 표면에 떨어진 물방울들이 흡수되지 않아 거의 구형에 가깝다.

구형 물방울에는 입자가 달라붙게 하는 표면이 있다.

물방울이 굴러가면서 더러운 입자를 가져가 표면이 깨끗해진다.

더러운 입자는 스톨로투산StoLotusan(위 사진)으로 코팅된 표면에는 들러붙지 않는다. 스톨로투산은 방수성 외부 코팅액이라 비가 오면 벽이 깨끗해진다.

신소재와 자연주의적 설계

바이오미메틱스 적용

바이오미메틱스는 로봇 공학(감지기, 액추에이터, 로봇 차량 포함), 색상(대부분 물리적 색상으로 광학 포함), 재료(단단한 세라믹과 섬유), 재료 표면(직물 포함)과 같은 일부 과학기술에 적용된다.

생물학은 항상 건축과 모든 분야의 예술가에게 영감을 준다. 계층 구조 분야에서는 에펠탑과 R100 비행선을 성공적으로 설계하며 전성기를 맞았다. 계층 구조로 건축한 건물은 재료가 적게 들어가고 뼈대도 많이 필요하지 않은 대신 설계 비용이 비싸다.

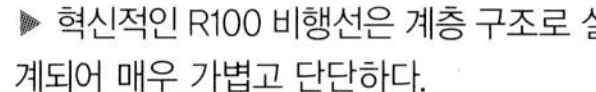
▶ 혁신적인 R100 비행선은 계층 구조로 설계되어 매우 가볍고 단단하다.

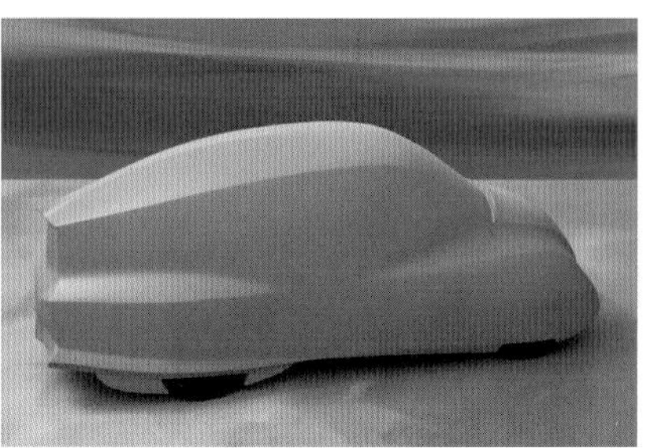

자동차 산업에서는 식물 섬유와 같은 생물학적 소재를 많이 사용한다. 최근에 다임러크라이슬러DaimlerChrysler사에서 클라우스 매텍Claus Mattheck의 응력 완화 설계 도구를 활용하여 복어를 콘셉트로 디자인한 자동차를 출시하고 대대적으로 홍보하고 있다. 매텍은 나무의 성장을 연구하며 자연이 강도와 무게의 문제를 어떻게 해결하는지 관찰했다. 여기서 발견한 원리를 자동차 개발 기술에 적용해 차체 무게를 40%까지 줄일 수 있었지만, 제작에 시간이 너무 오래 걸린다는 자동차 설계자의 말에 따라 그가 만든 시제품 차량은 폐기되었다. 역사적으로 생물학에서 영향을 많이 받은 부분은 비행기로, 동물과 비행기를 비교하는 것은 광범위한 연구 분야가 될 것이다. 그러나 일반적으로 바이오미메틱스는 직접적인 설계 도구의 하나로 쓰이든 일종의 기술 축약이든 간에 어느 정도 개발이 이루어진 상태이다.

바이오미메틱스 패러다임

생물학과 기술의 관계에서 우리가 언급하지 않은 것이 있다. 기술은 절대 그것의 완성도와 수준을 의심하지 않는다는 것이다. 이는 기술이 지속적으로 개선되지 않는다는 의미는 아니다. 이 말은 (암묵적으로) 기술이 현재 우리가 만들어낼 수 있는 최고를 실현한다는 것을 전제로 한다. 그러나 현재의 환경 문제는 더 이상 이 전제를 지지할 수 없음을 보여준다. 적어도 지구에서는 생물의 방식이 기술보다 낫다는 것이다. 현재 바이오미메틱스의 목표는 생물학에서 발견한 체제와 구조를 현 과학기술에 결합하는 것이다. 이것이 우리가 할 수 있는 최선일까? 우리의 기술 시스템이 스스로 이런 물음을 하도록 설정하는 것은 아직 불가능하다. 혹시 생물이 알려주는 기술을 인간의 기술에 제대로 적용하지 못하고 있는 것은 아닌가? 아니면 이보다 나은 방법은 없는가? 이것이 바이오미메틱스가 우리에게 가져다줄 수 있는 주요 이점이 아니라면? 우리는 기술과 생물학을 더 잘 결합시킬 방법이 필요하다.

▲ 사그라다 파밀리아Sagrada Familia 성당의 본당 회중석 천장(안토니 가우디 Antoni Gaudi가 설계했지만 아직도 지어지고 있음)은 식물 줄기를 지지하는 잎사귀에서 모티브를 얻었다.

◀ 다임러크라이슬러에서 복어를 디자인 콘셉트로 만든 자동차이다. 차체는 물고기처럼 유선형이고, 내부 프레임은 나무처럼 설계했다.

인간 기술로의 접목

살아 있는 것에서 살아 있지 않은 체계로 개념이나 메커니즘을 전달하는 것은 직접적으로 행해지는 것이 아니다. 현재 과학기술에서는 세 단계로 전달이 이루어진다. 생물을 직접 모방한 다음, 언어를 통해 아이디어를 연결하고, 표준 문제 해결 방식을 사용해 그 기능을 이해하는 것이다.

첫 번째이자 가장 평범한 단계는 단순하게 직접적으로 생물을 복제하는 것이다. 이런 기술적 전달은 생물학자가 흥미롭거나 특이한 현상을 발견했을 때 그 특징만 기술적으로 포착하는 것으로, 그 기능을 넘어선 전체 원리까지 다 포괄해서 모방하지는 않는다(예를 들어, 자체 정화하는 연꽃잎 효과). 이 작업을 통해서 생물학적 원칙이 비로소 바이오미메틱스에 적용될 수 있다. 그렇게 접목해 만들어진 결과는 종종 예상을 뛰어넘는다(예를 들면, 통풍이 되는 방수 소재). 이 접근 단계의 장점은 생물이 진화를 통해 이미 설계 모형의 형태를 어느 정도 구성해 두어 편리하다는 것이고, 단점은 모든 사례가 전과 다른 새로운 방식으로 접근해야 해서 한 모형에서 다른 모형으로 그 개념을 적용하기 어렵다는 것이다. 사람은 이미 알고 있고 예상하는 것만 볼 수 있다. 그래서 생물에서 발견할 수 있는 가장 중요하고 유용한 아이디어도 인간의 과학기술 분야에서 동일한 것을 찾을 수 없기에 식별하기가 매우 어렵다. 골절이 바로 그러한 예이다. 생물학적 재료는 부러지는 일이 드물어서 이들의 골절 메커니즘의 중요성을 인식하는 사람은 거의 없다.

생물학적 키워드

생물의 기술을 인간의 기술로 접목하는 두 번째 단계는 단어와 의미를 통해 더 추상적(따라서 더 일반적인 활용)으로 전달하는 것이다. 토론토 대학의 설계공학자 릴리 슈Lily Shu는 자연의 언어를 분석해 추론했다. 그녀는 인간의 과학기술이 해결해야 할 문제들을 토대로 생물학적 키워드들을 설정한 다음 그것들을 조직하고 순위를 매겼다. 슈는 청소, 캡슐화, 미세 연결에 적용하기 위해 이 작업을 진행했다. 그런데 공학 용어와 생물학 용어 간에 차이가 있을 때 문제가 발생했다. 슈는 공학적인 개념에서 '청소'를 선택했는데 생물학적 개념에서 아무런 동일점을 찾을 수 없었다. 그러나 '청소의 기능이 무엇인가?'라는 질문에는 '오염과 싸우는 것'이라는 공통된 대답을 얻었다. 이 대답은 역으로 생물이 균에 대응하는 방법을 통해 도출한 것이었다. 즉, 방어→침입→대피→탈락→제거→청소의 순이었다. 그 다음으로 항체, 백혈구, 캡슐화, 고립이라는 키워드를 활용하여 생물체가 체내로 침입해 오는 병원균을 어

끊임없이 생겨나는 잘못된 상식과 오해들

북극곰의 털은 햇빛을 투과해 피부 표면에 열을 전해주는 것으로 추정된다. 그러나 실험해 보니 털은 햇빛을 전혀 투과하지 못했다.

빅토리아 아마조니카victoria amazonica(수련의 일종–옮긴이)는 조셉 팩스턴Joseph Paxton(1803~1865)이 설계한 온실 지붕과 영국 런던의 수정궁Crystal Palace 지붕에 영감을 준 것으로 알려졌으나 사진에 보이는 것처럼 잎 속 단면은 지질과 구조의 원칙 면에서 그 지붕들과 완전히 다르다.

에펠탑은 사람의 대퇴부 또는 튤립의 줄기 구조를 토대로 설계되지 않았다. 그러나 그와 비슷한 원리로 바람을 싣는 효과를 고려한 첫 번째 건축물로, 바람에 구부러지는 힘이 줄어들고 건물 전체에 균등하게 바람이 퍼진다.

떻게 스스로 방어하는지 살펴보았다. 그리고 각 키워드의 언어적 환경을 분석하고 그 키워드가 속한 의미 계층이 설명과 맥락을 유추하는 데 활용되도록 그 일련의 과정을 컴퓨터에 입력했다. 그러면 컴퓨터가 추가 키워드를 지시하여 사고한 개념을 긴밀하게 연결하는 데 도움을 준다. 출현 빈도에 따라 다양한 연결어의 중요성이 결정되며, 공학자들은 이를 통해 더 관련이 깊거나 유용한 생물학적 현상 예시를 유추할 수 있다. 공학자들은 이 과정을 거쳐 더욱 효과적인 기술 유추 방법을 제안한다.

이러한 접근 방식의 주요 이점은 생물을 도구로 사용해 직접 실험하는 것이 아니어서 공학자나 다른 분야의 전문가들도 실행할 수 있다는 것이다.

그러나 이 방식은 여전히 문제에 적합한 정의가 필요하고 (이것이 항상 쉬운 일은 아니다), 생물학적 완성도와 품질 안정성에 바탕을 둔다는 점에서 한계가 있다. 사전적 분석이 더해진 생물학적 용어 목록은 생물학 분야에서 비생물 학자가 풀어야 할 문제에 관련된 기능에 대한 정보를 얻을 수 있다는 것을 보여준다. 그러나 목록이나 사전적 분석 모두 바이오미메틱스 분야에 적합한 근거를 제시하지 못한다. 생물의 기능을 인간의 기술에 접목하기 위한 조작이라는 바이오미메틱스의 기본적인 전제를 토대로 한 것임에도 이 두 가지 모두 시스템 변경을 위해 조작해야 하는 변수의 개수(그래서 필요한 기능을 만들 수 있도록)를 파악하지 못한다. 그래서 인간은 새로운 기술을 개발하는 대신 이미 개발된 것을 채택하는 것으로 보인다.

직접적인 문제 해결—이론

생물학적 원리를 인간의 기술에 접목하는 세 번째 단계는 물리를 기본 원리로 삼는 것이다. 이 단계를 활용하는 과학자들은 인류의 과학기술이 물리적 원칙에 기초하면서부터 발전해 왔다고 주장한다. 이는 기술이 발전할수록 해당 기능을 전달할 더 나은 방법이 곧 나올 것이라는 인식을 전제로 한다.

▲ 겐리히 알츠슐러(1926~1998)는 문제 해결과 창의력 향상에 적용하는 트리즈 이론을 고안했다.

대부분 사람은 문제가 발생했을 때 사물을 통해 해결하려고 한다. 그러나 기술을 접목할 때는 이상적인 결과가 무엇인지 신중히 판단하고, 그 결과를 얻는 데 무엇이 필요한지 파악하는 것이 더욱 혁신적인 접근 방식이다.

트리즈TRIZ

우즈베키스탄 공학자이자 연구자 겐리히 알츠슐러Genrich Altshuller는 인간의 과학기술에 접목할 사항을 정의하고(그 결과 독자적인 장비와 더 기본적인 일반화가 가능해지도록), 작업 환경이나 접목할 사항, 해당 환경(자연)에서 활용 가능한 자원에 집중하는 일련의 정확한 방법을 개발했다. 그는 자연의 원리를 직접 변경하는 것보다 환경을 변경하는 것(이를 생물학적 통찰과 비교한 결과, 동물과 식물이 존재하는 곳의 환경을 보전하는 것이 그 환경에 서식하는 개별 종을 보존하는 것보다 낫다는 통찰을 얻었다)이 가장 좋은 해결책이라는 것을 발견했다. 그는 이 일련의 방법들을 창의적 문제 해결 기법The Theory of Inventive Problem Solving(러시아어로 줄여서 '트리즈TRIZ')이라고 부른다.

트리즈의 원리는 이상적인 결과를 도출하는 데 필요한 조작이 종합되고 관리할 수 있는 수(약 40개로, '발명과 문제 해결 원리'라고 알려짐)로 줄어들어 광범위한 분야에 적용되어야 한다는 것이다. 알츠슐러는 또 기술의 어떤 세부 분야도 문제와 관련

▲ 독일 철학자 헤겔Hegel(1770~1831)은 철학적 사고로 근대 문제 해결 기법의 토대가 되는 일부 원칙을 정립했다.

▲ 헤라클레이토스Heracleitos(기원전 약 535~475)는 '문제란 인간이 바라는 바에서 시작되어 그 실행에 장애가 있긴 하나 해결책으로 풀 수 있는 것'이라고 정의했다.

이 없어 보이거나 동등한 해결책과 무관해 보이더라도 특정한 문제에 해답을 제시할 수 있다는 것을 입증했다. 이는 생물에서 인간의 기술에 접목하고자 하는 기능을 혁신이라고 정의할 때, 상대적으로 간단하게 표현하면 대부분의 사람이 생각하는 지식의 여러 경계를 허물 수 있기 때문이다.

네 번째는 도널드 럼즈펠드Donald Rumsfeld가 최근에 주장한 '알려지지 않은 아는 것unknown known'이다. 이것은 우리가 아는 것에서 알지 못하는 것을 찾는 것이다(이것이 바로 창의적 사고의 주요 원천이다). 그리고 창의적 문제 해결 기법이 가르치는 사고의 규칙은 이 '알려지지 않은 아는 것'에 어떻게 접근하는지를 보여준다.

기능이 핵심이다

트리즈 기술 중 하나는 생물의 어떤 기능을 인간의 과학기술에 접목할 것인가의 관점에서 문제를 정의하고(예를 들어, 더 많은 연결을 해주는 다리나 큰 트럭을 이용해야 하는 로드 베어링), 기능의 규모를 줄이는 것이다(예를 들어, 로드 베어링에서 추가 무게까지 지탱할 수 있도록 더 무겁고 큰 구조를 사용하는 것).

이것은 독일 철학자 게오르크 빌헬름 프리드리히 헤겔Georg Wilhelm Friedrich Hegel의 정반正反 사상으로, '정'은 진술이고 '반'은 진술에 반대하는 것을 말한다. 정반은 문제를 구성하는 토대로, 반드시 상충해야 한다. 이에 대한 헤겔의 해결책은 (정과 반을 합쳐서 관리할 수 있는 문제 해결책) 합合이다. 트리즈 용어로는 '발명, 문제 해결의 원리'라고 부른다. 이 원리는 300만 개 이상의 명제를 연구하여 얻은 것으로, 공학적으로 가장 뛰어난 것만 최종적으로 모은 것이다.

직접적인 문제 해결— 실천

트리즈 이론을 실천하고자 필자는 동물들이 어떤 구조를 이루는지 곤충의 표피를 관찰하여 세부적으로 분석했다. 곤충은 눈알이 투명하고 턱은 매우 단단하며 이빨은 그보다 더 단단하고 다리는 경첩이 있어 움직임이 부드러운 플라스틱을 덮은 것 같으며, 갑옷은 얇지만 강하고 돌기는 단단하고 뾰족하다.

필자는 곤충 표피의 기능 목록을 만들고 골격의 특징, 구조의 특징, 방수 등에 대해 기록했다. 각 항목을 정반과 비교하니 두드러지게 상충하는 요건들이 눈에 띄었다. 골격은 몸통을 단단하게 보호하면서도 유연하게 움직인다. 트리즈 이론을 활용해 곤충의 골격을 분석하고, 도출된 결과를 발명과 문제 해결의 원리를 적용하여 곤충의 문제 해결 방식과 비교했다. 이로써 동일한 문제에 대해 기술과 생물학적 해결책을 설명한 목록이 작성되었다. 실제로 발명, 문제 해결의 원리는 정반의 쌍과 단 20%만 유사했다. 이는 생물이 기술과는 매우 다른 방식으로 문제를 해결하고 기능을 접목한다는 것을 보여준다.

기술적으로 문제를 해결하는 가장 흔한 방법은 온도나 압력과 같은 한 요소를 변경하는 것이다. 한편, 곤충 표피의 대부분 기능은 아주 좁은 범위에서 미세한 기능을 한다. 따라서 이를 인간의 과학기술에 접목하려면 그러한 세부 요인들을

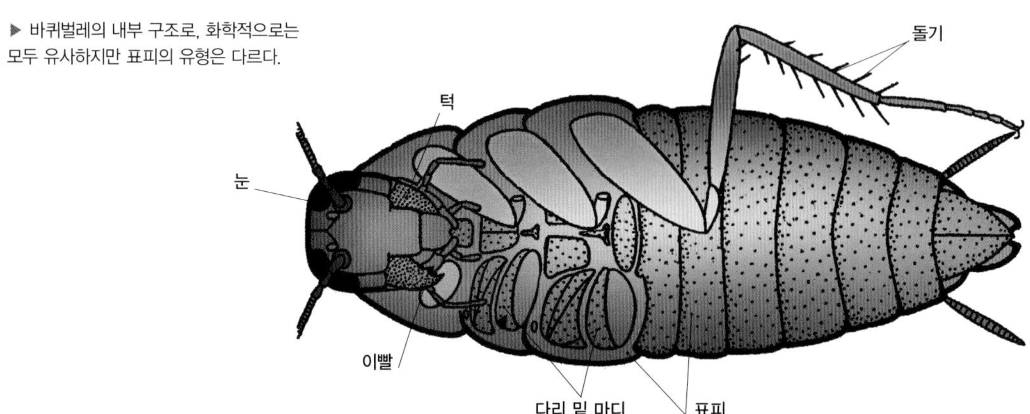

▶ 바퀴벌레의 내부 구조로, 화학적으로는 모두 유사하지만 표피의 유형은 다르다.

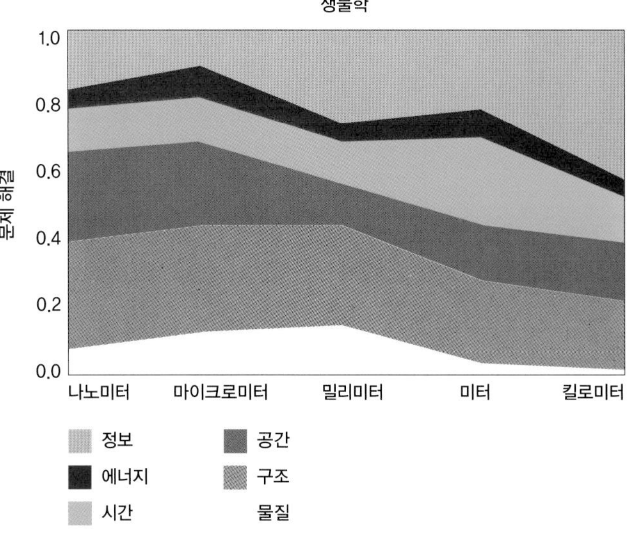

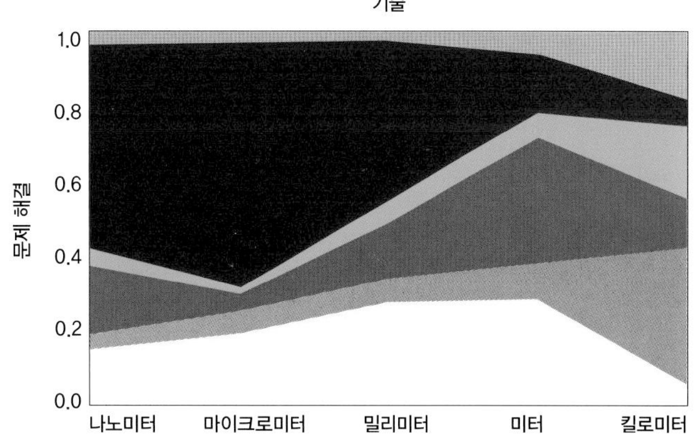

▲ 이 그래프는 모든 가능성을 포괄하는 여섯 가지 변수를 나타내며, 이 변수들은 제어와 문제 해결에 기술과 생물학적 프로세스를 이용한다. (영국왕립학회 Royal Society 제공).

그대로 유지하면서 전체적으로 통합할 수 있도록 해야 한다. 이런 접근 방식의 대표적 예는 표피층에 분포된 종鐘 모양의 소감각체이다. 소감각체는 표피층에 나 있는 구멍이 변형되면서 생성된 감각 기관이다. 구멍은 표피층의 키틴질 섬유가 변형되면서 만들어지며, 무조건 섬유의 끝이 잘리는 것이 아니라 섬유로 된 합성물에 구멍이 뚫리는 방식이다. 그래서 안정성이 높을 뿐 아니라 변형이 전반적으로 적용되게 하여 소감각체의 감도를 높여준다. 이렇듯 소감각기를 적절히 사용하면 기술적으로 상당한 이점을 얻을 수 있고, 특히 표면에 달라붙는 정도를 측정하는 분야에 해결책을 얻을 수 있다.

바이오트리즈BIOTRIZ

트리즈는 모든 수준의 복잡성을 이해하는 것을 목표로 하는 접근 방식으로, 생물학에 적용된다. 우리는 조작할 수 있는 분야를 물질 전달, 구조, 에너지, 공간, 시간, 정보로 나누었다. 이 여섯 가지 측정 단위가 모든 가능성을 포괄하고, 정-반의 쌍이 문제에 대한 서른여섯 가지 분류를 만든다. 그러고 나서 분자에서 킬로미터에 이르는 다양한 범위에서 생물학적 샘플 2,500개를 채취하고 그 각각이 어떤 발명, 문제 해결의 원리를 나타내는지 결정한 다음 그들을 정반 측정 방식에 따라 분류한다. 이것을 '바이오트리즈'라고 부른다. 우리는 트리즈 시스템과 바이오트리즈 시스템을 통해 얻은 두 결과를 비교했다. 그러자 바이오트리즈와 트리즈의 유사성은 12%에 불과하다는 것이 밝혀졌다. 처리 과정에서 에너지를 조작해 기술적 문제 70%를 해결했고, 재료(물질)를 조작했을 때는 15%만 해결되었다. 이를 생물학적 시스템의 문제 해결과 비교해 보니, 생물에서는 에너지 조작의 효과가 거의 없었다(5% 이하). 대신에 결합 방식을 조작했더니 생물학 설계 문제의 20%가 해결되었고, 세포와 조직 내의 정보 전송(DNA를 토대로 한 일련의 조작)을 조작했더니 15%가 해결되었다.

바이오트리즈는 성공적인 방식인가?

바이오트리즈는 오랫동안 실현 불가능했지만 오늘날에는 이미 성공을 거두었다. 뷰로 해폴드Buro Happold사의 공학도 살만 크레이그Salmaan Craig는 낮에 기온이 매우 높은 열대 기후 지역의 건축물들을 관찰하고, 거기에서 영감을 얻어 어두운 밤하늘로 열을 발산하는 단열재를 개발했다.

바이오트리즈를 이용하여 문제를 분석하면 낮에는 태양열(단파 방출) 흡수를 막고 밤에는 건물 밖으로 장파 에너지를 방출하는 단열재를 개발할 수 있다. 그 원리는 복사열을 흡수해서 대류 현상을 이용해 환기가 이루어지게 하는 구조로 콘크리트(단열재) 지붕을 설계하여 낮 동안 열 저장소로 활용한 것이다. 이것은 바이오미메틱스의 해결책으로 분류될 수 있다. 공학에서는 '에너지'를 문제의 해답으로 여길 것이며, 실제로 대부분 사람이 과열된 건물을 식힐 수 있는 것은 냉방장치라고 생각한다. 그러나 이 방식은 광전지를 통해 태양 에

▼ 매우 더운 지역의 건물들은 벽이 두꺼워 낮 동안 건물이 태양열에 달궈지는 속도와 밤에 열이 식는 속도를 늦춘다.

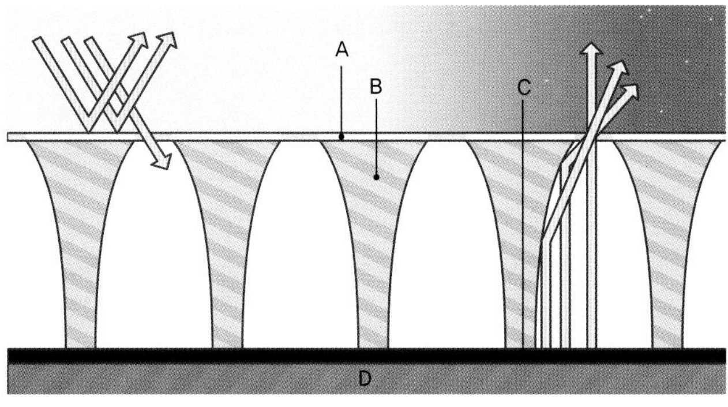

◀ 살만 크레이그의 지붕으로, 낮에는 단열하고(층 A가 태양을 반사하고 층 B가 단열재 역할을 한다) 밤에는 (콘크리트 D에 저장된) 열기를 (검은 층 C를 통해) 방출한다(A는 반사경, B는 단열재, C는 라디에이터, D는 열 저장소).

너지를 받아서 사용하는 냉난방 기기가 있을 때만 가능하다!

우리는 생물학과 공학이 동일한 범위의 문제를 분석하고 분류해 왔고, 그 결과를 하나의 단순한 양식으로 정리했다. 그래서 생물학과 공학을 세부적으로, 기능적으로 동일한 수준에서 비교할 수 있다. 비록 대부분 공학자가 이를 인정하지 않겠지만 바이오미메틱스는 공학 자체 영역에서 첫 번째의 실질적인 도전이고, 많은 사람이 이제 공학이 이 바이오미메틱스를 활용하여 원하는 것을 찾을 수 있기를 기대한다. 전 세계의 에너지 소비가 즉각적인 공급보다 많이 초과하는 것은 긴박한 문제이다. 따라서 현재 우리는 '지속 가능'하지 않다. 바이오미메틱스가 인간을 도울 수 있을까? 진화를 거쳐 발달한 생물학적 체계가 지속성의 패러다임인지는 아직 논쟁거리이지만 적어도 다른 체계가 지구에서 인간이 생존하는 데 필요한 자원을 공급해 줄 수 있다는 것이 입증되지는 않았다. 자연의 교훈을 인간의 과학기술에 접목하거나 더 잘 적용하여 생물학적 형태로 변형한다면 바이오미메틱스는 우리에게 지속적인 미래를 보장해 줄 것이다. 현재의 도구들을 활용하여 다양한 범위의 소재, 구조, 시스템을 개발해 나간다면 지금의 부족함을 보충할 수 있다.

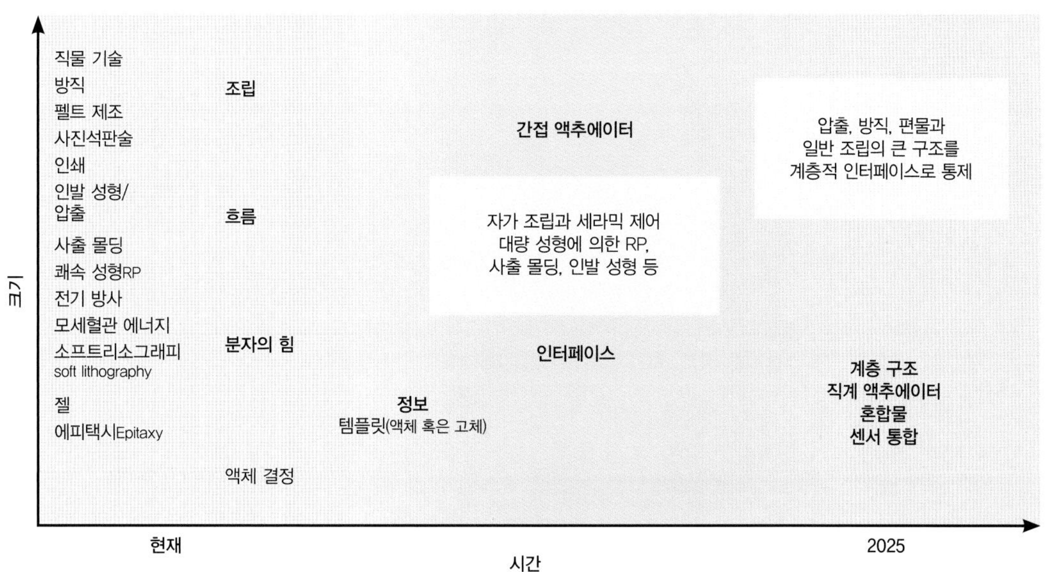

◀ 소재와 구조를 생산하는 데 필요한 많은 기술이 발전해 왔고 일부는 전통적인 방식을 현대적으로 해석한 것이다. 자가 조립과 통합 제어는 현재 생물이 인간보다 뛰어난 중요한 연구 영역이다.

용어해설

ㄱ

가소성可塑性 물체를 부드럽거나 유연하게 하는 성질.

감지기 측정 용도로 사용하는 일종의 트랜스듀서로, 물리적 성질을 특정한 에너지로 변환한다.

감소 약해지는 것으로, 주로 빛이 물과 같은 매개로 투과되면서 흐려지는 것 혹은 소리 파장의 강도가 흡수 매체를 통과해 이동하면서 약해지는 것을 뜻한다.

강도 균열에 저항하는 성질

강모 다양한 생물에 난 작은 털로, 생물체를 특정 표면에 고정시키거나 주변 유체에서 먹잇감으로 미생물을 포획할 때 사용한다.

강성도 변형에 저항하는 성질로, 확장, 구부러짐, 압축 등이 해당한다.

결정화 물질의 내부 분자 구조가 정렬되는 정도. 강성도나 밀도와 같은 특성을 제어한다.

경계층 경계면 가장 가까이 있는 유체의 층(해저, 배관 벽, 비행기 날개 등).

곁사슬 분자 사슬에서 나온 가지로, 중합체가 이에 속한다.

공동空洞 현상 물체가 액체를 통과하면서 기포가 생기는 것. 기포는 동요가 극심한 저기압에서 발생해 잠수함 프로펠러에 피해를 줄 수 있다.

공유 결합 두 개의 원자가 한 쌍의 전자를 공유하는 결합으로, 가장 강력한 화학적 결합이다.

광대역 신호 혹은 수신자에게 전해지는 넓은 범위의 주파수

광자 빛을 생성, 전달, 인식하는 것.

교점 네트워크의 연결 지점으로, 네트워크 안에서 정보를 전송하고 전달받는다.

굴절률 빛이 특정 매개체를 통과할 때의 속도를 측정하는 것. 굴절률이 높은 물질은 낮은 물질보다 빛이 투과하는 속도가 느리다.

교차 결합 한 중합체 사슬이 다른 쪽으로 연결되는 것. 강하게 교차 결합한 소재는 안정적이어서 잘 부서지지 않는다.

근육압 전체가 거의 근육 섬유로 이루어진 많은 동물에게서 발견되는 구조로, 사물을 조작하거나 주변으로 움직이는 데 사용된다. 예를 들면, 문어의 촉수, 코끼리의 코, 동물의 혀 등이 있다.

기압atmosphere 대기 압력을 측정하는 단위로, 1제곱센티미터당 101.325KPA가 1기압이다. 해수면의 평균 기압은 1기압 내외이다.

ㄴ

나노 입자 지름이 1~100나노미터nm인 입자.

나선 나선형의 굴곡. 많은 화학 물질이 이 나선형 구조이다.

네트워크 복잡성network complexity 네트워크 속 여러 통로와 교점이 복합하게 얽혀 있는 것.

ㄷ

다당류 에너지와 결합해 전송, 저장, 결

합 기능을 하는 당 분자 사슬로 이루어진 중합체. 셀룰로오스와 키틴질이 다당류에 속한다.

단백질 선형 아미노산 사슬이 하나의 큰 원형을 이룬 혼합물. 단백질은 생물의 기능과 구조에 필수적인 역할을 담당하며, 대사 촉진과 소화 과정에 관여한다.

대류 유체 속 분자들의 움직임. 열에너지를 전달하는 데 사용되기도 한다. 분자가 가열되어 (팽창하고 밀도가 낮아져) 상승하는 것을 자유 대류라 하고, 환풍기나 펌프 등 외부 매개가 (인공적인 힘으로) 유체를 순환시키는 것은 강제 대류라 한다.

ㅁ

막lamella 얇은 판 형태의 구조물.

말초 중심점에서 가장 멀리 떨어진 부분 (손발, 털, 꼬리 등).

모듈러modular 독자적 혹은 표준화된 단위.

목질소木質素 나무나 목질 식물에서 발견되는 중합체로, 세포를 결합시켜 구조를 탄탄하게 한다.

미소 균열 큰 갈라짐이 일련의 작은 갈라짐으로 분산되도록 에너지를 조절해 역으로 균열에 대한 저항성을 높이는 작용.

ㅂ

바이오미메틱스Biomimetics 문제를 해결하는 기술적 장치를 개발하기 위해 자연을 모방하는 것.

백혈구 인체의 감염을 막아주는 백색 세포.

밸브valve 유체가 기계 속으로 지나가는 것을 제어하는 장치로, 한 방향으로만 흘려보낼 수 있다.

변화gradient 물질의 이웃한 부분 사이의 특정한 요인 차이(온도, 속도, 분자 집중도 등).

병원체 질병을 유발하는 생물 균

복複**굴절** 빛이 두 가지의 다른 굴절률이 있는 일반 수정과 같은 물질을 통과하면서 두 갈래로 갈라지는 현상.

부정류不定流 유체 역학에서 유체의 속도나 방향이 시간이 지나면서 다양해지는 것을 설명할 때 사용하는 용어.

부하 분담load sharing 하부 단위로 효과를 분산시켜 시스템이 받는 힘이나 응력의 효과를 줄이는 것.

불안정성 어떤 변형을 가하지 않은 상태에서 응력을 받아 갈라지는 소재의 특성. 소재는 강하면서 동시에 불안정할 수 있다.

ㅅ

사례를 토대로 한 추론 현재 직면한 문제를 과거의 유사한 문제를 토대로 해결하는 것.

상전이相轉移, phase transition 매개체가 한 상태에서 다른 상태로 변하는 과정(예를 들면, 고체에서 액체로 융해).

색소세포 색소를 함유하고 빛을 반사하는 세포로, 어류나 파충류 같은 냉혈 동물의 피부색을 결정한다.

생물량 특정 지역에 서식하는 생물의 총수량.

생체 모사 자연을 기술적 문제 해결을 위한 기본 토대로 삼는 것.

석화石化 작용 유기 물질이 스며들거나 변환되어 무기물로 바뀌는 작용.

석회화 칼슘 혼합물의 형태로, 껍데기나 뼈 구조를 형성하는 중요한 과정.

섬모 단세포 생물의 표면에 나 있는 짧은 털로, 이것을 움직여 주변 유체에 흐름을 만들거나 몸을 이동할 때 사용한다.

세라믹ceramic 비생물 결정 미네랄. 세라믹은 단단하면서도 불완전한 특성이 있으며, 자연적으로 형성된 세라믹은 뼈 조직이 형성되는 데 중요한 요인이다.

세포 골격 세포질의 내부 뼈대.

세포질 세포막 속에 들어 있는 세포의 일부.

셀룰로오스cellulose 수백 개에 이르는 당 분자가 선형 사슬을 구성한 다당류. 셀룰로오스는 식물과 많은 조류의 세포벽을 형성하는 주요 성분이다.

소수성疏水性 물을 배척하는 화학 물질.

신경소구 감각 세포들이 줄지어 자리한 물고기의 측선 감각 기관으로, 신경 섬유와 이어져 있다.

실리카silica 이산화규소. 지각에 가장 풍부한 미네랄로, 석영이나 모래에서 흔히 발견된다. 실리카는 또 규조류의 세포벽에서 발견되는데, 가장 흔한 유형이 식물성 플랑크톤이다.

ㅇ

알고리즘algorithm 컴퓨터 운영 혹은 문제 해결에 이용되는 일련의 규칙.

액추에이터actuator 일종의 트랜스듀서로, 에너지를 특정한 기계의 기능으로 변환하는 기기이다(예를 들어, 근육의 힘을 모터로 보내는 것 등이 있다).

얇은 판층laminated 층으로 이루어진 것. 박판lamination은 골절 저항성을 개선하려는 목적으로 흔히 사용된다.

열 사이펀thermosiphoning 따뜻한 유체가 떠오르고 차가운 유체가 그 자리를 차지하는 열 순환 방식.

운동 에너지 움직임을 통해 물체가 얻는 에너지.

원섬유 지름이 1나노미터인 작은 섬유.

위치 에너지 물리적으로 시스템에 저장되었거나 이전에 적용된 힘 에너지를 일컬음. '위치'라고 불리는 것은 아직 사용되지 않고 보관되어 있어서 다른 형태의 에너지로 변환되어 작용할 수 있기 때문이다.

유연성 응력을 받은 상태에서 쪼개지기 전에 물질이 변형되는 성질로, 특히 전선을 만드는 금속에 적용된다.

유체역학 액체의 움직임을 연구하는 학문.

윤활 작용 유체를 이용하여 두 접촉 면의 마찰을 줄이는 것.

음질 음색이나 소리의 품질로, 차이를 가늠하게 해주는 요인. 예를 들어, 동일한 강도와 세기로 동시에 연주했을 때, 듣는 사람이 트럼펫과 트롬본의 소리를 구별할 수 있다.

음향학 소리를 연구하는 과학 분야.

응력 변형 곡선 물질에 적용된 응력과 그 결과에 따른 변형의 관계를 표시한 그래프.

이동 한 곳에서 다른 곳으로 움직이는 것.

이방성異方性 방향에 따라 달라지는 특성이 있는 물질 고유의 성질(굴절률, 흡광도吸光度, 탄성 등). 팀버Timber는 낟알은 횡단보다 종단으로 쪼개는 게 쉽다는 예를 들어 이방성을 설명했다.

인터페이스interface 두 지역 사이의 공통 경계 혹은 두 가지 이상의 시스템이 접촉하는 부분.

ㅈ

장력 힘을 받았을 때 균열에 저항하는 성질.

전단 변형shear strain 물질의 표면에서 수평으로 변형되는 것. 일반적인 변형은 표면에서 수직으로 발생한다.

전단 응력shear stress 물질의 표면에서 수평으로 응력을 받는 것. 일반적인 응력은 표면에서 수직으로 발생한다.

전파 한 과정이나 사건이 전파, 확장 혹은 분산되는 것.

절지동물 몸통에 마디가 있고 다리가 달렸으며 외골격이 있는 무척추동물. 곤충, 갑각류, 거미류가 여기에 속한다.

점성도 압력을 받았을 때 유체가 변형에 저항하는 정도.

점탄성粘彈性 응력을 받으면 탄성과 점성이 모두 나타나는 물질의 성질.

정류식steady flow system 정류는 유체의 움직임을 설명하는 유체역학 용어로, 흐름의 방향이나 속도가 시간이 지나면서 다양해지지 않는다.

조종면control surfaces 비행기나 잠수함의 몸체에서 탈착할 수 있는 요소들. 예를 들어, 엘리베이터, 보조 날개, 방향타 등 고도와 방향을 조절할 수 있는 것.

주파수 반복적으로 순환하는 음파로, 주파수는 일정 시간 동안 순환한 횟수를 나타낸다. 주파수의 단위는 헤르츠Hz로 표시하며 초당 순환한 횟수를 나타낸다.

중추 유형 발생기CPG 동물의 중추신경계에서 독자적으로 활동하는 신경 조직으로, 규칙적인 산출(보행, 호흡, 비행과 같은 지속적인 활동)을 만든다. CPG는 외부의 규칙적인 투입 없이도 이러한 활동을 발생시킬 수 있으며, 한 걸음 내디딜 때마다 대뇌피질에서 메시지를 받지 않아도 된다.

중합체 작은 분자 조합을 연결한 사슬로 이루어진 화학 구조. 중합체는 자연적으로 생성되고 여러 가지 형태로 통합될 수 있어 다양한 용도로 사용된다.

진폭 파장의 높이 진동의 중간 지점에서 고점까지를 측정하거나 고점에서 최저점을 측정하기도 한다.

집단 지성 제한적인 지능과 정보를 갖춘 다수의 개별 매개로 이루어진 초개체超個體의 특성으로, 이 지성을 활용하여 개별 능력을 넘어서는 목표를 달성할 수 있다.

ㅊ

착생 생물 다른 생물의 표면에 붙어서 사는 생물.

초개체超個體 다양한 생물로 구성된 거대 생물로, 주로 꿀벌이나 개미처럼 단체로 협력하고 상호 의존하는 사회적 곤충을 가리킨다.

초음파 인간의 청각으로 감지할 수 없는 20kHz 이상의 고주파.

출현 단순한 프로세스나 사건의 집합적 상호 작용을 통해 복잡한 시스템이 나타나는 것.

친수성親水性 물과 점진적으로 결합하는 화학 물질.

침투 물 분자가 반투막으로 이동하는 것으로, 밀도가 낮은 용해물에서 높은 쪽으로 이동한다. 침투는 식물 세포에 수분이 들어가고 나가는 과정에서 꼭 필요하다.

ㅋ

캡슐화Encapsulation 입자를 코팅하는 과정으로, 이 작업을 통해 외부 환경으로부터 입자를 보호하거나 반대로 입자로부터 환경을 보호한다.

케라틴keratin 동물의 구조를 형성하는 단백질 섬유.

콜라겐collagen 동물 체내의 연결 조직을 구성하는 주요 단백질.

쿼럼 센싱quorum sensing 사회적 생물들이 사용하는 의사 결정 체계로, 개별 개체의 수를 인식하고 이를 활용하여 특정한 조합 기능이나 과정이 발생하도록 하는 것.

크기 배열 모집size-ordered recruitment 가장 효과적인 방식으로 특정 기능을 수행하기 위해 네트워크나 시스템의 요소를 활용하는 방식의 일종. 가장 작거나 약한 부분에서 시작해 강도나 크기가 점점 커지면서 얼마의 힘이 필요한지에 따라 순서를 결정한다.

키틴질chitin 주로 질소가 포함된 다당류로 구성되는 강하고 방어적인 반투명 물질로, 절지동물의 외골격을 구성하는 주요 성분이자 특정 곰팡이류의 세포벽에서도 발견된다.

ㅌ

탄성 물체가 응력을 받아 변형되었다가 다시 원래의 형태로 복구하는 성질.

탄성률 소재의 탄성 변형 정도를 측정하는 것으로, '영률'이라고도 함.

탄성소 생물의 체내 연결 조직 속 단백질로, 조직이 늘어나면 다시 원래대로 형태를 복구하게 한다.

탄화수소 질소와 탄소로 구성된 가장 간단한 유기 복합체.

트랜스듀서transducer 한 종류의 에너지나 물리적 특성을 다른 종류로 변환하는 장치. 감지기와 액추에이터가 있다.

ㅍ

퍼지 추론fuzzy reasoning 다양한 불확실성을 해결책으로 적용하여 변수를 좁히는 문제 해결 과정. 인간 사회에서 널리 사용하는 추론 방식이지만 인공 지능 시스템에 복제하는 것은 매우 어렵다.

페로몬 동물이 다른 동물에게 메시지를 전달하고자 방출하는 물질로, 주로 영역이나 통로를 표시하고 짝짓기 준비가 되었다는 것을 나타낸다.

팽압膨壓 유체로 인해 식물이나 동물 세포가 받는 압력. 식물은 내부에 수분이 감소하면 팽압도 낮아져 시든다.

포일foil 들어 올리거나 다른 움직임을 만드는 판 혹은 지느러미 형태의 것으로, 비행기의 날개나 물고기의 등지느러미 등이 있다.

표면장력파 유체의 표면으로 이동하는 파장. 다른 말로 '잔물결'이라고도 부른다.

표토表土 단단한 바위층 위 부드러운 층으로 토양, 모래, 충적토, 자갈 등이 있다.

ㅎ

합성물 자체적으로 두드러지는 성질이 있으며 각기 분리할 수 있는 여러 요소를 결합해 만들어진 물질. 합성물은 모체를 구성하거나 물질을 강화하는 용도로 가장 많이 쓰인다. 후자의 경우 모체에 안정적인 환경을 제공하면서 합성물에 개별 요소의 특성을 더해준다.

확장성 성능이나 생산성에 영향을 주지 않고 확장하는 습성. 생물체의 미세 프로세스를 인간의 범주에 적용할 수 있을지 판단할 때 중요한 요인으로 작용.

행렬 구조가 커지거나 다른 구조로 삽입되게 하는 환경 혹은 물질.

효소 화학적 반응 속도가 높은 단백질.

형식modality 다양한 유형의 감각 기관. 시력이나 청력 등.

형태 형성 생물이 특정한 형태를 만들도록 하는 생물학적 절차.

기타

C**축**C-axis 구조를 이루는 중심축.

기고자들

지넷 옌 Jeannette Yen

지넷 옌은 해양생물학 박사로, 조지아 공과대학의 생체 모사 설계센터 소장이자 생물학 교수이다. 이 센터는 수천 년에 걸친 생물의 진화 원리를 토대로 생체 모사 설계 기술, 혁신적인 제품 개발에 힘쓰고 있다. 자연의 경험적 혜택을 혁신과 영감의 원천으로 활용하여 단순히 제품을 개발하는 데 그치는 것이 아니라 자연을 보호하고 보존하는 데 목적을 두고 있다.

요셉 바 코헨 Yoseph Bar-Cohen

요셉 바 코헨은 캘리포니아 패서디나Pasadena의 제트 추진 연구소 수석 연구원이다. 이스라엘 예루살렘에 있는 히브리대학Hebrew University에서 물리학 박사학위를 받았다. 코헨은 혼합 물질의 초음파 파장에서 놀라운 현상 두 가지를 발견했으며, 저서 320권을 공동 집필했다. 그는 EAP로 작동하는 로봇 팔 연구로 전 세계 과학자를 놀라게 했고 이 로봇 팔은 인간과의 팔씨름에서 이겼다. 2003년 〈비즈니스 위크Business Week〉지는 그를 '기술의 한계를 뛰어넘는 위대한 과학자 5인'으로 선정했다.

도모나리 아카마츠 Tomonari Akamatsu

도모나리 아카마츠는 일본의 수중 생물음향학자이다. 현재 수동 음향 기술을 이용하여 멸종 위기에 몰린 해양 포유류의 생태를 관찰하는 연구를 하고 있다. 물리학 석사, 농업 박사학위를 취득했으며, 돌고래 모사 음파 시스템 개발의 핵심 연구자이다. 그는 시간을 쪼개어 〈바이오인스피레이션과 바이오미메틱스〉지, 〈동물학 저널〉의 편집자로 활약하고 있고 해양 동물학 진화 시리즈로 미국 음향학 학회Acoustical Society of America에서 발행하는 저널에 서평도 기고한다.

로버트 앨런Robert Allen

편집 자문 위원인 로버트 앨런은 영국 사우샘프턴 대학의 소음 및 진동 연구소 내 생체역학과 제어 분야의 권위자이다. 그는 영국 리즈 대학University of Leeds에서 신경 수용체의 역학적 특징을 토대로 한 연구로 박사학위를 받았다. 생물의학 체계 분석에 사용할 신호 프로세스 기법 개발과 적용을 비롯해 무인 자율 잠수정의 생체 모사 제어 기능에 대해 연구하고 있다.

스티븐 보겔Steven Vogel

스티븐 보겔은 노스캐롤라이나 더럼Durham에 있는 듀크 대학의 생물학부 명예 교수이며, 하버드 대학에서 박사학위를 받았다. 생물학을 좋아해 공부한 그는 생물의 구조를 넘어 의학적인 부분까지 연구했고, 특히 생물의 유체역학 장치에 관심을 보였다. 저서 여러 권을 집필했으며 다수의 유명 잡지에 글을 기고하기도 했다. 최근에는 학부생용 교재를 집필하고 상대 생체 역학에 관한 논문을 발표했다.

줄리안 빈센트Julian Vincent

줄리안 빈센트는 영국 배스Bath 대학의 기계공학부 바이오미메틱스 분야 교수이다. 그는 지금까지 300편이 넘는 논문, 기사, 책을 출간했다. 빈센트는 TRIZ(문제 해결책을 찾는 기법의 러시아식 명칭), 동식물의 기술적 구조, 복잡한 골절 작용, 식품의 질감, 합성 물질 개발, 기술에 자연 재료 적용, 고급 직물, 스마트 시스템과 구조 분야에 관심을 보인다. 1990년에는 웨일스 어워드 환경 혁신 대상Prince of Wales Environmental Innovation Award, PWA을 받았다.

참고자료

CHAPTER 1
해양 생물학

Aizenberg, Joanna, Alexei Tkachenko, Steve Weiner, Lia Addadi & Gordon Hendler. "Calcitic microlenses as part of the photoreceptor system in brittlestars." *Nature* Vol 412 (August 23, 2001): www.nature.com 819–822.

Aizenberg, Joanna, Vikram C. Sundar, Andrew D. Yablon, James C. Weaver, and Gang Chen. "Biological glass fibers: Correlation between optical and structural properties." (2004): 3358–3363 PNAS March 9, Vol. 101 no. 10.

Aizenberg, Joanna, James C. Weaver, Monica S. Thanawala, Vikram C. Sundar, Daniel E. Morse, Peter Fratzl. "Skeleton of Euplectella sp.: Structural Hierarchy from the Nanoscale to the Macroscale." *Science* Vol 309 (July 8, 2005): 275–278.

Allen, J. J., and A. J. Smits. "Energy Harvesting Eel." *Journal of Fluids and Structures* 15, 1–12.

Arzt, Eduard, Stanislav Gorb, and Ralph Spolenak. *"From micro to nano contacts in biological attachment devices."* PNAS (September 16, 2003): ol. 100 no. 19 10603–10606

Ayers, Joseph, and Jan Witting. "Biomimetic approaches to the control of underwater walking machines." Phil. Trans. R. Soc. A 365 (2007): 273-295

Bartol, I. K. , M. S. Gordon, P. Webb, D. Weihs, and M. Gharib. "Evidence of self-correcting spiral flows in swimming boxfishes." Bioinsp. Biomim. (2008): 3 014001 (7pp) Communication.

Beal, D. N. , F. S. Hover, M. S. Triantafyllou, J. C. Liao and G. V. Lauder. "Passive propulsion in vortex wakes." *Journal of Fluid Mechanics* (2006): 549 : 385-402

Bevan, D. J. M., Elisabeth Rossmanith, Darren K. Mylrea, Sharon E. Ness, Max R. Taylor, and Chris Cuff. "On the structure of aragonite—Lawrence Bragg revisited." *Acta Cryst.* B58 (2002): 448–456.

Capadona, Jeffrey R., Kadhiravan Shanmuganathan, Dustin J. Tyler, Stuart J. Rowan, and Christoph Weder. "Stimuli-Responsive Polymer Nanocomposites Inspired by the Sea Cucumber." *Dermis. Science,* 319 (2008): 1370-1374.

Chan, Brian, N. J. Balmforth, A. E. Hosoi. "Building a better snail: Lubrication and adhesive locomotion." *Physics Of Fluids* 17 (2005): 113101-1, 113101-10.

Chen, P.-Y.; A. Y.-M. Lin; A. G. Stokes; Y. Seki; S. G. Bodde; J. McKittrick, and M. A. Meyers. "Structural Biological Materials: Overview of Current Research." JOM; Jun; 60, 6; ABI/INFORM Trade & Industry (2008): 23-32.

Cohen, Anne L. and Daniel C. McCorkle, Samantha de Putron, Glenn A. Gaetani and Kathryn A. Rose. "Morphological and compositional changes in the skeletons of new coral recruits reared in acidified seawater: Insights into the biomineralization response to ocean acidification." *Geochemistry Geophysics Geosystems* Vol 10, Number 7 (2009): 1–12.

Dabiri, J .O., Colin, S. P., and Costello, J. H. *"Morphological diversity of medusan lineages constrained by animal-fluid interactions." J. Exp. Biol.* 210 (2007): 1868–1873.

Dorgan, Kelly M., Peter A. Jumars, Bruce D. Johnson, and Bernard P. Boudreau. "Macrofaunal Burrowing: The Medium Is The Message." *Oceanography and Marine Biology: An Annual Review,* 44 (2006): 85–121 © R. N. Gibson, R. J. A. Atkinson, and J. D. M. Gordon, Editors. Taylor & Francis.

Dorgan, Kelly M., Peter A. Jumars, Bruce Johnson, B. P. Boudreau, and Eric Landis. "Burrow extension by crack propagation." *Nature* Vol 433 (2005): 475.

Ernst, E. M., B. C. Church, C. S. Gaddis, R. L. Snyder, and K. H. Sandhage. "Enhanced Hydrothermal Conversion of Surfactant-modified Diatom Microshells into Barium Titanate Replicas." J. Mater. Res., 22 [5] (2007): 1121–1127

Farrell, Jay A. , Shuo Pang, and Wei Li. "Chemical Plume Tracing via an Autonomous Underwater Vehicle." Sciences *IEEE Journal Of Oceanic Engineering*, Vol. 30, No. 2 (April, 2007): 428–442.

Fudge, Douglas S., Kenn H. Gardner, V. Trevor Forsyth, Christian Riekel, and John M. Gosline. "The Mechanical Properties of Hydrated Intermediate Filaments: Insights from Hagfish Slime *Threads.*" Biophysical Journal Vol. 85 (September, 2003): 02015–2027 2015.

Fudge, Douglas S., T. Winegard, R. H. Ewoldt, D. Beriault, L. Szewciw, and G. H. McKinley. "From ultra-soft slime to hard a-keratins: The many lives of intermediate filaments." *Integrative and Comparative Biology*, Vol. 49, number 1 (2009): 32–39

Grasso, Frank W., and Pradeep Setlur. "Inspiration, simulation and design for smart robot manipulators from the sucker actuation mechanism of cephalopods." Bioinsp. Biomim. 2 (2007): S170–S181 doi:10.1088/1748-3182/2/4/S06.

Honeybee Robotics Spacecraft Mechanisms Corporation. Rock Abrasion Tool. www.honeybeerobotics.com

Hover, F.S., and D. K. P. Yue. "Vorticity Control in Fish-like Propulsion and Maneuvering." *Integrative and Comparative Biology* 42(5):1026–1031. 2002 http://www.bioone.org.www.library.gatech.edu:2048/doi/full/10.1093/ict/42.5.1026 - affl#affl.

Hu, David L., Brian Chan, & John W. M. Bush. "The hydrodynamics of water strider Locomotion." *Nature,* Vol. 424 (August 7, 2003): 663-666.

Hudec, R., L. Veda, L. Pina, A. Inneman, and V. Imon. "Lobster Eye Telescopes as X-ray All–Sky Monitors." *Chin. J. Astron. Astrophys,* Vol. 8 Supplement, (2008): 381–385 (http://www.chjaa.org)

Hultmark, Marcus, Megan Leftwich, and Alexander J. Smits. "Flowfield measurements in the wake of a robotic lamprey." *Exp Fluids* (2007): 683–690.

Kang, Youngjong, Joseph J. Walish, Taras Gorishnyy, and Edwin L. Thomas. "Broad-wavelength-range chemically tunable block-copolymer photonic gels." *Nature Materials* 6 (2007): 957–960.

Kazerounian, Kazem, and Stephany Foley. "Barriers to Creativity in Engineering Education: A Study of Instructors' and Students' Perceptions." *Journal of Mechanical Design.* Vol. 129 (July 2007): 761

Kröger, N., and N. Poulsen. "Diatoms – from cell wall biogenesis to nanotechnology." *Annu. Rev. Genet.* 42 (2008): 83–107.

Lauder G.V., and E.G. Drucker. "Forces, fishes, and fluids: hydrodynamic mechanisms of aquatic locomotion." *News in Physiological Sciences* 17 (2002): 235–240.

Lee, Haeshin, Bruce P. Lee, and Phillip B. Messersmith. "A reversible wet/dry adhesive inspired by mussels and geckos." *Nature* Vol. 448 (July 19, 2007) doi:10.1038/nature05968

Mäthger, Lydia M., and Roger T. Hanlon. *"Malleable skin coloration in cephalopods: selective reflectance, transmission and absorbance of light by chromatophores and iridophores." Cell Tissue Res* (2007): 329:179–186.

Manefield, Michael, Thomas Bovbjerg Rasmussen, Morten Henzter, Jens Bo Andersen, Peter Steinberg, Staran Kjelleberg, and Michael Givskov. "Halogenated furanones inhibit quorum sensing through accelerated LuxR turnover." *Microbiology* 148 (Pt 4) (April, 2002): 1119–27 11932456.

McHenry, Matthew. J. "Comparative Biomechanics: The Jellyfish Paradox Resolved." *Current Biology* Vol. 17 No. 16 (2007): R632-R633.

Pelamis Wave Power. http://www.pelamiswave.com/index.php

Peleshanko, Sergiy, Michael D. Julian, Maryna Ornatska, Michael E. McConney, Melbourne C. LeMieux, Nannan Chen, Craig Tucker, Yingchen Yang, Chang Liu, Joseph A. C. Humphrey, and Vladimir V. Tsukruk. "Hydrogel-Encapsulated Microfabricated Haircells Mimicking Fish Cupula Neuromast." *Adv. Mater.* 19 (2007): 2903–2909

Pfeifer, Rolf, Max Lungarella, Fumiya Iida. "Self-Organization, Embodiment, and Biologically Inspired Robotics." *Science* 318 (2007): 1088.

Ralston, Emily, and Geoffrey Swain. "Bioinspiration—the solution for biofouling control?" *Bioinsp. Biomim.* 4 (2009): 015007 (9pp) .

Scardino, Andrew, Rocky De Nys, Odette Ison, Wayne O'Connor, and Peter Steinberg. "Microtopography and antifouling properties of the shell surface of the bivalve molluscs Mytilus Galloprovincialis and Pinctada imbricata." *Biofouling*, 19 Suppl (April, 2003): 221-30 14618724.

Silver J., C. Gilbert, P. Sporer, and A. Foster. "Low vision in east African blind school students: need for optical low vision services." *Br J Ophthalmol* (1995): 79:814–820. http://www.ted.com/talks/josh_silver_demos_adjustable_liquid_filled_eyeglasses.html

Techet. http://www.bioone.org.www.library.gatech.edu:2048/doi/full/10.1093/ict/42.5.1026 - affl#affl.

Triantafyllou. http://www.bioone.org.www.library.gatech.edu:2048/doi/full/10.1093/icb/42.5.1026 - aff1#aff1, M. S., A. H.

Weissburg, M. J., D. B. Dusenbery, H. Ishida, J. Janata, T. Keller, P. J. W. Roberts, D.R. Webster. "A multidisciplinary study of spatial and temporal scales containing information in turbulent chemical plume tracking." *J. Environmental Fluid Mechanics (2002):* 2:65-94.

Winter, Amos G., A. E. Hosoi, Alexander H. Slocum, and Robin L. H. Deits. "The Design And Testing Of Roboclam: A Machine Used To Investigate And Optimize Razor Clam-Inspired Burrowing Mechanisms For Engineering Applications." *Proceedings of the ASME 2009 International Design Engineering Technical Conferences & Computers and Information in Engineering Conference IDETC/CIE 2009.* (August 30 – September 2, 2009): San Diego, California, USA DETC2009-86808.

Yen, J., P. H. Lenz, D. V. Gassie, and D. K. Hartline. "Mechanoreception in marine copepods: Electrophysiological studies on the first antennae." *Journal of Plankton Research* 14 (4) (19920: 495–512.

Yen, J. ,and J. R. Strickler. *"Advertisement and concealment in the plankton: What makes a copepod hydrodynamically conspicuous?" Invert. Biol.*115 (1996): 191–205.

Yeom, Sung-Weon, and Il-Kwon Oh. *"A biomimetic jellyfish robot based on ionic polymer metal composite actuators." Smart Mater. Struct.* 18 (2009): 085002 (10pp) doi:10.1088/0964-1726/18/8/085002.

Zhu, Q. http://www.bioone.org.www.library.gatech.edu:2048/doi/full/10.1093/ict/42.5.1026 - affl#affl.

CHAPTER 2
인간 모사 로봇

Abdoullaev A. *Artificial Superintelligence,*, F.I.S. Intelligent Systems, 1999.

Arkin R. *Behavior-Based Robotics.* Cambridge, MA: MIT Press, 1989.

Asimov I. *"Runaround"* (originally published in 1942), reprinted in I Robot, (1942) pp. 33–51.

Asimov I. *I Robot* (a collection of short stories originally published between 1940 and 1950), London: Grafton Books, 1968.

Bar-Cohen, Y., (Ed.). "Proceedings of the SPIE's Electroactive Polymer Actuators and Devices Conf., 6th Smart Structures and Materials Symposium." *SPIE Proc.* Vol. 3669, (1999): pp. 1-414.

Bar-Cohen Y., and C. Breazeal (Eds.). *Biologically-Inspired Intelligent Robots,* 2003. Bellingham, Washington, SPIE Press, Vol. PM122, pp. 1–393.

Bar-Cohen Y. (Ed.). *Electroactive Polymer (EAP) Actuators as Artificial Muscles – Reality, Potential and Challenges,* 2nd Edition, Bellingham, Washington, SPIE Press, 2004, Vol. PM136, pp. 1–765

Bar-Cohen Y., (Ed.). *Biomimetics – Biologically Inspired Technologies,* Boca Raton, FL; CRC Press, 2005, pp. 1–527.

Bar-Cohen Y. and D. Hanson. *The Coming Robot Revolution – Expectations and Fears About Emerging Intelligent, Humanlike Machines,* New York; Springer, 2009.

Breazeal C. *Designing Sociable Robots.* Cambridge, MA: MIT Press, 2002.

Čapek K. *Rossum's Universal Robots (R.U.R.),* Nigel Playfair (Author), P. Selver (Translator), Oxford University Press, USA, 1961.

Dautenhahn K., and C. L. Nehaniv (Eds.). *Imitation in Animals and Artifacts,* Cambridge MA: MIT Press, 2002.

Dietz P. *People are the same as machines,* Bühler & Heckel, 2003 (in German).

Drezner T. and Z. Drezner. "Genetic Algorithms: Mimicking Evolution and Natural Selection in Optimization Models," Chapter 5 in [Bar-Cohen, 2005], pp. 157–175.

Fornia A., G. Pioggia, S. Casalini, G. Della Mura, M. L. Sica, M. Ferro, A. Ahluwalia, R. Igliozzi, F. Muratori, and D. De Rossi. "Human-Robot Interaction in Autism." *Proceedings of the IEEE-RAS International Conference on Robotics and Automation (ICRA 2007),* Workshop on Roboethics, Rome, Italy (April 10-14, 2007).

Full R. J., and K. Meijir. "Metrics of Natural Muscle Function," Chapter 3 in [Bar-Cohen, 2004], pp. 73–89.

Gallistel C. *The Organization of Action,* Cambridge, MA. *MIT Press,* 1980.

Gallistel C. *The Organization of Learning,* Cambridge, MA, MIT Press, 1990.

Gates B. "A Robot in Every Home." Feature Articles, *Scientific American* (January, 2007).

Gould, J. *Ethology.* New York: Norton, 1982.

Hanson D. "Converging the Capability of EAP Artificial Muscles and the Requirements of Bio-Inspired Robotics." *Proceedings of the SPIE EAP Actuators and Devices (EAPAD) Conf.,* Y. Bar-Cohen (Ed.), Vol. 5385 (SPIE), (2004): pp. 29-40.

Hanson D. *"Humanizing interfaces—an integrative analysis of the aesthetics of humanlike robots,"* PhD Dissertation, The University of Texas at Dallas: May 2006.

Hanson D. "Robotic Biomimesis of Intelligent Mobility, Manipulation and Expression." Chapter 6 in [Bar-Cohen, 2005], pp. 177–200.

Harris G. "To Be Almost Human Or Not To Be, That Is The Question." *Engineering* Feature Article, (Feb 2007): pp. 37–38.

Hecht-Nielsen R. *"Mechanization of Cognition,"* Chapter 3 in [Bar-Cohen, 2005], pp. 57–128.

Hughes H. C., *Sensory Exotica a World Beyond Human Experience.* Cambridge, MA: MIT Press, 1999. pp. 1–359.

Kerman J. B. *Retrofitting Blade Runner: Issues in Ridley Scott's Blade Runner and Philip K. Dick's Do Androids Dream of Electric Sheep?,* Bowling Green, OH: Bowling Green State University Popular Press, 1991.

Kurzweil R. *The Age of Spiritual Machines: When Computers Exceed Human Intelligence.* New York: Penguin Press, 1999.

Lipson H. "Evolutionary Robotics and Open-Ended Design Automation." Chapter 4 in [Bar-Cohen, 2005], pp. 129–155.

McCartney S. *ENIAC: The Triumphs and Tragedies of the World's First Computer.* New York: Walker & Company, 1999.

Menzel P. and F. D'Aluisio. *Robo sapiens: Evolution of a New Species,* Cambridge, MA: MIT Press, 2000, 240 pages.

Mori M., "The Uncanny Valley." *Energy,* 7(4), (1970): pp. 33–35. (Translated from Japanese to English by K. F. MacDorman and T. Minato).

Perkowitz S., *Digital People: From Bionic Humans to Androids.* Washington, D.C., Joseph Henry Press, 2004.

Plantec P. M., and R. Kurzweil (Foreword). *Virtual Humans: A Build-It-Yourself Kit, Complete With Software and Step-By-Step Instructions.* AMACOM/ American Management Association, 2003.

Raibert M. *"Legged Robots that Balance."* Cambridge, MA: MIT Press, 1986.

Rosheim M. *Robot Evolution: The Development of Anthrobotics.* Hoboken, NJ: Wiley, 1994.

Rosheim, M. "Leonardo's Lost Robot." *Journal of Leonardo Studies & Bibliography of Vinciana,* Vol. IX, Accademia Leonardi Vinci (September 1996): pp. 99–110.

Russell S. J. and P. Norvig. *Artificial Intelligence: A Modern Approach* (2nd Edition). Upper Saddle River, NJ: Prentice Hall, 2003.

Shelde P. *Androids, Humanoids, and Other Science Fiction Monsters: Science and Soul in Science Fiction Films.* New York, NY: New York University Press, 1993.

Shelley M. *Frankenstein.* London: Lackington, Hughes, Harding, Mavor & Jones, 1818.

Turing A.M. "Computing machinery and intelligence." *Mind,* 59, (1950), pp. 433–460.

Vincent J. F. V. "Stealing ideas from nature." *Deployable Structures,* S. Pellegrino (Ed). Vienna: Springer, 2005, pp. 51–58.

CHAPTER 3
해양 생물 음향학

Akamatsu, T. Wang, D. Wang, K. and Naito, Y. "Biosonar behaviour of free-ranging porpoises." *Proc. R. Soc. Lond.* B 272 (2005): 797–801.

Au, W .W. L. *The sonar of dolphins.* New York: Springer-Verlag, 1993.

Au, W. W. L., M. C. Hastings. *Principles of Marine Bioacoustics.* New York: Springer, 2008.

Au, W. W. L., A. N. Popper, and R .R. Fay. *Hearing by Whales and Dolphins.* Springer Handbook of Auditory Research. New York: Springer, 2000.

Au, W. W. L. and K. J. Benoit-Bird. "Broadband backscatter from individual Hawaiian mesopelagic boundary community animals with implications for spinner dolphin foraging." *J. Acoust. Soc. Am.* 123 (2008): 2884–2894.

Harley, H. E., E. A. Putman, and H. L. Roitblat. "Bottlenose dolphins perceive object features through echolocation." *Nature* 424 (2003): 667–669.

Jones, B. A., T. K. Stanton, A. C. Lavery, M. P. Johnson, P. T. Madsen, and P. L. Tyack. "Classification of broadband echoes from prey of a foraging Blainville's beaked whale." *J. Acoust. Soc. Am.* 123 (2008): 1753–1762.

Matsuo, I., T. Imaizumi, T. Akamatsu, M. Furusawa, and Y. Nishimori. "Analysis of the temporal structure of fish echoes using the dolphin broadband sonar signal." *J. Acoust. Soc. Am.* 126 (2009): 444–450.

Mitson R. B. *Fisheries Sonar.* Farnham, Surrey, UK: Fishing News Books Ltd., 1984.

Reeder, D. B., J. M. Jech,, and T. K. Stanton. "Broadband acoustic backscatter and high-resolution morphology of fish: Measurement and modeling." *J. Acoust. Soc. Am.* 116 (2004): 747–761.

SIMRAD (multibeam echosounder). http://www.simrad.com.

Sound Metrics Corp. (DIDSON). http://www.soundmetrics.com/index.html

Thomas, J., C. Moss, and Vater, M. *Echolocation in bats and dolphins.* Chicago: University of Chicago Press, 2004.

Urick, R. J. *Principles of Underwater Sound,* 3rd Edition. Los Altos Hills, CA: Peninsula Publishing, 1996.

CHAPTER 4
협동의 힘

Feder, T. "Statistical physics is for the birds." *Physics Today* (American Institute of Physics) (October 2007): 28–30.

Feng, Z., R. Stansbridge, D. White, A. Wood, and R. Allen. "Subzero III – a low-cost underwater flight vehicle." *Proceedings of the 1st IFAC Workshop on Guidance and Control of Underwater Vehicles.* (April 9–11, 2003): 215–19.

Hargreaves, B. "Guided by nature." *Professional Engineering*, (Institution of Mechanical Engineers), 11 (March, 2009): 29–31.

Hölldobler, B. and E. O. Wilson. *The Superorganism.* New York/London: W.W. Norton & Co., 2009.

Hou, Y. and R. Allen. "Intelligent behaviour-based team UUVs cooperation and navigation in a water flow environment." *Ocean Engineering*, 35 (2008): 400–16.

Hou, Y. and R. Allen. "Behaviour-based circle formation control simulation for cooperative UUVs." *Proceedings of the IFAC Workshop NGCUV 2008 'Navigation, Guidance and Control of Underwater Vehicles.* (April 6–10, 2008): Paper No 32, 6pgs.

Nakrani, S. and C. Tovey. "From honeybees to internet servers: biomimicry for distributed management of internet hosting centres." *Bioinspiration & Biomimetics*, 2 (2007): S182–S197.

Olariu, S. and A. Y. Zomaya (Editors). *Handbook of Bioinspired algorithms and applications.* London/New York: Chapman & Hall/CRC, 2006.

Pham, D. T., A. Ghanbarzadeh, E. Koc, S. Otri, S. Rahim, and M. Zaidi. "The bees algorithm – a novel tool for complex optimisation problems." *Proceedings of the Innovative Production Machines & Systems* (July 3–14, 2006): 6pp.

Reynolds, C. http:www.red3d.com/cwr/boids/

Reynolds, C. W. "Flocks, herds, and schools: A distributed behavioral model." *Computer Graphics*, 21(4) (SIGGRAPH '87 Conference Proceedings) (1987): 25–34.

Shao, C. and D. Hristu-Varsakelis, D. "Cooperative optimal control: broadening the reach of bio-inspiration." *Bioinspiration & Biomimetics*, 1 (2006): 1–11.

Tautz, J. *The Buzz about Bees.* Berlin/Heidelberg: Springer-Verlag, 2008.

Vogel, S. Chapter 5 in this book.

CHAPTER 5
열과 유체유동

Schmidt-Nielsen, K. *How Animals Work.* Cambridge, UK: Cambridge University Press, 1972.

Schmidt-Nielsen, K. *Animal Physiology*, 5th edition. Cambridge, UK: Cambridge University Press, 1997.

Turner, J. S. *The Extended Organism.* Cambridge, MA: Harvard University Press, 2000.

Vogel, S. *Cats' Paws and Catapults.* New York: W. W. Norton, 1998.

Vogel, S. *Glimpses of Creatures in Their Physical Worlds.* Princeton, NJ: Princeton University Press, 2009.

CHAPTER 6

신소재와 자연주의적 설계

Altshuller, G. *The Innovation Algorithm, TRIZ, Systematic Innovation and Technical Creativity*. Worcester, Mass.: Technical Innovation Center Inc., 1999.

Ashby, M. F. *Materials Selection in Mechanical Design* (3rd edn). Oxford: Elsevier, 1992.

Ashby, M. F., and Y. J. M. Brechet. "Designing hybrid materials." *Acta Materialia* **51** (2003): 5801–21.

Barthlott, W., and C. Neinhuis "Purity of the sacred lotus, or escape from contamination in biological surfaces." *Planta* **202** (1997): 1-8.

Brett, C. T., and K. W. Waldron. *Physiology and Biochemistry of Plant Cell Walls*. London: Chapman & Hall, 1966.

Gordon, J. E. *The New Science of Strong Materials, or Why You Don't Fall Through The Floor.* Harmondsworth: Penguin, 1976.

Lakes, R. S. "Materials with structural hierarchy." *Nature* 361 (1993): 511–515.

Mann, S. *Biomimetic Materials Chemistry*: Hoboken, NJ: Wiley-VCH, 1996.

Mattheck, C. *Design in Nature: Learning from Trees.* Heidelberg: Springer, 1998.

McMahon, T. A. and J. T. Bonner. *On Size and Life*. NY: Freeman, 1983.

Neville, A. C. *Biology of Fibrous Composites; Development Beyond the Cell Membrane.* Cambridge, UK: Cambridge University Press. 1993.

Pollack, G. H. *Cells, Gels and the Engines of Life*. Seattle, WA: Ebner & Sons, 2000.

Shirtcliffe, N. J., G. McHale, M. I. Newton, C. C. Perry, and F. B. Pyatt. "Plastron properties of a superhydrophobic surface." *Applied Physics Letters* **89**, (2006): 104106–2.

Thompson, D. W. *On Growth and Form*. Cambridge, UK: Cambridge University Press, 1959.

Vincent, J. F. V. *Structural Biomaterials*. Princeton: Princeton University Press, 1990.

Vincent, J. F. V. "Survival of the Cheapest." *Materials Today*, (2002): 28–41.

Vincent, J. F. V., O. A. Bogatyreva, N.R. Bogatyrev, A. Bowyer, and A.K. Pahl. "Biomimetics—Its Practice and Theory." *Journal of the Royal Society Interface* **3**, (2006): 471–482.

Vincent, J. F. V. and U. G. K. Wegst. "Design and Mechanical Properties of Insect Cuticle." *Arthropod Structure and Development* **33** (2004): 187–199.

Wainwright, S. A., W. D. Biggs, J. D. Currey, and J. M. Gosline *The Mechanical Design of Organisms*. London: Arnold, 1976.

찾아보기

ㅇ

ㅈ

ㅊ

ㅋ

ㅌ

감사의 말Acknowledgments

작가의 감사의 말

제1장 해양 생물학 – 지넷 옌

이 책의 탄생에 참여할 기회를 준 프랭크 피시Frank Fish에게 감사한다. 책을 집필하는 동안 마크 바이스버그Marc Weissburg와 마이클 헬름Michael Helms이 건설적인 조언과 지속적인 격려를 해주었다. 또 로렌 터너Lorraine Turner의 끝없는 인내와 든든한 지원에 감사한다. 이 책의 일부는 미국 국립 과학재단National Science Foundation이 교부한 No.073741 '표제: 생체 모사적 설계'를 참고했다. 두 가지 분야 이상을 아우르는 우수한 생물공학 커리큘럼 덕분에 내가 조지아 공과대학에서 창의적이고 혁신적인 학부생을 대상으로 지속적으로 생체 모사 설계를 강의할 수 있었다. 학생들의 놀라움과 호기심이 내가 이 장에 가장 적합한 사례를 선정하는 데 도움을 주었다.

제2장 인간 모사 로봇 – 요셉 바 코헨

제2장에 수록된 연주 보고서를 사용하게 해준 나사NASA 연계 캘리포니아 공과대학 내 제트 추진 연구소의 모든 분에게 감사한다.

제3장 해양 생물 음향학 – 도모나리 아카마츠

일본 새 바이오산업기구New Bioindustry Initiative의 R&D 프로그램을 도와주신 분들에게 감사한다.

제4장 협동의 힘 – 로버트 앨런

여러 자금 지원 단체에 감사하며, 특히 이 작업을 지원해 준 EPSRC와 많은 박사학위생, 연구원, 영국 사우샘프턴 대학의 소음 및 진동 연구소의 학술 동료들에게 감사한다.

제6장 신소재와 자연주의적 설계 – 줄리안 빈센트

아내와 동료들, 그리고 공학자나 설계자로서 수학을 할 필요가 없다는 특별한 발언으로 자유롭고 다양한 사고를 할 수 있게 일깨워준 짐 고든Jim Gordon에게 감사한다. 또 생물학자로서 나 자신에게 이 순간의 뿌듯함을 전한다.

사진 출처

발행인은 이 책에 이미지 게재를 허락해 준 다음 분들에게 감사드린다. 의도하지 않은 오류나 누락이 있다면 미리 사과드린다.

Tomonari Akamatsu: 86, 184.

Alamy/The Print Collector: 61t; The Art Archive : 167r.

Robert Allen: 156t.

The Altshuller Institute for TRIZ Studies: 166.

Martin Ansell: 156t.

Yoseph Bar-Cohen: 46, 51r, 53b, 53t, 56, 59t, 184.

D. J. M. Bevan: 40c.

Bridgeman Art Library/Pinacoteca Capitolina: 48.

Corbis/Manfred Danegger: 7; Lawson Wood: 29b; Steven Kazlowski/<Science Faction>: 34t; Gilles Podevins: 34b; Mosab Omar: 47b; Bettmann: 491, 162c; BBC: 49r; Issei Kato: 551; <Car Culture>: 621; Jochen Leubke: 62r; Michael Caronna: 63; Lester Lefkowitz: 83b; Andrew Parkinson: 92t; Christian Hager: 101; Keren Su: 102b; Don Mason: 130t, 130b, 131c; Jeffery L. Rotman: 149t, Jason Stang: 151; Ralph White: 153t.

Daimler AG: 162bl, 62bc, 163br, 163bl, 163br.

Fotolia: 95r, 99l, 170; Kristian Sekulic: 21; TK Video: 28b; Ian Holland: 31b; Petrafler: 61b; Andrea Zabiello: 90t; Jake Borowski: 90b; Marko Becker: 165tc.

Furuno Elecric Co. Ltd.: 71b.

Getty Images/Georgina Douwma: 33; Yoshikazu Tsuno: 60b; Alexander Safonov: 79.

David Hanson: 52

John Huisman/Murdoch University: 39tl.

Iberdrola Renovables: 27.

iStockphoto: 84, 99r, 131tr, 139, 148r; Alexander Potapove: 6; Jamie Carroll: 141; Jonas Kunzendorf: 20; John M. Chase: 351; Oliver Anlauf: 40r; Martin Hendriks: 41b; Ivonne Strobel: 421; Rudi Tapper: 42r; Dejan Sarman: 70; Ju Lee: 78r; Gerald Ulder: 87; James Figlar: 100t; Matthew Scherf: 109; Hung Meng Tan; Chanyut Sribua-rawd: 112; Mark Lundborg: 113b; Frank van de Berg: 116; Sean Randall: 119tr; Jane Norton: 124l; Serghei Velusceac: 128; Valeriy Krisanov: 136b; Juan Moyano: 141b; Arnaud Weisser:143b; Terrain Scan: 144b; Bettina Ritter: 157t; Lobke Peers: 159cr; Alexei Zaycev: 160t.

J. Bionic Engineering: 171t

A. P. Jackson/ J. F. Vincent/ R. M. Turner: 148l.

Nick Jewell: 32l.

MIT/Donna Coveney: 31t.

Maoto Honda/Fishing Gear and Method Laboratory/ Mational Research Institute of Fisheries Engineering/ Fisheries Research Agency): 80l, 80r.

NASA: 91.

Nature Picture Library/Kim Taylor: 8, 9, 10t, 11, 41t; Doug Allan: 13; Ingo Arndt: 18.

Christopher Neinhuis: 160br.

Richard Palmer/George Lauder: 25; Mashahiro Mori: 47t; Tomonari Akamatsu: 83t, 85tr, 85cr, 85br, 85l; Steven Vogel: 113t, 117t, 118, 123, 125l, 127; Julian Vincent: 168.

Photolibrary/Nick Gordon: 71t; Reinhard Dischérl: 72.

Photo.com: 10b, 17, 24, 26, 32r, 39br, 54, 60t, 65t, 65b, 68, 69t, 69b, 75, 77, 78l, 81l, 81r, 82, 92b, 104, 106, 107, 114, 115l, 115r, 117b, 119cl, 119tl, 119cr, 120, 121, 122, 125r, 126, 129, 130b, 131tl, 134t, 137l, 137r, 138t, 140, 142b, 144t, 146, 150b, 154t, 157b, 159bl, 165tl.

Scala Archives/Joann Jakob Schlesinger: 167l.

Science Photo Library: 39cl, 50; Dr. Jeremy Burgess: front cover tl, 37r; Davis Scharf: 30; Andrew Syred: 36r, 37l; Tom Mchugh: 43; Dan Sams: 361; Victor Habbick Visions: 59b; David Vaughan: 93; Pascal Goetgheluck: 108; Lena Untidt/ Bonnier Publications: 103; Sinclair Stammers: 100b; Vaughan Fleming: 124r; <Eye of Science>: front cover bl, br, 14r, 159cl; Dr. Keith Wheeler: 159tr.

StoLotusan : 160bl, 161b.

Topfoto/Topham Picturepoint: 55r.

University of Leicester: 32r.

Julian Vincent: 142t, 152, 163, 169l, 169r, 171b, 185.

Steven Vogel: 185.

Michael Watkins: 150, 154l, 154r.

Jeannette Yen: 184.